Physik der Erde.

Ein Handbuch

für

Lehrer und Schüler der höheren Bildungsanstalten, so wie für jeden Gebildeten faßlich dargestellt, und nach den neuesten Quellen bearbeitet

von

A. v. Teichmann,

Lieutenant in der Königlich preussischen Artillerie und Mitglied der physikalischen Gesellschaft in Berlin.

Mit neun Tafeln.

Berlin, 1854.

Verlag von Georg Reimer.

Sr. Excellenz

dem

Freiherrn Alexander v. Humboldt

Wirklichen Geh. Rathe, Mitgliede der Akademie der Wissenschaften etc. etc.

in tiefster Ehrfurcht

zugeeignet

von dem Verfasser.

Vorwort.

Das Erscheinen des berühmten, Epoche machenden Werkes von Alexander von Humboldt einerseits, die großen Fortschritte der Neuzeit auf dem Gebiete der Naturwissenschaften andererseits, haben das Interesse des großen Publikums an diesem Theile des Wissens unendlich erhöht. Es ist jedem Gebildeten Bedürfniß geworden, die heut geltenden Ansichten über die verschiedenartigsten Naturereignisse sich anzueignen, und doch ist ihm durch die vorhandenen Werke dazu bis jetzt wenig Gelegenheit geboten. Die überaus reiche Litteratur der physikalischen Wissenschaften bietet theils Schriften, die einzelne Disciplinen sehr gründlich und umfassend behandeln, und meist nur für den Gelehrten bestimmt, dem Laien unverständlich sind; theils Werke, welche alle Zweige der Erdbeschreibung umfassen, aber so umfangreich gehalten sind, daß sie nur Wenigen zugänglich und daher nur in Bibliotheken gefunden werden. Wendet man das Gesicht vorzugsweise auf den, in vorliegenden Blättern behandelten Gegenstand: „die physikalische Beschaffenheit des Erdkörpers," an, so findet man diese, unter dem Namen „physikalische Geographie," zusammengefaßte Wissenschaft entweder in Lehrbüchern der allgemeinen Erdkunde meist nur sehr untergeordnet behandelt, oder Theile derselben in den Lehrbüchern der reinen Physik zerstreut; seltener nur ist ihr der Rang einer selbstständigen Wissenschaft eingeräumt und wo es geschehen, sind ihr zu enge Grenzen gezogen worden. Diese zu bestimmen bleibt immer schwierig, weil ihre

Lehren vielen Gebieten des Wissens angehören. Vorliebe der verschiedenen Autoren für den einen oder anderen Abschnitt, oder der spezielle Zweck des Buches waren für die Wahl der Behandlung hierbei maßgebend.

Durch die vorliegende Arbeit wollte nun der Verfasser eine kurze, übersichtliche und leicht faßliche Darstellung der physikalischen Beschaffenheit unseres Erdkörpers liefern, und war bemüht, möglichst wenig Fachkenntnisse bei dem Leser voraussetzend, alle diesem Gebiete angehörenden Lehren und Gesetze, soweit dieselben allgemein anerkannt werden, gedrängt zusammenzustellen. Bei dieser Arbeit sind deshalb die neuesten Schriften von Humboldt, Dove, Burmeister, Berghaus, so wie die früheren von Hoffmann, Kämtz und vielen anderen benutzt worden.

Auf diesem Wege hoffte der Verfasser dazu beitragen zu können, die auf den Culturzustand, die Gesittung und Wohlfahrt der Völker so einflußreichen physikalischen Verhältnisse unseres Erdkörpers einem größeren Publikum zugänglich zu machen und das Interesse an den Gesetzen und dem Zusammenhange der uns täglich umgebenden Naturerscheinungen rege zu erhalten.

Durch die Anordnung des Ganzen wünschte der Verfasser außerdem Denen einen Anhalt zu gewähren, welche in diesem Fache in mittleren Lehrklassen Unterricht geben, und gleichzeitig den Schülern der höheren Bildungsanstalten ein Hülfsbuch zu bieten.

Die der Arbeit beigefügten Tafeln bezwecken die im Text besprochenen Verhältnisse bildlich zur Anschauung zu bringen, und dem Gedächtnisse auf diesem Wege zu Hülfe zu kommen. Sie enthalten also auch nur das dazu Allernothwendigste, und können daher selbstredend auf den Namen einer vollständigen Karte keinen Anspruch erheben.

Cöln, Dezember 1853.

v. Teichmann.

Inhalts-Verzeichniß.

Seite

§. 1. Einleitung. 1

Erster Theil. Geologie.

§. 2. Begriffsbestimmung. 2

Erster Abschnitt. Allgemeine Eigenschaften der Erde.

Erstes Kapitel. Räumliche Ausdehnung.

§. 3. Gestalt der Erde. 3

§. 4. Größe der Erde. 4

§. 5. Dichtigkeit der Erde. 5

Zweites Kapitel. Temperatur der Erde.

§. 6. Wärmevertheilung in der Erde. 6

§. 7. Isogeothermen. 7

Drittes Kapitel. Magnetismus der Erde.

§. 8. Ursache des Magnetismus. 8

§. 9. Aeußerung der magnetischen Kraft. 8

§. 10. Regelmaßige Veränderungen der magnetischen Kraft. . 10

§. 11. Störungen des magnetischen Gleichgewichts. Nordlicht. 10

Viertes Kapitel. Reaction der innern Wärme unsers Planeten gegen seine Oberfläche.

§. 12. Erdbeben. 11

§. 13. Erhalationen aus Spalten. 13

§. 14. Vulkane. 14

§. 15. Geographische Vertheilung der Vulcane. 15

Zweiter Abschnitt. Von der Bildung der Erde.

§. 16. Allgemeiner Bildungsgang der Erde. 15

Erstes Kapitel. Eintheilung der Gesteinarten.

§. 17. Eintheilungsgründe. 17

§. 18. Benennung der Felsarten nach ihrer Structur. . . . 17

§. 19. Art des Auftretens der Gesteine. 18

§. 20. Zeit der Entstehung der Gesteine 19

§. 21. Art der Entstehung der Gesteine 19

Zweites Kapitel. Beschreibung der verschiedenen Gesteine.

§. 22. Das Eruptionsgestein.

A. Die plutonischen Felsarten. 20

B. Die vulcanischen Felsarten. 21

§. 23. Das Sedimentgestein. 22

§ 24. Umgewandeltes Gestein. 23

§. 25. Conglomerate oder Trümmergestein. 26

Seite

Drittes Kapitel. Relatives Alter der Erdschichten. Ihre Reihenfolge und ihr Auftreten.

§. 26. Vorerläuterungen. 27
§. 27. Das Urgebirge. 28
§. 28. Eintheilung der Flötzgebirge. 30
§. 29. Die primären Schichten. 31
§. 30. Die secundären Schichten. 32
§. 31. Die tertiären Schichten. 38
§. 32. Das Alluvium. 40

Dritter Abschnitt. Von der Oberflächengestalt der Erde.

Erstes Kapitel. Gestaltung und horizontale Ausdehnung.

§. 33. Quantitative Vertheilung des Festen und Flüssigen. . 41
§. 34. Gliederungsverhältnisse des Festlandes. 42
§. 35. Gestaltungsverhältnisse der Inseln. 44

Zweites Kapitel. Gestaltung in senkrechter Erhebung. Configuration.

§. 36. Begriffsbestimmungen. 47
§. 37. Die Gebirgsländer. 48
A. Die Erhebungen der Gebirge. 49
B. Die Einsenkungen der Gebirge. Thäler. 53
§. 38. Die Hochländer. 57
§. 39. Die Tiefländer. 58
§. 40. Die Stufenländer. 58

Zweiter Theil. Die physikalische Beschaffenheit des tropfbar-flüssigen Theils des Erdkörpers. Hydrographie.

§. 41. Bestandtheile des Wassers. 60
§. 42. Verhalten des Wassers zur Wärme. 61

Erster Abschnitt. Das Meer.

Erstes Kapitel. Räumliche Ausdehnung des Meeres.

§. 43. Eintheilung des Meeres. 62
§. 44. Grenzen zwischen Meer und Land. 63
§. 45. Einfluß des Meeres auf die Küsten. 64
§. 46. Meeresniveau. 65
§. 47. Tiefe des Meeres. 66
§. 48. Boden des Meeres. 67

Zweites Kapitel. Eigenschaften des Meeres.

§. 49. Farbe. 68
§. 50. Durchsichtigkeit. 69
§. 51. Das Leuchten. 69
§. 52. Salzgehalt. 70
§. 53. Specifische Schwere. 71
§. 54. Temperatur des Meeres. 71

Drittes Kapitel. Störungen des Gleichgewichts des Meeres.

§. 55. Wellenbewegung. 75
§. 56. Ebbe und Fluth. 76
§. 57. Wirbel. 83
§. 58. Strömungen. 83
§. 59. Geographische Vertheilung der Strömungen. 85

Zweiter Abschnitt. Die Wasser des Festlandes.

§. 60. Eintheilung. 90

Erstes Kapitel. Von den Quellen.

§. 61. Ursprung der Quellen. 91

Seite
§. 62. Bestandtheile des Quellwassers 97
§. 63. Ursprung der Bestandtheile in den Mineralwassern. . . 100
§. 64. Eintheilung der Quellen nach ihren Fließen. . . . 106
§. 65. Temperatur der Quellen. 109

Zweites Kapitel. Von den Flüssen.

§. 66. Stromgebiet. 110
§. 67. Wasserscheiden, Trageplätze. 112
§. 68. Gabelung der Flüsse. 113
§. 69. Richtung des Flußlaufes. 114
§. 70. Gestalt des Flußlaufes. 116
§. 71. Deltabildung. 119
§. 72. Beschaffenheit des Flußwassers. 121
§. 73. Bildungen des Flusses während seines Laufes. . . . 123
§. 74. Bewegungen des Wassers im Flusse. 124
§. 75. Frieren der Flüsse. Eisgang. 127

Drittes Kapitel. Von den Landseen.

§. 76. Vorkommen der Seen. 128
§. 77. Arten der Landseen. 129
§. 78. Temperatur. 131
§. 79 Farbe, Durchsichtigkeit der Seen. 132
§. 80. Beschaffenheit des Wassers in den Seen. 133
§. 81. Eigenthümliche Erscheinungen der Landseen. 134
§. 82. Teiche, Sumpfe, Moräste 135

Dritter Theil. Lehre von der elastisch-flüssigen Umhüllung des Erdkörpers. Meteorologie

§. 83. Begriffsbestimmungen. 136
§. 84. Ausdehnung der Atmosphäre. 137
§. 85. Bestandtheile der Atmosphäre 138

Erstes Kapitel. Vom atmosphärischen Druck.

§. 86. Elasticität und Schwere der Luft. 140
§ 87. Barometer. Mariottesches Gesetz 141
§. 88. Barometrisches Höhenmessen 142
§. 89. Tägliche Variationen des Barometerstandes. 145
§. 90. Jährliche Variationen des Barometerstandes. 147
§. 91. Unregelmäßige Schwankungen des Barometers. 147
§ 92. Mittlerer Barometerstand im Niveau des Meeres . . 148
§. 93 Ursachen der Barometer-Schwankungen 149
§. 94. Siedepunkt in verschiedenen Höhen 150

Zweites Kapitel. Temperatur der Atmosphäre.

§. 95. Die Sonne ist die Wärmequelle der Erde. 151
§. 96 Thermometer. 152
§ 97. Allgemeine Vertheilung der Wärme über die Erdoberfläche. 154
§. 98. Bestimmung der mittleren Temperatur. 156
§. 99. Tägliche Veränderungen der Temperatur. 158
§. 100. Jährliche Veränderungen der Temperatur. 161
§. 101. Isothermen, Linien gleicher Jahreswärme 162
§. 102. Isotheren, Linien gleicher Sommer-Temperatur und Isochimenen, Linien gleicher Winter-Temperatur. . . 164
§. 103. Ursachen der Inflexion der Isothermischen Linien. Land- und Seeklima. 165
§ 104. Einfluß des Land- und Seeklima's auf die Vegetation. 169
§ 105. Abnahme der Wärme mit der Höhe 170
§. 106 Schneegrenze. 173

Seite
§. 107. Lawinen. 176
§. 108. Gletscher. 178
§. 109. Pflanzen als die Verkündiger des wahren Klima's. . 181

Drittes Kapitel. Von der atmosphärischen Feuchtigkeit.

§. 110. Verbreitung der Feuchtigkeit in der Atmosphäre. . . 186
§. 111. Hygrometer. Psychrometer. 188
§. 112. Tägliche Veränderungen des Feuchtigkeitsgehaltes der Luft. 190
§. 113. Jährliche Veränderungen des Wasserdampfes. . . . 192
§. 114. Thau und Reif. 192
§. 115. Vertheilung des Thaues in verschiedenen Gegenden. . 193
§. 116. Nebel. Wolken. 194
§. 117. Regen und Schnee. 198
§. 118. Vertheilung der Regenmenge. 201
§. 119. Vertheilung der Regenzeiten. 203
§ 120. Vertheilung der Regentage. 206
§. 121. Vertheilung der verschiedenen Niederschlagszonen. . . 207

Viertes Kapitel. Von den Winden.

§. 122. Von der Entstehung der Winde. 209
§. 123. Beobachtung der Winde. Windrose. Windfahne. Anemometer. 210
§. 124. Regelmäßige Winde oder Passate. 212
§. 125. Periodische Winde oder Monsune. 215
§ 126. Abwechselnde Winde oder Land- und Seewinde. . . 219
§. 127. Veränderliche Winde. 220
§. 128. Winddrehungsgesetz. 222
§. 129. Einfluß der Winde auf das Barometer. Barometrische Windrose. 223
§. 130. Einfluß der Winde auf das Thermometer. Thermometrische Windrose. 224
§. 131. Einfluß der Winde auf das Hygrometer. 226
§. 132. Zusammenhang der Winde mit dem Barometer und den Hydrometeoren. 226
§. 133. Stürme. Orcane. Teifune. 228
§. 134. Heiße Winde. 230
§. 135. Tromben, Wasserhosen, Sandhosen. 232

Fünftes Kapitel. Von den electrischen Erscheinungen.

§. 136. Von der electrischen Beschaffenheit der Atmosphäre . 233
§. 137. Bildung und Verlauf der Gewitter. 235
§. 138. Erläuterung des Herganges bei der Bildung der Gewitter. 237
§. 139. Verbreitung der Gewitter. 240
§. 140. Hagel. 241
§. 141. Wetterleuchten. Wetterabkühlen. 243
§. 142. St. Elmsfeuer. 244

Sechstes Kapitel. Von den optischen Erscheinungen.

§. 143. Farbe des Himmels. 244
§. 144. Morgen- und Abendröthe. 246
§. 145. Dämmerung. 247
§. 146. Sternfunkeln. 248
§. 147. Luftspiegelung. 249
§. 148. Höfe um Sonne und Mond, Nebensonnen und Nebenmonde. 251
§. 149. Regenbogen. 253

Einleitung.

§. 1.

Die physikalische Geographie umfaßt die physischen Verhältnisse unseres Erdkörpers und die daraus hervorgehenden Erscheinungen. Alle uns bekannten Körper, aus denen die Erde besteht, theilt aber die Naturlehre ihrem Aggregatzustande nach in feste, flüssige und luftförmige und es ist demgemäß auf unserer Erde zu unterscheiden:

1) ein fester Theil, der mineralische,
2) ein flüssiger Theil, das allgemeine Gewässer, oder das Meer und das Wasser des Festlandes.
3) ein luftförmiger Theil, der Luftkreis oder die Atmosphäre.

Hiernach zerfallen naturgemäß die hier folgenden Betrachtungen in die 3 Hauptabschnitte:

1) Lehre von der physischen Beschaffenheit des festen Theiles der Erde, im wahren Sinne des Wortes, Geologie.
2) Lehre von der physischen Beschaffenheit des flüssigen Theiles der Erde, Hydrologie auch Hydrographie genannt.
3) Lehre der physischen Beschaffenheit des luftförmigen Theils der Erde, Atmosphärologie oder Meteorologie genannt.

Erster Theil.

Die physikalische Beschaffenheit des festen Theiles der Erde.

Geologie.

§. 2. Begriffsbestimmung.

Die festen Körper, die unsere Erde zusammensetzen, nennen wir Mineralien. Sie werden in einfache und zusammengesetzte eingetheilt; unter ersteren versteht man diejenigen, welche sich durch kein Mittel mehr zerlegen lassen und nennt sie Grundstoffe oder Elemente. Die Chemie hat uns deren 56*) entdeckt; sie treten nicht gleichmäßig vertheilt auf der Erde auf, sondern nur ein kleiner Theil von ihnen macht die Bestandtheile der meisten Materie aus, während der größere Theil nur local und sparsam vorkommt. Sie gehen unter einander die mannigfachsten Verbindungen ein, und bilden dadurch die zusammengesetzten Mineralien. Die einfachen wie die zusammengesetzten Mineralien sind Gegenstände der Mineralogie, die sich mit ihren Eigenschaften, mit der Beschreibung und der Klassifikation beschäftigt. Kommen Mineralien in so großen Massen vor, daß sich Gesetze ihrer Verbreitung nachweisen lassen, so heißen sie Gebirgsarten. Mit diesen Gesetzen ihrer Verbreitung beschäftigt sich die Geognosie. Letztere Wissenschaft ist von der Geologie, welche zu bestimmen hat, wie das Vorhandene entstanden ist, nicht mehr zu trennen, es werden daher beide gemeinsam

---

*) Es sind im Ganzen 62 einfache Körper, Grundstoffe entdeckt, von ihnen aber nur 56 in festem, 2 in flüssigem und 4 in luftförmigem Zustande dargestellt

unter den Namen Geologie behandelt. In ihr Gebiet gehören ferner noch die Gestaltungsverhältnisse der Erdoberfläche, so wie die Beschaffenheit und Eigenschaften des ganzen Erdballs, die auf seine Entstehungsgeschichte hindeuten.

Erster Abschnitt.

Allgemeine Eigenschaften der Erde.

Erstes Kapitel.

Räumliche Ausdehnung.

§ 3. Gestalt.

Die Gestalt unseres Erdkörpers ist zuvörderst zu bestimmen und dabei seine mathematische Gestalt, d. h. die mit nicht strömendem Wasser bedeckte Oberfläche von der physischen Form mit all ihren Zufälligkeiten und Unebenheiten des Starren, zu unterscheiden. Nach der allgemeinen, wenn auch nicht streng richtigen Ansicht über die mathematische Gestalt, ist die Erde eine Kugel, wofür folgende Beweise sprechen:

1) Die stets kreisförmige Gestalt des Horizonts.

2) Die frühere Sichtbarkeit der Spitzen erhabener Gegenstände in der Ferne.

3) Das allmählige und gleichmäßige Verschwinden von Fixsternen auf der einen Seite des Horizontes, und das Erscheinen neuer Sterne auf der andern Seite, bei einer Bewegung des Beobachters auf einem Meridian von Nord nach Süd, und umgekehrt.

4) Die stets kreisförmige Gestalt des Erdschattens bei Mondfinsternissen.

5) Die vielen Reisen um die Erde.

6) Das gleichförmige Fortschreiten der Tageszeiten von Osten nach Westen, zusammen genommen mit dem Verhältniß von Tag und Nacht von Norden nach Süden.

Nach den Lehren der Gravitation wurde schon früh die Ansicht aufgestellt, daß die Erde: „ein an den Polen abgeplattetes Rotationssphäroid“ sei, wie es entstehen muß, wenn ein weicher Körper mit einer großen Geschwindigkeit um seine Achse gedreht wird.

Es ist dieser Satz durch die neuesten Berechnungen auf dreierlei Art vollständig bewiesen, und zwar:

1) Durch die Gradmessungen, deren eilf als gültig betrachtet werden können. Es stellt sich bei ihnen heraus, daß die Meridiangrade vom Aequator nach den Polen hin an Größe zunehmen, daher die Erde hier abgeplattet sein muß. Aus Vergleichung sämmtlicher, allerdings verschiedenen Gradmessungen berechnete Bessel die Abplattung als $1/_{299}$. Dabei ist noch zu bemerken, daß die Zunahme nicht regelmäßig, die Erde also auch kein vollkommenes elliptisches Sphäroid ist.

2) Durch die Pendelversuche. Da der Aequator weiter vom Mittelpunkt der Erde entfernt ist, als der Pol, so muß die Schwere dort geringer sein, denn sie nimmt mit dem Quadrat der Entfernung vom Mittelpunkt ab. Es wird daher der Pendel dort langsamer schwingen, als an dem Pol. Aus der Zahl der Schwingungen eines gleich langen Pendels in derselben Zeit, ist aber die Größe der Gravitation, und aus dieser die Krümmung der Erdoberfläche zu berechnen; es folgt aus diesen Untersuchungen die Größe der Abplattung $= 1/_{288}$.

3) Durch die Störungen, welche die Erde auf die Mondbahn ausübt.

Sie entstehen durch die ungleiche Anziehung, die der Pol und der Aequator auf den Erd-Satelliten ausüben, und geben die „Mondsgleichungen“ (Störungen auf Länge und Breite des Mondes) für die Abplattung $1/_{299}$, also dasselbe Resultat, wie die Mittelzahl der Gradmessungen.

§. 4. Größe der Erde

Aus diesen Bestimmungen der Abplattung ($= 1/_{299}$ gesetzt) geht für die Größe der Erde Folgendes hervor:

Die halbe große Achse = 3,272,077 Toisen = 859,4 Meilen.

Die halbe kleine Achse = 3,261,139 Toisen = 856,6 Meilen.

Daher die Größe der

Abplattung . . . . . = 10,938 „ = 2,8 „

Die Länge einer geographischen Meile = 3807 Toisen. Länge eines Aequatorgrades = 57,108 Toisen = 15 Meilen.

Der Umfang des Aequators beträgt demnach 5400 Meilen.

Länge eines mittleren Meridiangrades = 57,103 Toisen.

Anmerkung. Die Decimalstellen sind bei allen Werthen in Toisen weggelassen.

§. 5. Dichtigkeit der Erde.

Die mittlere Dichtigkeit der Erde ist ebenfalls durch 3 verschiedene Methoden gefunden:

1) Durch die Ablenkung eines in der Nähe eines Berges aufgehängten Bleilothes von der Verticalen,

die nur hervorgebracht sein kann durch die Anziehung des Berges. Bekannt war die Größe des Berges und der Erde, das Maaß der Anziehung beider, und aus sehr genauen Untersuchungen das specifische Gewicht des Berges. Daraus konnte also das unbekannte specifische Gewicht der Erde gefunden werden. Es ergab sich 4,95, nach spätern Correctionen 4,713.

2) Durch Vergleichung der Pendellänge auf dem Gipfel eines Berges und in der Ebene.

Das Secundenpendel auf dem Mont-Cenis war um 0,210 Millimeter größer als in Bordeaux; diese Differenz mußte das Resultat der Anziehung des Berges sein. Aus der geognostischen Beschaffenheit und Größe desselben ging für die Dichtigkeit der Erde hervor 4,39, also wenig von Vorigem unterschieden.

3) Durch Anwendung einer Drehwage.

Man befestigte an dem Wagebalken derselben kleine Bleikugeln, näherte unwillkührlich größere und bestimmte aus der Ablenkung und der Zahl der Schwingungen die Anziehung der Bleikugeln unter sich, deren Größe und specifisches Gewicht bekannt ist. Ebenso ist die Anziehung der Erde bekannt, (freier Fall, Pendelschwingungen) also das specifische Gewicht derselben aus obigen Daten zu finden. Es wurde daraus auf 5,44 berechnet. Die letzte der 3 Methoden ist als die sicherste anzunehmen, da sie der schwierigen geognostischen Untersuchung eines Berges zur Bestimmung seines specifischen Gewichts nicht bedarf.

Es folgt aus diesen Resultaten, daß die Schichten des Innern die unserer Erdoberfläche oder der erkalteten Rinde an Dichtigkeit bei weitem übertreffen; denn es beträgt die Dichtigkeit der trockenen und oceanischen Oberfläche zusammen kaum 1,6; die Festigkeit des trockenen continentalen Theils der Natur seiner Gebirgsschichten nach kaum 2,7. Ob durch Druck oder durch Verschiedenartigkeit der Stoffe das specifische Gewicht des Erdinnern vergrößert wird, vermag die Wissenschaft auf ihrem heutigen Standpunkt nicht zu entscheiden.

Zweites Kapitel.

Temperatur der Erde.

§. 6. Wärmevertheilung in der Erde.

Der feste Erdkörper besitzt eine ihm eigenthümliche Temperatur, die jedoch in den verschiedenen Schichten und Theilen desselben verschieden ist. Die oberen Schichten stehen unter dem Einfluß der Sonne, welcher unter den Tropen nur bis in eine Tiefe von 1 Fuß, in den höhern Breiten jedoch bis zu einer Tiefe von 50—60′ eindringt, aber schon bei der halben Tiefe so gering ist, daß die Differenz zwischen dem Maximum und Minimum nur ½° beträgt.

Es giebt sich dieser Einfluß der Lufttemperatur durch die bis zu diesen Tiefen beobachteten Schwankungen der Wärme zu erkennen. Je nach dem Stand der Sonne und den Jahreszeiten dringt die Luftwärme in die Erdschichten ein, oder strömt von unten nach oben aus. Diese periodische Bewegung ist aber nicht ganz gleichzeitig mit dem Zu- und Abnehmen der Temperatur im Luftkreise, denn die geringere Leitungsfähigkeit des Bodens verzögert das Eintreten der Maxima und Minima, so daß also die obersten Schichten später ihren größten und kleinsten Wärmegrad erreichen, als die Luft. Zwei vertical unter einander liegende Punkte erlangen aus demselben Grunde auch zu verschiedenen Zeiten ihr Maximum und ihr Minimum der

Temperatur. Daß die Schicht der veränderlichen Temperatur unter den Tropen nur 1′ beträgt, hat in den geringen Schwankungen der Wärme in dem Luftkreise der dortigen Gegenden seinen Grund. Unterhalb der genannten Tiefe herrscht eine, den äußeren Einflüssen nicht mehr unterworfene Temperatur, die bei größerer Tiefe stets zunimmt. Diese Thatsache wird, so weit die allerdings geringen Grenzen der Beobachtungen gehen, durch die den artesischen Brunnen entquellenden Wasser, wie durch directe Bestimmung der Temperatur der Bohrlöcher und Bergwerke als bewiesen allgemein anerkannt. Die bei artesischen Brunnen angestellten Versuche ergeben eine Wärmezunahme von 1° C. bei je 92 Pariser Fuß, andere Versuche bei je 110′, so daß man im Mittel eine Zunahme bei je 100′ als richtig annehmen kann. Die in Gängen vorkommenden Metalle wurden dabei stets, als bessere Wärmeleiter, auch wärmer gefunden, als das umgehende Gestein. Nimmt die Temperatur über die Grenzen der Beobachtung hinaus nur nach demselben Gesetz zu, so müßte bei einer Tiefe von 5²/₁₀ geographischen Meilen der Granit geschmolzen sein, da die Temperatur auf 1300° gestiegen wäre; es müßten sich also die, um den Erdkern gelagerten Massen in feurig flüssigem Zustande befinden.

Die constante Temperatur des Erdkörpers wird durch die säculäre Erkaltung desselben verringert, aber dieser Verlust an Wärme ist so gering, daß er in den historischen Zeiten für unsere Instrumente nicht meßbar ist.*)

§. 7. Isogeothermen

Um die an der Oberfläche des Bodens herrschende mittlere Jahrestemperatur zu bestimmen, sind vielfache und lange Beobachtungen erforderlich, da die Tages- und Jahreszeiten einen Einfluß

---

*) Die durch Strahlung allmählig erkaltende Masse müßte die Rotationsachse verkürzt haben und dadurch die Umdrehungsgeschwindigkeit und die Tageslänge vermindert werden. Aus den, schon zu Hipparch's Zeiten beobachteten Finsternissen ergiebt sich durch Vergleichung, daß die Länge des Tages nicht um 1/100 einer Secunde in 2000 Jahren abgenommen, und daraus, daß die Wärmeabnahme nicht um 1/170 eines Grades sich geändert haben kann.

auf dieselbe ausüben. Die aus nicht zu geringen Tiefen entspringenden Quellen, werden an der Oberfläche bei ihrem Austreten die mittlere Temperatur des Bodens haben, und daher werden sie auch besonders häufig beobachtet, um aus ihnen dieselbe zu bestimmen. — Diese nimmt mit der Breite ebenso wie mit der Höhe ab, jedoch geschieht beides nicht in einem constanten Verhältniß. Die Witterungsverhältnisse und besonders die Regenmengen im Sommer und Winter üben einen großen Einfluß darauf aus, so daß das allgemeine Gesetz dafür noch nicht hergeleitet werden konnte. Was die bis jetzt gemachten Beobachtungen ergeben, ist besonders von Kämptz zusammengestellt und dadurch die mittlere Bodentemperatur einer Anzahl Orte bestimmt worden. Verbindet man auf einer Karte zur bessern Uebersicht diejenigen Punkte gleicher mittlerer Bodentemperatur durch Linien, so werden dieselben ihrer Bedeutung nach Isogeothermen genannt. Sie fallen, wie aus der nach Kämptz gegebenen Darstellung (Tafel Nr. I.) derselben erhellt, nicht mit den Parallelkreisen zusammen, und sind bis jetzt nur als annähernd richtig zu betrachten. Die vorhandenen Beobachtungen sind einestheils nicht zahlreich genug, anderentheils dürfen sie nur mit Vorsicht benutzt werden, da ihrer Natur nach leicht die Messungen mit schwer erkennbaren Fehlern behaftet sind, wenn nicht alle dabei obwaltenden Umstände angegeben werden.

Drittes Kapitel.

Magnetismus der Erde.

§. 8. Ursache des Magnetismus.

Der Grund aller magnetischen Erscheinungen der Erdoberfläche ist bis jetzt noch nicht gefunden, und alle Annahmen, die ihn theils in der ungleichen Vertheilung der Wärme im Erdinnern, theils in den, durch Sonnenwärme inducirten Strömen zu finden glauben, gehören bis jetzt noch in das Reich der Hypothese.

§. 9. Aeußerung der magnetischen Kraft.

In der Wirkung nach Außen zeigt sich die Erde ganz wie ein Magnet, d. h. wie ein von electrischen Strömungen umgebener Körper.

Sie hat also auch wie dieser zwei Pole, einen magnetischen Nordpol und einen magnetischen Südpol, die beide aber nicht mit den geographischen Polen zusammenfallen. Diese Vertheilung des Magnetismus wird durch die Magnetnadel bestimmt, da dieselbe die Eigenschaft besitzt, stets nach dem Pole eine constante Richtung einzunehmen, die natürlich vom Meridian eines Ortes abweichen wird. Der Winkel, um wieviel die Nadel von diesem Meridian abweicht, heißt die Declination der Nadel, ihre bis zum magnetischen Pole verlängerte constante Richtung der magnetische Meridian des Ortes, und diese auf einem senkrechten Stifte freischwebende Nadel, die Declinationsnadel. Die Declination wird für verschiedene Orte einen verschiedenen, aber stets constanten Werth haben, und daher ist die Magnetnadel ein sicheres und leichtes Mittel, den Meridian eines Ortes zu bestimmen, und gewährt durch diese Eigenschaft, als Kompaß eingerichtet, ein unentbehrliches Mittel der Schifffahrt. Man hat alle Punkte der Erde, deren Declination gleich ist, durch Linien verbunden und dieselben Isogonen genannt. Ihr auf der Tafel Nr. II. dargestellter Lauf giebt nicht nur einen bessern Ueberblick, sondern bietet auch Elemente dar, zur theoretischen Bestimmung der Gesetze der Vertheilung des Erdmagnetismus. Hängt man eine Magnetnadel frei auf, so daß sie sich in einer zur Erdoberfläche senkrechten Richtung bewegen kann, so neigt sich auf der nördlichen Halbkugel das nördliche, auf der südlichen Hemisphäre das südliche Ende stets unter die Horizontalebene. Es giebt also in der Nähe des Aequators eine Linie, allerdings nicht mit demselben zusammenfallend, in welcher die Nadel horizontal hängt. Diese Linie heißt der magnetische Aequator oder die Linie ohne Neigung. Man hat ebenfalls die Orte gleicher Neigung durch Linien verbunden und dieselben Isoclinen genannt. Die Isocline von 90° fällt natürlich auf den magnetischen Pol. Ehe eine von diesen genannten Nadeln die constante Richtung annimmt, also zur Ruhe kommt, macht sie mehr oder weniger Schwingungen; die Declinationsnadel also in horizontaler, die Inclinationsnadel in einer verticalen Richtung. Die Zahl der Schwingungen hängt von der Intensität des Erdmagnetismus an dem Beobachtungsorte ab und ist in den verschiedenen Gegenden der Erde sehr verschieden. Daher hat man zur bessern Vergleichung der Orte nach ihrer Intensität, ebenfalls alle die durch Linien verbunden, die eine gleiche haben, oder was dasselbe sagt, in denen die Nadeln gleichviel Schwingungen machen. Die Linien werden Isodynamen oder Linien gleicher Kraft genannt, und ist ihr Lauf auf der Tafel Nr. III. verzeichnet. Als Einheit nimmt man die Intensität noch an, die Humboldt auf dem magnetischen Aequator gefunden hat, und man erkennt aus dem Lauf der Isodynamen, daß die Totalkraft des Erdmagnetismus nach den Polen hin zunimmt, und an den magnetischen Polen am größten ist.

§. 10. Regelmäßige Veränderungen der magnetischen Kraft.

In allen 3 Systemen, denen der Kraft, der Neigung und der Abweichung, geben sich oscillatorische Bewegungen der Nadel zu erkennen, die daher die Lage der Curven für verschiedene Zeiten verändern. Die Stunden des Tages, die Jahreszeiten, und ganze Jahre haben darauf einen bedeutenden Einfluß; man nimmt daher zur Vergleichung nur die constanten Mittelwerthe vieler Beobachtungen, und reduzirt dieselben auf ein bestimmtes Jahr. Dies tägliche Schwanken der Nadel ist so regelmäßig zwischen den Wendekreisen, daß man daran die Stunden des Tages erkennen kann.

In den beigefügten Tafeln sind die verschiedenen Systeme für das darauf vermerkte Jahr zusammengestellt.

§. 11. Störungen des magnetischen Gleichgewichts. Nordlicht.

Wenn durch uns unbekannte Ursachen das Gleichgewicht in der Vertheilung des Erdmagnetismus gestört wird, so verkündigt die Magnetnadel durch einen unregelmäßigen stündlichen Gang schon am Morgen das „magnetische Ungewitter,“ dessen Ende durch den, meistens mit einer bedeutenden Lichtentwickelung verbundenen Act der Entladung eintritt. Das gestörte Gleichgewicht ist dann wieder hergestellt, und die Magnetnadel nimmt ihren ruhigen Gang wieder ein. Die Lichterscheinung wird, da sie sich stets in der Nähe der Pole zeigt, und am häufigsten am Nordpol beobachtet ist, Polarlicht, auch wohl Nordlicht genannt, und tritt nur dann ein, wenn die

Störung des Gleichgewichts groß genug war, ein leuchtendes Ueberströmen vom Pol zum Aequator oder von Pol zu Pol hervorzubringen. Die Wirkung der Nadel offenbart sich auf große Theile der Continente, bis in Gegenden, in denen die Lichtentwickelung nicht mehr sichtbar ist, und ist ihr Verlauf in Kurzem folgender:

Der vorher heitere Horizont schwärzt sich in der Gegend, wo dieser vom magnetischen Meridian durchschnitten wird, und ist dies dunkle, bisweilen violette Segment durch einen breiten Lichtbogen erst weiß, dann gelb begrenzt, von welchem aus Strahlenbündel bis zum Zenith aufschießen. Bei schwacher Intensität der Entladung erscheinen diese Strahlenbündel oft sehr spät, ja manchmal erst stundenlang nach dem fortwährend schwankenden Lichtbogen; je intensiver die Entladung ist, um so mehr gefärbt erscheinen die Strahlen, die dann von violett bis in's Grüne und Purpurrothe überspielen. Das Ende der Erscheinung ist erreicht, sobald sich dieselben zu einer sogenannten „Krone" zusammenschaaren, wonach sie seltener, kürzer und farbloser werden. Krone und Lichtbogen brechen auf, indem sie nur helle Flecken hinterlassen, die auch bald verschwinden, und von dem ganzen Schauspiel nur das dunkle Segment übrig bleibt, das sich in zarten, weiß gefiederten Wölkchen auflös't.

Viertes Kapitel.

Reaction der innern Wärme unseres Planeten gegen seine Oberfläche.

§ 12. Erdbeben.

Die nach dem Innern zunehmende Wärme unseres Planeten ruft eine Zahl Erscheinungen an seiner Oberfläche hervor, die sowohl in einer bloßen Erschütterung, als in dem Erguß von gasförmigen und tropfbaren Flüssigkeiten, ja von geschmolzenen Erden bestehen, und hier in dieser Verkettung betrachtet werden sollen.

Erderschütterungen, Erdbeben bestehen in wellenförmigen Schwingungen des Erdbodens, die sich vom Mittelpunkt aus in großen Kreisen oder Ellipsen, allmählig an Stärke abnehmend, in großem Umfang fortpflanzen. Die Schnelligkeit, mit der dies geschieht, beträgt 5—7 geographische Meilen in der Minute, und erlangen dadurch die Erschütterungskreise eine beträchtliche Ausdehnung, die z. B. bei dem von Lissabon 1. November 1755 die vierfache Größe von Europa erreichte. Die Schwingungen erfolgen schnell auf einander in einer senkrechten, horizontalen oder kreisenden Richtung, von welcher die letzte die seltenste, aber die am meisten gefahrbringende ist, wie die Stadt Riobamba am 4. Februar 1799 erfahren hat.

Die Erderschütterungen sind nicht stets mit einem unterirdischen Getöse begleitet, welches häufig erst viel später eintritt, häufig auch ganz ohne Erschütterung selbstständig erscheint. Auch seine Natur ist verschieden: rollend, rasselnd, klirrend, plötzlich krachend wie ein unterirdischer Donnerschlag, oder in abgesetzten Detonationen. Es verbreitet sich, da nicht die Luft, sondern unterirdische feste Körper die Leiter des Schalles sind, mit großer Schnelligkeit in ungeheure Fernen.*) Beispiele, wie der unterirdische Donner von Guanarato lehren, daß über einen Monat dieses Getöse fortdauern kann, während die Erdstöße manchmal Monate lang ununterbrochen fühlbar sind, wie bei Entstehung des Jorullo, der sich plötzlich 1580′ über eine Hochebene erhob, und 90 Tage lang Beunruhigungen der Erdoberfläche hervorbrachte. Auch dauernde Veränderungen derselben können durch diese Erdbeben hervorgebracht werden. In Calabrien bildeten sich großartige Spalten, die bis 100′ tief und eine Meile lang waren, ja in Peru diese Länge übertrafen. An vielen Stellen sank der Boden mit Allem, was ihn bedeckte, in den unermeßlichen Abgrund (Kaimauer von Lissabon), riß ganze Berge mit sich (Jamaica, Djava), und große Wasserflächen nahmen für immer den Schauplatz dieser Verwüstungen ein. Chili wurde in einem auf 100,000 geographische Quadratmeilen geschätzten Raum 4—7′ in die Höhe gehoben, eine Wirkung der Erdbeben, die auf Inseln häufiger beobachtet wurde, und der ein allmähliges Einsinken des Bodens entgegensteht, wie es in Sicilien, in Vorderindien bei der Vertiefung des

---

*) Bei der Ergießung eines Lavastroms aus dem Vulcan St Vincent, 30 April 1812, war ein donnerartiges Getöse 2300 □ Meilen weit hörbar.

Indusbettes und in der Nähe von Caraccas bei Versenkung des Waldtheiles von Aripao vorgekommen.

§ 13. Erhalationen aus Spalten.

Die sich bildenden Spalten hauchen häufig stoffartige Productionen aller Aggregatzustände aus, unter denen Luftquellen, heiße Wasserquellen und Quellen geschmolzener Massen zu unterscheiden sind.

1) Unter den Luftquellen sind die Erhalationen der Kohlensäure (Mofetten) die wichtigsten, die stets als letzte Regungen vulcanischer Thätigkeiten zu betrachten sind.*)

Außerdem werden heiße Dämpfe, schwarzer Rauch, gekohltes Wasserstoffgas (in Fredonia zum Kochen und Leuchten benutzt), Schwefelwasserstoffgas und Schwefeldampf, ja manchmal auch Flammen mit Rauchsäulen (bei dem Erdbeben von Lissabon) ausgestoßen.

2) Was die Wasserquellen betrifft, so entströmen meist den Abhängen der Vulcane große Massen heißen Wassers und Schlamm, die häufig auf mehrere Quadratmeilen alle Felder umher zerstören, und bei so großen Massen gleichsam in Höhlungen des Vulcans als große Seen vorhanden sein müssen. Namentlich ist Quito und Mexiko diesen Verwüstungen besonders häufig ausgesetzt und besitzt der dort Moya genannte Schlamm oft brennbare Substanzen, so daß er zur Feuerung benutzt werden kann. Die aus dem Berge hervorbrechenden kalten und heißen Wassermassen enthalten nicht selten eine große Zahl todter Fische, die 1621 so zunahm, daß man die in der Stadt Ibarra ausbrechenden Faulfieber den durch die Verwesung hervorgebrachten Miasmen zuschrieb. Sie sind gewöhnlich wenig entstellt und können deswegen keiner großen Hitze ausgesetzt gewesen sein. Die auf den Scheiteln dieser hohen Vulcane gelagerten Schneemassen schmelzen plötzlich und verursachen Wasserströme, in denen dampfende Schlacken wie Eismassen schwimmen. Auch im Zustande der Ruhe wirken sie fort und fort durch Filtration in die Spalten des Gesteins, die, mit den Bächen des Hochlandes vielfach in Verbindung stehend, sich bald in unterirdische Wasserbehälter verwandeln.

*) Eifel, Umgebungen des Laacher See's, westliches Böhmen.

Daher also die Erscheinung der Fische, die sich vorzugsweise in dem Dunkel jener Höhlen vermehren, und durch Eruptionen bei gewaltsamer Oeffnung derselben mit den ungeheuren Wassermassen den Bergen entstürzen. Bei der Erhebung des Jorullo 1759 verschwanden plötzlich zwei kleine Flüsse, und erschienen einige Zeit nachher unter furchtbaren Erdstößen als heiße Quellen, deren Temperatur Humboldt 1803 zu 65,8° bestimmte.

3) Schlammvulcane entstehen durch einen mit allen Symptomen eines Erdbebens begleiteten Flammenausbruch, und bilden später niedrige kegelförmige Hügel, aus deren an dem Gipfel liegenden und mit Wasser gefüllten Becken, friedlich, unter periodischer Gasentwickelung, ein lettiger Schlamm ausfließt, der bisweilen kalt, bisweilen von hoher Temperatur ist.

§. 14. Vulcane

entstehen da, wo bleibende Verbindungen des Erdinnern mit der Lufthülle vorhanden sind, die dann den Weg bilden, auf dem, oft nach langen Epochen der Ruhe, erneute Thätigkeiten des Innern hervorbrechen. Der Berg selbst ist durch das Emporheben zäher Massen entstanden, und zeigt seine relative Höhe das Maaß der hebenden Kraft an, die sehr verschieden ist. Dagegen steht die absolute Höhe in einem umgekehrten Verhältniß zur Frequenz der Entflammung des Vulcans. Der Krater, der meistens auf dem Gipfel der Erhebung liegt, ist die obere Oeffnung eines tiefen Kesselthales, oder Trichters, aus dem die gasartigen, wie flüssigen Theile emporgehoben werden.

Der Verlauf einer Eruption ist in Kurzem folgender:

Mit unterirdischem Getöse und häufigen Erdstößen steigt eine Rauchsäule empor, die sich ausbreitet und die umliegende Gegend in Dunkelheit hüllt. Ein Flammenausbruch folgt, der zu einer Feuersäule von beträchtlicher Höhe anwächst und glühende Steine, wie geschmolzene Massen in weitem Umkreise umherschleudert; er ist nicht selten schon jetzt von einem Aschenkegel umgeben, der im gewöhnlichen Lauf einer Eruption das Ende derselben bezeichnet, und seiner Gestalt wegen von Plinius mit einer Pinie verglichen wurde.

Laven, d. h. geschmolzene Mineralien, entfließen dem Krater, sowie den während der Eruption sich bildenden Seitenspalten des Berges, und erstarren in gelagerten Schichten an den Abhängen desselben, Alles, was der Mensch dort gebaut und gebildet, für immer vernichtend.

§. 15. Geographische Vertheilung der Vulcane.

Die Art der Vertheilung der Vulcane auf der Erdoberfläche ist nach 2 Klassen bestimmt worden, die man Centralvulcane und Reihenvulcane nennt.

Unter ersteren versteht man diejenigen, die als Mittelpunkt nach allen Seiten gleichartig verbreiteter Ausbrüche betrachtet werden können; unter letzteren faßt man die zusammen, die nahe an einander in ein und derselben Richtung liegen, und unterscheidet von ihnen diejenigen, die auf dem höchsten Rücken einer Gebirgsreihe die Gipfel derselben bilden, von denen, die sich als einzelne Kegelinsel vom Grunde des Meeres erheben, und denen dann zur Seite meist ein primitives Gebirge zieht.

Tafel Nr. IV. versinnlicht die geographische Vertheilung auf der Erdoberfläche.

Zweiter Abschnitt.

Von der Bildung der Erde.

§. 16 Allgemeiner Bildungsgang der Erde.

Bei der Bildung der Erde waren zwei Kräfte thätig, deren Wirkung gerade entgegengesetzt ist. Nach der heut fast allgemein angenommenen Hypothese waren alle Urstoffe unseres Erdkörpers durch eine sehr hohe Temperatur in gasförmiger Gestalt, und die Erde bildete so einen Gasball von natürlich viel größerer Ausdehnung. Bei der allmähligen Erkaltung verdichteten sich die Stoffe zuerst zu einer feurigflüssigen Masse, die den größten Hitzegrad erforderten, um in gasförmigem Zustand erhalten zu werden. Dieser ursprüngliche Kern vergrößerte und verdichtete sich immer mehr und mehr, da bei der fortschreitenden Erkaltung sich stets neue Stoffe niederschlugen, ohne daß die ganze Masse ihren geschmolzenen Zustand aufgab. Die Erkaltung nahm durch die diese Masse umgebende Gashülle von Außen nach Innen immer zu, so daß sich endlich eine ganz erkaltete Rinde bildete, welche die vom Kern ausstrahlende Wärme theilweis abhielt, und eine stärkere Erkaltung der Atmosphäre zur Folge haben mußte. Dadurch konnte sich auch das Wasser niederschlagen, das durch den gewaltigen Druck, unter dem es sich noch befand, bei einer viel höheren Temperatur flüssig wurde, als es heut der Fall ist. Aus diesem bildeten sich noch fernerhin Niederschläge, die sich in ziemlich gleichförmigen Schichten über den Erdkern ablagerten, aber dadurch auch eine größere Erkaltung der Rinde verursachten, als bei dem Kern eintreten konnte. Die kältere Hülle zog sich mehr zusammen, und die zusammengepreßte feurigflüssige Masse sprengte dieselbe an einzelnen Stellen, und trat aus den Oeffnungen über, natürlich durch diese Revolution großartige Formveränderungen auf der Oberfläche hervorbringend. Wie oft und in wie langen Pausen solche Erschütterungen vor sich gingen, davon wird sich schwer unsere Phantasie eine Vorstellung machen können, viel weniger kann die Wissenschaft davon Rechenschaft ablegen. Zahlen hören auf, durch ihre Größe einen Begriff davon zu geben. Es sind also zwei Kräfte als die ursprünglich bildenden anzusehen, die durch die allmählige Erkaltung hervorgebrachten Niederschläge, und die durch die Zusammenziehung der Rinde bewirkten Erhebungen. Erstere nennt man neptunische Kräfte und schränkt den Begriff so ein, daß darunter nur die Niederschläge aus dem Wasser verstanden werden, letztere nennt man die plutonischen Kräfte. Von diesen sind ein Theil, und der noch jetzt wirkende bereits in ihrem Einfluß auf die Erdoberfläche betrachtet worden. Es sind dies die vulcanischen Erscheinungen, die nur in einem geringern Grade noch thätig sein können, da die dicker gewordene Erdrinde einen größern Widerstand entgegensetzt. Es wird von den Einzelnwirkungen dieser Kräfte in dem folgenden Abschnitt die Rede sein, und ein späterer die daraus entstandene Gestaltung der Erdoberfläche als das Product dieser Kräfte näher betrachten. Es genügt daher hier die Erwähnung des allgemeinen Hergangs, aus dem für die Beschaffenheit der Erdrinde schon folgende allgemeine Sätze hervorgehen.

Die feste Oberfläche des Erdballs besteht aus zwei Arten von Bestandtheilen, den geschichteten, die sich aus dem Wasser niederschlugen, und den ursprünglich in feurigflüssigem Zustande und allmählich erkalteten Massen.

Letztere liegen anfänglich durchgängig unter den geschichteten, sind aber im geschmolzenen Zustande an einzelnen Stellen durchgebrochen und später erkaltet.

Unter beiden befindet sich endlich der noch im flüssigen Zustande verharrende Kern, dessen Existenz die zunehmende Wärme nach der Tiefe und die vulcanische Thätigkeit der Erde zu erkennen giebt. Die folgenden Kapitel sollen sich nun mit der Eintheilung und dem Vorkommen der beiden ersten Gesteinarten beschäftigen.

Erstes Kapitel.

Eintheilung der Gesteinarten.

§. 17. Eintheilungsgründe.

Die Gesichtspunkte, aus denen man die großen Massen der Gesteine betrachten kann, sind sehr verschieden. Das innere Gefüge, das sich schon in kleinen Handstücken zu erkennen giebt, ist ebenso wichtig, als die Art und Weise, in welcher sie zu größeren Gruppen vereinigt vorkommen.

Beides giebt Aufschlüsse über die Entstehung, die für die Geologie von größter Wichtigkeit sind. Außerdem ist es Sache der Mineralogie, die Farbe, Durchsichtigkeit, Zusammensetzung, Schwere u. s. w. der einzelnen Gesteine in Handstücken zu bestimmen, während Vorkommen und Entstehung für vorliegenden Zweck von besonderer Wichtigkeit ist. Daher wird auf die Art und die Zeit der Entstehung besonders Rücksicht genommen und dieselbe genauer erörtert werden.

§. 18. Nach ihrer Structur nennt man die Felsarten:

1) dicht, wenn die Masse ein gleichförmiges, innig zusammenhängendes Ganze bildet, ohne bestimmte Anordnung.

2) schiefrig, wenn das Mineral leicht in dünne Platten sich spalten läßt.

3) körnig, wenn es aus kleinen Krystallen besteht, die ohne Bindemittel fest zusammensitzen.

4) porphyrähnlich, wenn die Hauptmasse dicht ist, aber größere Krystalle ihrer einzelnen Bestandtheile in sich eingeschlossen enthält.

5) mandelsteinartig, wenn statt der Krystalle rundliche Höhlungen vorhanden sind, theils frei, theils mit Mineralien halb oder ganz erfüllt.

6) conglomeratisch, wenn in einer dichten Hauptmasse unregelmäßige Bruchstücke anderer Felsarten enthalten sind.

§. 19. Nach der Art des Auftretens

in größeren Gebirgsmassen sind die Gesteine entweder ungeschichtet, wie die massigen Felsarten plutonischen Ursprungs, oder geschichtet, ein stetes Zeichen neptunischer Entstehungsart. Tafelförmig über einander gelagerte Massen desselben Gesteins nennt man Schichten, verschiedenen Gesteins Lager, und unterscheidet unter letzteren je nach der Art und Weise der räumlichen Ausdehnung: söhlige, sattelförmige, muldenförmige, mantel-, schild- und buckelförmige. Gleichförmig oder abweichend gelagert bezeichnet, ob die über einander liegenden Schichtungsflächen eines Lagers parallel sind oder nicht. Die über einer Schicht befindliche Lage heißt das Hangende, die darunter das Liegende. Die Neigung der einzelnen Schichten heißt ihr Fallen und die Ausdehnung der Schichten in die Länge nach einer bestimmten Weltgegend ihr Streichen. Den in der Richtung des Falles verlaufenden Abhang nennt man den gleichsinnigen, während die, durch eine Hebung zerrissene Durchschnittsfläche eines Lagers der widersinnige Abhang desselben heißt, und stets dem Innern des Gebirges, also der dem Fallen entgegengesetzten Seite zugekehrt ist. Er wird, wie sich daraus von selbst ergiebt, von den Schichtungsköpfen gebildet, da man unter letzteren das Ende jeder Schicht am Bruchrande versteht.

§. 20. Nach der Zeit der Entstehung der einzelnen Gebirgsarten unterscheidet man in der Erdrinde verschiedene Formationen oder Gruppen, und versteht darunter die Reihe über einander gelagerter Schichten, die zu gleicher Zeit und unter ähnlichen Verhältnissen entstanden zu sein scheinen und gleichartige Versteinerungen enthalten. Die Reihenfolge der Formationen wird später näher betrachtet werden.

§. 21. Nach der Art der Entstehung sind die Gebirgsarten:

1) Eruptionsgestein, d. h. in feurigflüssigem Zustande aus dem Innern der Erde emporgedrungen. Die plutonischen Felsarten sind in weichem oder zähem Zustande gewiß aus großen thalartigen Spalten und langgedehnten Schlünden mehr hervorgeschoben als geflossen und besitzen stets ein großes massiges Gefüge. Die vulcanischen Felsarten scheinen stets lavaähnlich aus schmalen Oeffnungen emporgequollen zu sein, denn auch da, wo man größere Anhäufungen findet, sind es, wie nähere Untersuchungen lehren, doch nur pilzartige, oben ausgebreitete Massen, die häufig in schmalen Zapfen endigen. Alle Gesteine dieser Art zeichnen sich durch ein sehr feinkörniges Gefüge aus.

2) Sedimentgestein, gebildet durch Niederschlag erdiger Bestandtheile, die in einer Flüssigkeit aufgelöst waren, oder, nur mechanisch beigemengt, darin schwebten.

3) Umgewandeltes (metamorphosirtes) Gestein, unter welchem man dasjenige versteht, das in seinem innern Gewebe oder seiner chemischen Zusammensetzung verändert worden ist, und zwar entweder durch Contact mit einem plutonischen oder vulcanischen Ausbruchsgestein oder mit den, bei dem Hervortreten desselben sich entwickelnden Dämpfen.

4) Conglomerate sind mechanisch zertheilte Massen der übrigen Gesteine, die durch irgend ein Bindemittel zusammengehalten werden.

Zweites Kapitel.

Beschreibung der verschiedenen Gesteine.

§. 22. Das Eruptionsgestein, auch abnormes oder endogenes Gestein genannt.

A. Die plutonischen Felsarten.

Bei der vorhin erwähnten allgemeinen Structur haben dieselben noch zwei beachtungswerthe Unterschiede in derselben; sie sind entweder gleichmäßig und vollständig krystallinisch (granitische Felsarten), oder die Grundmasse ist feinkörnig mit großen eingeschlossenen Krystallen (porphyrige Felsarten).

a) Granitische Felsarten bestehen aus verschiedenen Feldspathen*), einerseits verbunden mit Quarz, Glimmer, Hornblende, andererseits mit Augit, Diallage (Schillerspath), Hypersthen.

Die erste Kategorie nennt man Quarzgesteine und rechnet dazu:

---

*) Da allgemeine Kenntniß der Mineralogie hier vorausgesetzt werden muß, ist Farbe, Aussehen, Krystallisationsform u s w. bei den folgenden Mineralien nie hinzugefügt, dennoch scheint es zweckmäßig, die Elemente hier übersichtlich zusammenzustellen, die in den mannigfachsten Verbindungen die plutonischen Gesteine zusammensetzen.

A. Reine Kieselerde oder Quarz.

B Kieselsaure Doppelsalze, bestehend aus

a) vorzugsweise kieselsaurer Thonerde, verbunden:

1) mit kieselsaurem Kali zu Orthoklas und Glimmer (letzterer 4mal mehr Thonerde und $1/3$ mal mehr Kieselerde).

2) Mit kieselsaurem Natron zu Albit.

3) Mit kieselsaurem Talk und etwas Natron zu Labrador.

NB. Orthoklas, Albit und Labrador sind die 3 Arten Feldspath

b) vorzugsweise aus kieselsaurer Talkerde, verbunden.

1) mit kieselsaurer Kalkerde und Eisenoxydul zu Hornblende, wenn Kieselsäure im Ueberschuß ist,

zu Augit, die Basen haben halb so viel Sauerstoff als die Kieselsäure.

zu Olivin, die Basen haben eben so viel Sauerstoff als die Kieselsäure.

2) Mit kieselsaurer Thonerde und Eisenoxydul zu Chlorit.

3) Mit kieselsaurem Eisenoxydul zu Talk.

Beide letzteren stets schiefrig auftretend.

1) Granit, zusammengesetzt aus Orthoklas, Quarz und Glimmer.

2) Syenit, zusammengesetzt aus Orthoklas, Quarz und Hornblende.

3) Diorit oder Grünstein, zusammengesetzt aus Albit und Hornblende.

4) Hornstein, zusammengesetzt aus Orthoklas und Quarz.

Die zweite Kategorie sind die Augitgesteine (Pyroxene), in denen der Feldspath stets als Labrador auftritt und sich verbindet:

1) mit Diallage zu Gabbro und Euphotid.

2) mit Hypersthen zu Diabas und Hypersthenfels.

Häufig befindet sich in letzterem noch etwas Chlorit.

b) Porphyrige Felsarten sind stets feldspathhaltig gemischt, entweder mit Quarz zu den Quarzporphyren oder mit Augit zu den Augitporphyren. Zu ersteren gehört:

1) Feldsteinporphyr, zusammengesetzt aus Orthoklas mit Quarz.

2) Dioritporphyr, zusammengesetzt aus Albit und Hornblende.

Beide durch die schönen großen Krystalle ausgezeichnet, die ihre einzelnen Bestandtheile bilden.

3) Hornsteinporphyr, bestehend aus Orthoklas mit Quarz, inniger gemengt als die vorigen, mit nur wenigen nicht so schön ausgebildeten Feldspath-Krystallen.

Unter den Augitporphyren ist der Melaphyr, bestehend aus Augit und Labrador, dunkelschwarz gefärbt, und schließt schöne Krystalle ein.

B. Die vulcanischen Felsarten.

Die materiellen Bestandtheile sind, wie in den plutonischen, dieselben; ihr, durch ihre Entstehungsart und damit verbundene schnellere Abkühlung, bedingtes Gefüge ist sehr feinkörnig, ohne die größeren eingelagerten Krystalle der Porphyre. Man unterscheidet, je nach der Art des Feldspaths, ob dieser eine chemische Verbindung mit Wasser*) eingegangen ist oder nicht, zwei Klassen, und rechnet zur ersten:

*) Feldspath geht mit Wasser eine chemische Verbindung ein, und bewirkt dadurch gewässerte kieselsaure Doppelsalze, Zeolithe genannt.

a) den Basalt, eine feinkörnige Mischung aus einem Kalkzeolith (Mesotyp) mit Augit und Olivin.

b) den Phonolit, der aus glasigem Feldspath (Verbindung von Augit und Orthoklas) und einem Alcalizeolith besteht, und häufig ein porphyrartiges Ansehen von Feldspathkrystallen hat, die nicht selten in seiner Grundmasse eingeschlossen sind.

Zur zweiten der oben erwähnten Klassen gehören:

a) der Trachit, der aus glasigem Feldspath mit Quarz, Glimmer und Hornblende besteht, und häufig in seinem feinkörnigen Gefüge kleine Krystalle dieser Bestandtheile enthält.

b) der Dolerit, ein grobkörniges Gemisch von Labrador und Augit.

§. 23. Das Sedimentgestein, auch normales oder exogenes Gestein genannt,

ist der schichtweise Niederschlag, oder Absatz aus Flüssigkeiten, je nachdem die Bestandtheile chemisch darin gebunden, oder bloß mechanisch beigemengt waren. Die Schichten sind nicht nur von verschiedener Dicke, sondern theils aufgerichtet, theils horizontal, und treffen sich in ihrer räumlichen Ausdehnung unter den verschiedensten Winkeln. Diese scheinbare Verworrenheit in den Schichtungsverhältnissen ist durch den hebenden und erschütternden Einfluß der Eruptionsgesteine herbeigeführt worden, und bewahrt uns vor dem traurig einförmigen Anblick einer horizontalen Ebene von Pol zu Pol, die bei ununterbrochener Ablagerung der Sedimentgesteine sich bilden mußte.

Dreierlei Stoffe sind es, die, mancherlei Verbindungen mit einander eingehend, sich sowohl formell, wie materiell abändern, und daher unter den verschiedensten Verhältnissen uns in fast allen Schichten entgegentreten. Thonerde, kohlensaurer Kalk und Quarzkörnchen (Sand) übernehmen diese wichtige Rolle; Metalloxyde, Bitume und Kohle wirken als Färbungsmittel; letztere, isolirt auftretend, bildet Formationen für sich in den Kohlenablagerungen; die kohlensaure Kalkerde kommt in einer Reihe der verschiedensten Formen vor, vom Kreide-Mergel an bis zu dem durch Hitze gefritteten*) Marmor, wie den mehrere 100′ starken Lagern kalkiger Infusorienreste, schwerlich als solche in all ihren Phasen auf den ersten Blick zu erkennen. Die zahlreichen conglomeratischen Gebilde des Sandsteins werden erst etwas näher beleuchtet, wenn von den Conglomeraten überhaupt die Rede ist.

§ 24. Umgewandeltes (metamorphosirtes) Gestein entsteht durch die, entweder bloß mechanische oder chemische Einwirkung von Eruptionsgestein auf ein anderes, sowohl plutonischen als neptunischen Ursprungs.

Die bloß mechanischen Einwirkungen beschränken sich auf die Berührungsflächen zweier Gesteine, die sich gegenseitig abreiben, oder theilweise zertrümmern. Die sich berührenden Flächen heißen Reibungsflächen, ihr Product Reibungsconglomerat, das in seiner Zusammensetzung verschieden sein kann. Sind beide Massen gleich hart gewesen, so werden die Bruchstücke zwischen ihnen zu Pulver zerrieben, und als solches mit irgend einem hinzugetretenen Bindungsmittel eingelagert; die Bestandtheile beider Massen werden gleichmäßig in ihm vertheilt sein. War das eine der sich berührenden Gesteine noch in weichem Zustande, so werden eckige, unregelmäßige Stücke des andern sich in dasselbe eindrücken und das Conglomerat grobkörnig sein.

Die chemische Einwirkung ist mannigfaltiger Art, und als Gegenstand der heutigen Untersuchung der neueren Geognosten noch nicht in allen ihren Erscheinungen aufgeklärt. Bei dem Erkaltungsprozeß der einst feuerflüssigen Erdkugel mußten die bereits erhärteten, aber noch sehr dünnen Schichten derselben einen hohen Hitzegrad behalten haben, und auf die zuerst niedergeschlagenen Sedimentschichten dadurch einen bedeutenden Einfluß ausüben, der sich am häufigsten durch eine Erhärtung und Befestigung der einzelnen Theile kund giebt. Solche Gesteine nennt man gefrittete. Die verschiedenen Hitzegrade, die Dauer der Abkühlung, die Größe des Drucks, unter welchem die Neubildung vor sich ging, sind Momente, nach

*) Siehe §. 24.

denen sich die Theile anders und anders ordnen, und die unähnlichsten Bildungen gleicher Stoffe hervorbringen können. Aber nicht nur die untersten Sedimentschichten allein können durch die Apposition von Eruptionsgesteinen umgewandelt werden; die Natur hat allen, bis zu den obersten Gebilden hin, Gelegenheit dazu gegeben. Gangartig durchsetzt Eruptionsgestein aller Gattungen die abgelagerten Schichten, hebt sie nicht nur in die Höhe, sondern durchbricht sie an zahllosen Stellen vollkommen und fließt dann in einem mehr oder weniger zähen Zustande an dem Ausbruchspunkte, die obersten Schichten bedeckend, kuppenförmig über, auf diese Weise die höchsten Spitzen vieler kraterlosen Berge bildend.

Heiße Wasserdämpfe, Kieselsäure und viele andere dampfförmige und leicht flüssige Stoffe konnten durch die unzählig vielen, bei der Abkühlung des Eruptionsgesteins gebildeten Spalten zu den Sedimentschichten durchdringen, und, ihnen andere Stoffe zuführend, eine andere Gestalt verleihen. So sind die Elemente zur Umwandelung schon sehr mannigfaltiger Art, und bei den vielfachen Combinationen derselben häufig aus dem Resultat die Ursache nicht mehr zu bestimmen. Nach diesen allgemeinen Betrachtungen mögen nun hier die einzelnen metamorphosirten Gesteine folgen. Alle krystallinischen Schiefer werden von vielen Geognosten für neptunischen Ursprungs gehalten; sie sollen durch die unter ihnen befindlichen Granitschichten geschmolzen und dann zu ihrem jetzigen Zustande erkaltet sein. Es sollen dieselben hier nach ihrem materiellen Gehalte, der entweder Feldspath oder Glimmer oder Talk ist, in drei Gruppen betrachtet, ihre Bestandtheile zuerst hervorgehoben und dann einige Bemerkungen über ihre Entstehung hinzugefügt werden.

1) Feldspathschiefer:

a) Gneiß, unterscheidet sich vom Granit nur durch seine schiefrige Structur und ist sehr verbreitet.

b) Protogyn, eine Abänderung des Gneiß, worin statt Glimmer Talk oder Clorit enthalten ist.

c) Eurit, ist Gneiß ohne Glimmer.

d) Hornblendegneiß, aus Feldspath und Hornblende bestehend, wird, wenn er weiß ist, Weißstein, und bei grauer Farbe Hornschiefer genannt.

2) Glimmerschiefer, aus Glimmer und Quarz bestehend, ist:

a) Aventurin, wenn wenig Glimmer darin ist.

b) Quarzschiefer, wenn der Glimmer ganz fehlt.

c) Hornblendeschiefer, wenn statt des Quarzes zum Glimmer Hornblende getreten ist.

3) Talkschiefer, ein Talksilicat mit Quarz, kohlensaurem Kalk, Chlorit, Diallage und andern gemischt. Die häufigsten sind:

a) blättriger Talkschiefer.

b) Chloritschiefer.

c) Serpentinschiefer.

d) Itacolumit (Gelenkquarz). Letzterer, ein quarzhaltiger Talkschiefer ohne Kalk, der in Brasilien eine Lagerstätte der Diamanten bildet.

Noch zu erwähnen ist hier der mit dem Talkschiefer fast ohne merkbare Grenze zusammenhängende Urthonschiefer, der seinerseits wieder allmählig in den gemeinen Thonschiefer übergeht.

Beide letzteren, neptunischen Ursprungs, verdanken ihr körniges Gefüge der plutonischen Einwirkung des Granits.

Aus vielen Gründen, namentlich aber, weil der Schmelzpunkt der krystallinischen Schiefer mit dem des Granits zusammenfällt, dieselben also durch den bereits nicht mehr flüssigen Granit auch nicht geschmolzen werden konnten, sind sie wohl fast alle als ursprünglich plutonische Gebilde anzunehmen, denen die besondere schiefrige Structur durch Störungen im Krystallisationsprozeß (Strömungen in dem sie zunächst umgebenden flüssigen oder luftförmigen Mittel; locale Erschütterungen u. s. w.) verliehen worden ist. Andererseits ist wahrscheinlich sehr vieler Glimmerschiefer und aller Thonschiefer neptunischen Ursprungs. Glimmerschiefer konnte entstehen, wenn Kieselerde in Wasser aufgelöst, und demselben auf mechanischem Wege Glimmer beigemengt war; fehlte der Glimmer, so entstand der Quarzfels. Schied sich aus dem Wasser Thonerde mit etwas Glimmer gemengt ab, so entstand der Urthonschiefer; fehlte letzterer, der gemeine Thonschiefer.

Beispiele zeigen jedoch, wie verschiedenartig der Prozeß, je nach den Localitäten, gewesen sein kann, denn am Gotthardt wird der Kreide-Mergel erst in Glimmerschiefer, dann in Gneiß durch plutonische Einwirkung des Granits umgewandelt; im Fichtelgebirge wird Thonschiefer in Gneiß metamorphosirt, allerdings auch nur da, wo das Lager in unmittelbare Berührung mit dem Granit kommt.

Andere Beispiele metamorphosirter Producte sind: Wetzschiefer und Kieselschiefer, entstanden durch Eindringen von Kieselsäure in den Thonschiefer, dessen Verkieselung im höchsten Grade den Bandjaspis hervorbringt. Quarzfels ist ein durch Hitze gefritteter Sandstein. Die vielfachsten Veränderungen erleidet der kohlensaure Kalk, der durch Hitze zu körnigem Kalk gefrittet wird, und in dieser Gestalt unser Statuen-Material, den Marmor, liefert. Steigen schwefelsaure Dämpfe von unten in die Kalksteinschichten, so verwandeln sie den Kalk in Anhydrit; waren heiße Wasserdämpfe ihnen beigemengt, so entsteht der Gyps. Endlich wird der kohlensaure Kalk in Dolomit oder Braunspath verwandelt, indem seine zahllosen Spalten und Risse bei einem Ausbruch von Melaphyr mit Dämpfen erfüllt werden, die sowohl seine Structur, wie chemische Beschaffenheit verändern.

Noch zu erwähnen ist der Itacolumit, der entstanden ist aus gewöhnlichem Glimmer durch die plutonische Einwirkung von emporsteigenden Dioritgängen.

§. 25. Conglomerate oder Trümmergestein

Bei den metamorphosirten Gesteinen ist ihrer Entstehung wegen einer Art der Reibungsconglomerate bereits gedacht worden. Das wichtigste und am meisten verbreitete Conglomerat ist der Sandstein, bestehend aus feinen, meist runden Körnern, die durch ein kaum bemerkbares Bindemittel zusammenhaften. Er tritt in den verschiedensten Farben auf, die theils durch besonders beigemengte Färbestoffe, theils durch das Bindemittel selbst bestimmt werden, und kommt fast in allen Schichten der Erdrinde vor. Schutt, Kies, Sand und Grus sind sämmtlich Conglomerate ohne Bindemittel, die ihre verschiedenen Namen theils von ihrer Form, theils von ihren Bestandtheilen erhalten haben. Unter den erdigen Trümmergesteinen, die meist den jüngsten Bildungen der Erde angehören, sind die wichtigsten die Walkerde, der Tuff oder Traß und die Dammerde, deren chemische Bestandtheile nicht leicht bestimmbar sind, und aus thonigen, kalkigen und sandigen Theilen bestehen, zu denen bei der Dammerde sich die Producte der gesammten Pflanzen- und Thierwelt mischen.

Drittes Kapitel.

Relatives Alter der Erdschichten, ihre Reihenfolge und ihr Auftreten.

§. 26. Vorerläuterungen.

Wie schon früher angedeutet, ist der Bildungsprozeß der Sedimentschichten kein ungestörter gewesen. Vielfache Erschütterungen, großartige, weitverbreitete Erhebungen zerstörten und veränderten die oben niedergeschlagenen Schichten; neue Ablagerungen bildeten sich in einer darauf folgenden ruhigeren Epoche, bis diese selbst wieder den genannten Einflüssen unterworfen wurden, und so folgten sich Revolutionen auf Revolutionen, getrennt durch Zeiträume friedlicherer Bildung. Die Dauer einer Epoche, wie die Kraft der Umwälzungen vermag man nicht zu bestimmen; einzelne sind scheinbar über den ganzen Erdball ausgebreitet, andere dagegen sind wieder mehr localer Natur und haben nur an einigen Orten Veränderungen hervorgebracht, die sich nicht wiederholen. Dennoch geben grade die Erhebungen das Mittel an die Hand, vergleichungsweise das Alter der Schichten und Formationen zu bestimmen. Was zuerst die Sedimentschichten betrifft, so leuchtet zunächst ein, daß stets die Schicht im Hangenden jünger als im Liegenden ist; d. h. sie hat sich erst niedergeschlagen, als die unter ihr bereits gebildet war. Gingen diese Ablagerungen ohne plutonische Einwirkung von Statten, so mußten sie alle parallele Schichtungsflächen haben, d. h. gleichförmig gelagert sein. Findet man daher abweichend gelagerte Schichten, die im Hangenden horizontal sind, so hat eine Erhebung der unteren Schicht stattgefunden, ehe sich die obere gebildet. Das durch diese Katastrophe an irgend einem Punkte hervorgebrochene Eruptionsgestein ist also jünger als die gehobene, älter als die horizontale Schicht. Steigt man von der Ebene zu einem Gebirge in die Höhe und findet am Fuße z. B. drei horizontal gelagerte Schichten, die auf dem Berge fehlen, so ist derselbe zu einer Zeit entstanden, als die vierte Schicht unter der Oberfläche sich bereits niedergeschlagen hatte, sie ist also mit gehoben worden; er ist aber älter, als die auf ihm nicht mehr abgelagerten drei Schichten, die sich nur noch in der Ebene finden, weil der Berg aus dem sie bildenden Wasser herausgeragt hat. Findet sich daher an irgend einem anderen Punkte der Erde ein Berg, auf dem noch zwei der hier besprochenen Schichten mit gehoben sind, und nur die oberste nicht mehr angetroffen wird, so ist er jünger als jener, und in einer Zeit entstanden, die zwischen der Bildung der obersten und der zweiten Schicht liegt. Einen anderen Anhaltspunkt zur Bestimmung des Alters der Schichten geben die darin enthaltenen Versteinerungen von Pflanzen und Thieren.

Dieselben sind größtentheils noch so wohl erhalten in dem sie umgebenden Mittel, daß ihre Art und Gattung noch häufig zu bestimmen ist, und zwar sind in den untersten Schichten die unvollkommneren organischen Gebilde enthalten, die nach oben, sowohl an Zahl der Gattungen, als an Vollkommenheit, zunehmen, und sich immer mehr den jetzt lebenden Formen nähern. Da häufig dieselben Petrefacten in mehreren hinter einander folgenden Schichten enthalten sind, so läßt sich daraus ableiten, daß die dieselben trennenden Erhebungen nicht groß genug waren, um alle Organismen zu zerstören; demnach ist der Begriff der Formationen entstanden, der früher schon erläutert worden ist. Die Reihenfolge der Formationen, von der ältesten angefangen, ist nun folgende:

§. 27. Das Urgebirge.

Unter diesem Namen faßt man die ersten Gebilde der Erdrinde zusammen, die als ungeschichtete Massen plutonischen Ursprungs auftreten. Sie bilden gleichsam das Gerüst, an das sich die Sedimentschichten anzulegen vermochten, um der Erde ihre heutige Gestalt zu verleihen. Dabei ist aber zu erwähnen, daß keineswegs alle hier angeführten Gesteine gleich alt zu sein brauchen. Wie früher schon bemerkt ist, haben Eruptionen während des ganzen Bildungsprozesses mitgewirkt, und diese Ausbrüche, sowohl plutonischer als vulcanischer Producte, sind im Sedimentgestein gangartig eingeschoben. So ist der Granit, als das zuerst erkaltete, und also älteste Gestein, zu betrachten, während er an einigen Stellen bis in die Secundär-Formation eingedrungen ist; das beweist jedoch nur, daß gerade an dieser Stelle aller Granit noch nicht erkaltet war, und der untere, noch in flüssigem Zustande sich befindende, durch plutonische Kräfte gehoben worden ist. Daher finden wir viele der hier als primitive Gebirgsarten angegebenen Gesteine durch alle späteren Formationen, ihr Alter stets an der Zahl der von ihnen durchdrungenen Schichten erkennend. Die jüngsten, und deshalb hier nicht aufgeführten Eruptionsgesteine sind die früher schon erwähnten vulcanischen Felsarten, die in allen Gruppen zerstreut und nur local auftreten, daher überhaupt nicht mehr berührt werden.

1) Der Granit ist der Hauptbestandtheil der meisten größeren Gebirgszüge, denen er durch enge, wilde Thäler, senkrechte und nackte Wände, zackige Spitzen und Gipfel ein rauhes wildes Aussehen giebt; bei niedrigeren Bergzügen werden die Formen runder und erhalten sanftere Umrisse; bis in niedrige Gegenden steigt der Granit nur höchst selten hinab.

2) Der Syenit, ebenso vielfach verbreitet, wie der Granit, ist in seinem Vorkommen diesem ganz gleich zu stellen.

3) Der Diorit oder Grünstein tritt niemals in größeren Massen, etwa den Kern ganzer Gebirge bildend, auf, sondern ausschließlich in vielfach verzweigten Gängen und kleinen unregelmäßigen Massen.

4) Augitgesteine (Pyroxene) erscheinen in kleinen Räumlichkeiten mit geringer Mächtigkeit, größtentheils in isolirtem gangartigen Auftreten in einzelnen Kuppen, kleinen Kämmen, die hin und wieder auch steile Felswände und schroffe Abhänge bilden.

5) Die Porphyrgesteine treten isolirt oder in naher Beziehung zum Granit auf, bilden kuppige und kegelförmige Berge, die häufig fast unersteiglich sind; selten ganze Bergzüge. Die

schwarzen Porphyre (Melaphyr) erscheinen stets nur als Begleiter der anderen, in untergeordneteren Verhältnissen. Die Zeit der Porphyreruptionen fällt fast gleichzeitig mit der Steinkohlenformation, theils älter, theils jünger; sie erscheinen daher auch häufig in den Gegenden der Steinkohlenschichten, sie durchsetzend und überfluthend, oder sie tragend.

6) Die krystallinischen Schiefer, die nach ihrer Lagerungsfolge hier mit abgehandelt werden müssen, haben mehr Einförmigkeit, mehr Offenheit dem Character ihrer Gebirge verliehen. Sie setzen meist rundliche Berge mit Ebenen zusammen, muldenförmige Thäler bildend, durch welche sie sich sanft, manchmal terrassenförmig, in die Ebene hinabsenken. Der Gneiß, der am verbreitetsten ist, nähert sich der Structur seiner Gebirge nach dem Granit, und bildet beispielsweise sämmtliche Gipfel der Alpen außer Montblanc und Gotthardt.

7) Quarzfels bildet gezackte und zerrissene Formen, weiße, von weitem erkennbare Bergkegel, die theils bloß Kuppen von Gebirgen anderen Gesteins bilden, theils ganze Gebirgsrücken zusammensetzen.

8) Körniger Kalk zeichnet seine ebenfalls ganz weißen Gipfel durch schroffe Umrisse aus, und bildet kahle, mit steilen und klippigen Felswänden besetzte Abhänge.

§ 28. Eintheilung der Flötzgebirge.

Unter diesem Namen faßt man alle geschichteten normalen Gesteine zusammen, die wiederum in einzelnen Gruppen und Formationen betrachtet werden. Es werden dabei drei Hauptabtheilungen zu Grunde gelegt, die man als primäre, secundäre und tertiäre Schichten bezeichnet, und versteht unter ersteren alle Straten von den krystallinischen Schiefern aufwärts bis incl. Grauwacke. Die zweite Abtheilung umschließt alle Schichten bis zur Kreide, so daß für die Tertiärgebilde die jüngsten Schichten vor der Gegenwart bleiben. Unter dem sogenannten Alluvium faßt man dann endlich alle Bildungen der Gegenwart zusammen.

§. 29. Die primären Schichten oder die Grauwackengruppe, auch Uebergangs- oder Transitionsgebirge genannt.

Die Schichten dieser Klasse bilden eine regelmäßige, deutlich zu erkennende Lagerungsfolge, sind häufig beinahe senkrecht aufgerichtet und theils chemisch niedergeschlagen, theils nur mechanisch abgesetzt. Die aus dieser Formation zusammengesetzten Berge sind meist kegelförmig und freistehend, nur am Fuße verbunden; Hochebenen und breite Gebirgsrücken in der Höhe von 2000′ mit mehr oder weniger allmähligen Abfällen nach der Ebene, sind characteristisch für das Auftreten der Gesteine dieser Gruppe, da nur selten sich schroffe Gehänge oder steile Felswände finden. Die untersten Schichten sind sehr arm an Versteinerungen und nur wenige Species von Landgewächsen finden sich darin vereinzelt; später erscheinen fossile Schaalthiere, namentlich die Trilobiten (eine ausgestorbene Art Krebse), Polypen und Mollusken in großer Menge, während die obersten Glieder der Formation, bei weitem ärmer, sich besonders durch eine Gattung flacher Fische (Cephalaspiden) auszeichnen. Man findet also bereits hier die Reste vorweltlicher Thiere, die allerdings wenig lebende Analoga aufzuweisen haben. Die einzelnen Schichten sind folgende:

1) Der Thonschiefer, eine feste Thonmasse von grauer oder schwarzer Farbe, die bei deutlicher aber falscher Schieferbildung Dachschiefer genannt wird, während durch Zutritt von Kieselsäure dieselbe in den schon erwähnten Wetzschiefer übergeht. Häufig findet sich eine Beimengung von Schwefelkies in seinen Lagern, welche dann Alaunschiefer heißen, da Alaun aus ihnen gewonnen wird.

2) Grauwacke, ist ein Gemisch von Thonerde mit Quarzkörnern, und hat, je nach dem Gehalt ihrer Bestandtheile, mehr mit Thonschiefer oder mit Sandstein Aehnlichkeit. Bei schiefrigem Bruch wird sie Grauwackenschiefer genannt.

3) Grauwackenkalkstein oder Uebergangskalk, ein fester derber Kalkstein von verschiedener Farbe, tritt an mehreren Orten in sehr großer Mächtigkeit auf, während er an anderen dagegen häufig nur dünne Schichten bildet.

4) Der alte rothe Sandstein, ein Conglomerat aus Quarz,

Glimmerblättchen und Feldspathbrocken von der verschiedensten Mächtigkeit. In England steigt er z. B. zu einer Dicke von 10,000′, so daß alle Schichten zusammen an 20,000′ mächtig sind, und deshalb auch zu einer besonderen Eintheilung dort den Grund gegeben haben. Man unterscheidet nämlich die untere Grauwacke bis incl. Uebergangskalk von der oberen, den Sandsteinlagern, und nennt erstere das silurische, letztere das devonische System. Die versteinerungsarmen Schichten des silurischen Systems wurden ehedem noch besonders cambrisches System genannt, so daß jenes nur der an Petrefacten sehr reiche Kalkstein bildete.

§. 30. Die secundären Schichten.

Es unterscheiden sich die Lagerungsverhältnisse dieser Gruppe von denen der vorigen hauptsächlich dadurch, daß sie mehr auf mechanischem Wege niedergeschlagen zu sein scheinen; die einzelnen Schichten bilden tafelförmige Massen in regelmäßiger Folge, auf den primären Schichten liegend, und nehmen daher im Allgemeinen ein niedrigeres Niveau als diese ein. Die große Anzahl der diese Formation bildenden Schichten macht es nöthig, sie in einzelnen Gruppen zu betrachten, die hier ihrer Reihenfolge nach von unten nach oben folgen:

1) Die Kohlengruppe. Die zahlreichen Schichten verkohlter vegetabilischer Materie haben diesem ersten Gliede den Namen gegeben, obgleich nicht überall dieselben auftreten. Als unterste Schicht tritt

a) der Bergkalk auf, der ein grauer dichter Kalkstein ist, und zahlreiche Meeresversteinerungen, besonders von Korallen und Muscheln enthält. In ihm kommen auch die Trilobiten vor, die für ihn charakteristisch werden, da sie in späteren Schichten sich nicht mehr finden. Die aus diesem Gestein zusammengesetzten Berge zeichnen sich durch ihre Wildheit aus. Steile, spitze und kegelförmige Gipfel, schroffe, mit Klippen besetzte und stets den Einsturz drohende Abhänge, so wie mit abgerissenen Felsblöcken bedeckte Thäler bilden besondere Merkmale dieses Gesteins.

b) Die Steinkohlenschichten, die selbst aus untergegangenen

vegetabilischen Stoffen entstanden sind, werden durch mehrfache Zwischenlagerungen von Thon- und Sandsteinschichten unterbrochen; erstere bilden den Schieferthon oder Kohlenschiefer, letztere den Kohlensandstein. Zwischen den einzelnen Vernichtungsacten ganzer, jetzt als Steinkohlenschichten abgelagerter Vegetationen haben also Zeiträume gelegen, die nicht nur die Thon- und Sandsteinschichten sich absetzen ließen, sondern auch an der Oberfläche von Neuem großartige Pflanzenproductionen hervorriefen, die ihrerseits wieder das Material zu einer folgenden Schicht lieferten. Obgleich in der Steinkohle selbst die Pflanzenstructur fast gänzlich verloren gegangen ist, so geben doch die Kohlenschiefer durch die zahlreichen wohlerhaltenen Abdrücke ein sicheres Mittel an die Hand, die Vegetationsformen noch heute zu bestimmen. Palmengewächse, baumartige Farrenkräuter, riesenmäßige Schachtelhalme und auch einzelne Nadelhölzer waren die Hauptgebilde dieser reichen Flora, die, längst untergegangen, dem Menschen durch ihre massenhaften Anhäufungen einen unerschöpflichen Reichthum für technische Benutzung liefern. Die Steinkohlengebirge geben ihren Bergen eine gerundetere Form, ihren Thälern meist eine breite Fläche; nur selten finden sich steile Abhänge an der Meeresküste oder an den Ufern sie durchsetzender Ströme. In America sind Steinkohlenlager bis 8000′ über dem Meere gefunden worden.

c) Das rothe Todtliegende ist ein grobkörniger Sand, mit röthlichem Thon gemischt, daher ein rother, sehr harter Sandstein. In den oberen Schichten wird die Mischung heller von Farbe und heißt dann häufig Weißliegendes. Versteinert finden sich in ihm große Baumstämme von Palmen, Farrenkräutern und überhaupt allen den in den Steinkohlenschichten begrabenen Pflanzen. Porphyr begleitet diesen Sandstein sehr häufig, und setzt derselbe isolirte Gebirgszüge zusammen, die meist aus steilen Bergen mit schroffen Felsen und großen Wänden bestehen und von einander durch enge Thäler getrennt werden. Ist die Mächtigkeit minder groß und die

Höhe daher auch bedeutend geringer, so sind alle Formen abgerundeter und verlaufen sanfter in einander.

d) Die Zechsteinformation hat zum untersten Gliede einen aus Thon und Kalk bestehenden Mergel, der bituminöser Mergelschiefer, und bei starkem Kupfergehalt Kupferschiefer genannt wird. In den oberen Schichten wird der Kalkstein in dem Gemisch vorherrschender, und nimmt dann den Namen Zechstein an. Er schließt an einzelnen Orten Gyps- und Steinsalzlager ein, die hier das erste Mal auftreten; wie früher erörtert, gehört ersterer zu den metamorphosirten Producten des Kalksteins, ebenso wie der in den oberen Schichten vielfach vorkommende Dolomit, hier auch häufig Rauhwacke genannt. In dieser Gruppe erscheinen die ersten Reste von Rückgratthieren, in einer völlig untergegangenen Fischfamilie, außerdem noch eine große Menge von Korallen und Muscheln; Pflanzenreste sind seltener. Der Zechstein bildet nur hügeliges Land von kaum 800′ Höhe in Deutschland, das sich meistentheils an das Rothliegende anlehnt, in America jedoch eine bedeutendere Höhe erreicht und durch tiefe Flußthäler durchschnitten ist.

2) Die Sandsteingruppe. Es treten hier das erste Mal häufig und zahlreich Gyps- und Steinsalzlager auf, die für die ganze Gruppe daher characteristisch werden; sie wird deshalb auch wohl Salzgruppe oder Trias genannt. Ihre unterste Schicht ist

a) Der bunte Sandstein, der in seiner unteren Bildung den Vogesensandstein, ein versteinerungsloses rothes Sandsteinconglomerat, bildet, während die mittlere Bildung, der eigentliche bunte Sandstein, aus einem verschiedenartig gefärbten Sandstein von größerer Mächtigkeit und Härte besteht. Die obere Bildung enthält die Steinsalzlager, die mit Gyps- und Anhydritschichten abwechseln, und meistens von dem sogenannten Salzthon, einer Mischung von Kohle, Thon und Sand, begleitet werden. In der mittleren und oberen Bildung finden sich versteinerte Reste von Eidechsenknochen (Saurier) und Pflanzenabdrücke, obwohl letztere seltener. Der bunte

Sandstein setzt größere Plateaux zusammen, die schwachgewölbte Bergrücken tragen und von tiefen Thälern, meist mit steilen Wänden, durchschnitten werden.

b) Der Muschelkalk, der in verschiedenen Farben auftritt, steht an Mächtigkeit dem bunten Sandstein nach und fehlt an einzelnen Stellen ganz. Die untersten Schichten werden von einem braunen Dolomit gebildet, gefolgt von dünngeschichtetem, wellig unebenem Kalke, der den Namen Wellenkalk führt und das Liegende bildet für die von Gyps und Anhydrit begleiteten Steinsalzlager, über denen im Hangenden ein rauhgrauer Quarz die ganze Gruppe schließt. Von Versteinerungen enthält der Muschelkalk eine große Menge von Seethieren, namentlich Muscheln und Schnecken; seltener Knochenreste von Fischen (Zähne haifischartiger Formen) und Sauriern, sowie einige Spuren von Pflanzenabdrücken. Wellige Ebenen oder langgestreckte Hügelreihen auf Sandsteinplateaux, die selten bis zur Höhe von 800—1000′ ansteigen, sind die Formationen, in denen der Muschelkalk auftritt.

c) Der Keuper ist minder mächtig, fehlt aber seltener ganz und besteht aus mehreren Schichten von Mergel und Sandstein, die zwischen sich, meist noch in der Nähe des Muschelkalks, die Steinsalz- und Gypslager aufnehmen. Die unterste Schicht bildet ein grauer Sandstein (unterer Keuper) mit thonigem Bindemittel, der nach oben in einen bunten Mergel (mittleren Keuper) übergeht, und im Hangenden einen gelben losen Sandstein (oberen Keuper) über sich hat, mit denen die Gruppe dann schließt. Nicht selten finden sich auch dünne Steinkohlenschichten in den untersten Lagen vor. Die Versteinerungen beschränken sich auf einzelne Pflanzenabdrücke und versteinerte Muscheln, sowie wenige Reste von Amphibien und Fischen. Gebirgsformen bildet der Keuper gar nicht, sondern füllt niedrige Ebenen aus, oder tritt in Plateaux auf, die keine bedeutende Erhebung über dem Meere haben.

3) Die Jurakalkgruppe.

a) Der untere Jura, auch Lias genannt, besteht vorzugsweise aus einem grauen Kalkstein, dessen obere schiefrige Schichten Liasschiefer heißen. Die dem Lias eigenen Versteinerungen sind höchst zahlreich und characteristisch. Knochen und ganze Skelette von Sauriern (Ichthyosaurus und Plesiosaurus), in ihren Bildungen zugleich an Fische und Säugethiere erinnernd, verschiedene Arten von Fischen und Krebsen und eine große Zahl Muscheln finden sich fast ausschließlich hier, ebenso wie die Koprolithen (versteinerte Kothklumpen dieser Thiere), die manchmal zolldicke Schichten bilden, und heute zu Tischplatten und Schmucksachen aller Art verarbeitet werden. Der Lias bildet ein welliges, mit vielen Rücken durchzogenes Land, häufig mit schönen Längenthälern und Klippen.

b) Der mittlere Jura, eingeschlossen durch zwei mächtige Schichten von blauem Thon, hat in seinen unteren Lagern den Liassandstein, in dem häufig Schichten von Thoneisenstein auftreten. Es sind diese Schichten sehr verschiedenartig zusammengesetzt und enthalten z. B. in der Schweiz den sogenannten Rogenstein, einen schaaligen Kalkstein, der von seiner Aehnlichkeit mit Fischrogen diesen Namen erhalten hat.

c) Der obere Jura, ein gelblicher weißer Sandstein, wechselt in seinen unteren Lagern mehrfach mit dünnen Mergelschichten, während die oberen Schichten schiefrig werden und bei ihrer großen Reinheit das Material zu den lithographischen Steinen liefern. Ueber diesen Schiefern liegt in England ein an 600′ mächtiges Thonlager, der Kimridger Thon, der an vielen anderen Orten fehlt; dagegen findet sich stets als Schlußglied der Formation ein weißer Kalkstein, der sogenannte Portlandstein. An Versteinerungen ist der aus Thonschichten und Sandsteinen bestehende mittlere Jura bedeutend ärmer als der obere, der an Stellen eine so überraschende Menge von Polypengehäusen hat, daß er auch danach in England coral-rag (Korallen-Trümmergestein) genannt worden ist. Im lithographischen Schiefer finden sich die Reste einer fliegenden Eidechse (Pterodactylus) zahlreicher, von den heutigen abweichender Krebse, von Insekten, Fischen und Schildkröten, sogar die ersten beglaubigten Reste von Säugethieren, wahrscheinlich einer Art Beutelthiere. Der Jurakalkstein setzt meist parallele Bergketten zusammen, oder auch langgestreckte Plateaux, die, wie jene, sich steil aus der Erde erheben. Er erreicht eine Höhe von 5100′.

4) Die Kreidegruppe besteht aus Sandstein und Kalksteinen, von denen die ersten gewöhnlich den Anfang machen, während die eigentlichen Kreideschichten als die Schlußglieder der Gruppe betrachtet werden müssen. Eine Reihe dieser Kalksteine, abwechselnd mit Thon und Mergellagern, trennt dieselbe vom Jura und wird die Wäldergruppe genannt. Durch ihre Versteinerungen läßt sie eine Entstehung aus Süßwasser ableiten, daher wird auch ihr locales Auftreten erklärt. Als einzelne Schichten in ihr wird der Purbekkalkstein, der Hastingssand und der Wälderthon unterschieden. Was die Versteinerungen der eigentlichen Kreidegruppe betrifft, so finden sich dieselben in den unteren Schichten seltener, dagegen in den oberen Schichten in ungeheurer Menge, den unteren Klassen des Thierreichs angehörend. Muscheln, Schnecken und Schaalthiere in vielfachen, ganz untergegangenen Geschlechtern; wenige Glieder- und Rückgratthiere, namentlich fehlen die luftathmenden Thiere fast ganz; ebenso selten sind die Pflanzenreste. Die aus dieser Formation zusammengesetzten Bergformen bilden theils Höhenzüge mit grotesker Klippenbildung und lang ausgestreckten, freistehenden Felsmauern (Quadersandstein), theils niedrige Plateaux und wellenförmiges Land (Kreide).

a) Der Quadersandstein besteht aus Quarzkörnern, die ohne Bindemittel, oder auch mit Thon und Kalk, zusammengefügt sind; je nachdem wird er Grünerde (Ober- und Untergrünsand) oder Gaultthon genannt, die schichtförmig mit einander abwechseln.

b) Die eigentliche Kreide besteht fast nur aus den Resten einer großen Menge mikroscopischer Schaalthiere (Foraminiferen), deren kalkige Schaalen die weiche weiße Kreide bilden.

Sie tritt außerdem noch theils als ein festerer Kalkstein auf, theils als ein mit Thon und Sand gemengter Kreidemergel, der häufig von reinen Mergellagen durchsetzt ist. Die, reine Kreide durchwachsenden Feuersteinlagen werden für organischen Ursprungs gehalten, und als die Reste der kieselschaaligen Bacillarien betrachtet; der Prozeß ihrer Umwandlung ist jedoch noch unbekannt.

§. 31. Die tertiären Schichten.

Der mineralogische Gehalt ist in denselben ganz der der früheren Perioden, was ebenso von der Entstehungsart gilt; das lockere Gefüge und die geringere materielle Festigkeit der einzelnen Schichten im Vergleich zu den früheren läßt sich dadurch erklären, daß diese den gewaltigen, Jahrtausende langen Druck der über ihnen abgelagerten Formationen ertragen müssen und dabei aus reineren Substanzen bestehen. Ein zweiter bezeichnender Character der tertiären Schichten ist das häufigere Auftreten der Süßwassergebilde zwischen marinen Schichten, ein Beweis, daß die Binnengewässer bereits angefangen hatten, einen bedeutenden Theil der Bildung der Erdschichten zu übernehmen.

1) Die unteren tertiären Schichten bestehen aus Thon und Sandlagern, zwischen denen Braunkohlenflötze eingeschoben sind.

a) Die Thonschichten. Ohne ein eigentlich festes Gestein zu sein, hängen die Schichten innig zusammen und sind für Wasser unwegsam. Graubraun, auch gelb und roth von Farbe, besitzen sie ein feines Gefüge, und werden ihrer mannigfaltigen Anwendung wegen auch Töpferthon oder plastischer Thon genannt; in den oberen Schichten mit Sand gemischt, bilden sie den Lehm, der nur zu gröberen Arbeiten benutzt wird. Die Versteinerungen sind theils Meeres-, theils Süßwasserthiere, die zuweilen mit einander gemengt auftreten. Das Vorkommen dieser Schichten beschränkt sich fast ganz auf niedriges flaches Land.

b) Die Sandlager bestehen aus einem äußerst feinen Sand, der nicht zu Stein erhärtet ist, sondern an der Luft zerfällt.

c) Die Braunkohle ist den Steinkohlenflötzen ganz ähnlich, mit Thon- und Sandsteinschichten abwechselnd gelagert, und besteht aus nicht eigentlich verkohlten, sondern bloß umgewandelten vegetabilischen Stoffen, in denen die Holztextur der Stämme meist noch deutlich zu unterscheiden ist. Der fossile Bernstein ist ein Product jener untergegangenen Vegetation, und findet sich in Sandsteinschichten, unweit Braunkohlenlagern, oder durch die Wogen während der Revolutionskatastrophe fortgeführt, an den Küsten der Ostsee als Auswürfling derselben wieder. Die, diese Braunkohlenflötze bildenden Pflanzen gehören den Monocotyledonen und den Dicotyledonen an; namentlich häufig sind die Palmengewächse, während die Farrenkräuter gänzlich fehlen.

d) Der Grobkalk, der gewöhnlich durch eine Sandsteinschicht von der Braunkohle getrennt ist, besteht aus einem kohlensauren Kalk von grauer oder bräunlicher Farbe, in welchem größere Sandkörner eingeschlossen sind. Bei ganz festem Gefüge wird er vielfach zu Bauten verbraucht. An Versteinerungen enthält er wohlerhaltene Seemuscheln und Pflanzenreste. Er bildet ebenfalls nur niedrige Gegenden und Hügelland.

2) Die oberen tertiären Schichten bestehen vorzugsweise aus Sand und Sandconglomeraten, Mergel und Süßwasserkalk, der vom Grobkalk verschieden ist. In der Schweiz ist der Sandstein erhärtet, führt hier den Namen Molasse, und hat dadurch zur Bezeichnung der ganzen Gruppe als Molassengruppe, Veranlassung gegeben. Molasse tritt häufig als feinkörniger Sandstein auf, in welcher Form er zu Bauten benutzt werden kann; mit Kalk und Glimmer vermischt, wird er zu locker und verliert seinen technischen Werth. Er erhält den Namen Nagelflüh, wenn durch Auswitterung der kalkigen Bestandtheile, die Sandsteine in knolliger Form die Oberfläche einer grobkörnigen Molasse bilden. Sie enthält wenig Versteinerungen von Meerthieren, und bildet theils niedrige Hügel, theils gewaltige Berge, wie z. B. in der Schweiz. An anderen Orten treten die Sandlager mit Mergel-

lagern abwechselnd auf, denen dann Kalkschichten, aus dem Meere, wie aus dem süßen Wasser herrührend, folgen. Es werden diese sehr verbreiteten Schichten unter dem Namen der Tegelbildung zusammengefaßt, und enthalten Versteinerungen von Pflanzen, Meer- und Süßwasserthieren, wie von Landthieren, unter denen die Säugethiere immer häufiger werden, die jedoch, mit wunderbaren Formen, unter den lebenden keine Analoga mehr haben. Die, über dem Tegelgebilde liegenden, noch zu den mittleren tertiären Schichten gehörenden Lagen, werden die Subapenninenformation genannt, und bestehen meist aus Sandschichten mit Mergel abwechselnd. Es sind ebenso Süßwasserablagerungen und Meeresschichten mit einander gemischt, wie die darin enthaltenen zahlreichen Versteinerungen nachweisen, und ihr Vorkommen ist nicht bloß auf die Subapenninen beschränkt, die ihnen den Namen gegeben, sondern auch in Norddeutschland, England und Frankreich finden sie sich vielfach verbreitet.

Diese oberen Tertiärschichten werden auch unter dem Namen Diluvialgebilde zusammengefaßt, weil die zahlreichen, namentlich in der Subapenninenformation vorkommenden Säugethierreste vielfach mit den lebenden Gattungen verwandt sind, und unter Verhältnissen vorkommen, welche die bei vielen Völkern herrschende Mythe einer Sündfluth zu rechtfertigen scheinen. Danach sind dann auch die unteren tertiären Schichten antediluvianische genannt worden.

§. 32. Die Gebilde der Gegenwart, oder das Alluvium.

Diese Schichten bestehen aus losen Sand- und Schuttlagen, mit Mergel oder Lehmschichten abwechselnd. Zu ihnen gehört die jüngste und weit verbreitetste Bildung, die schon früher besprochene Dammerde. Der sich stets neubildende Torf besteht aus einer, mit vielen vegetabilischen Resten gemengten Erde, die durch die mächtigen Rasen des Torfmooses gebildet wird, und andere Arten von Schilfen, Stengeln, Wurzeln und Thiergehäusen einschließt. Die Bildung des Torfes giebt ein allgemeines Bild von der Entstehung der zahlreichen Kohlenablagerungen, denen andere Verhältnisse der Atmosphäre und der Temperatur andere Formen zu geben vermochten, aber ihre Entstehungsweise nicht geändert haben. Die, unsere Oberfläche täglich verändernden Neubildungen entstehen dabei durch vulcanische wie neptunische Kräfte, und sind im Allgemeinen folgende:

Die durch vulcanische Thätigkeit hervorgebrachten größeren oder kleineren Hebungen der Erdrinde (§. 12.), das Entstehen neuer Vulcane (§. 12.), das Hervorbrechen kalter und warmer Wasserquellen bei Ausbrüchen (§. 13.), das Einstürzen von Bergen und Inseln (§. 12.), die Spaltenbildungen des Erdbodens (§. 12.), das Entstehen der vulcanischen Inseln (§§. 35. 37.), die Erhebungen des Seebodens (§. 48.), ferner die durch das Wasser hervorgebrachten Aenderungen auf der Erde, wie das Ansetzen und Zerstören der Küsten an Meeren (§. 45.), das Bilden der Sandbänke (§. 45.) und Inseln (§. 45.), die Deltabildungen der Flüsse (§. 71.), Tuff- und Sinterbildungen der Quellen (§. 62.), ebenso wie die vielfachen Zerstörungen durch Ueberschwemmungen, Eisgang u. s. w., das Lawinenschmelzen (§. 107.) und die Gletscher (§. 108.). Die einzelnen Wirkungen sind in den beigesetzten Paragraphen näher besprochen, daher genügt hier ihre Aufzählung.

Dritter Abschnitt.

Von der Oberflächengestalt der Erde.

Erstes Kapitel.

Gestaltung und horizontale Ausdehnung.

§. 33. Quantitative Vertheilung des Festen und Flüssigen.

Die heutige Oberflächengestalt des Erdkörpers ist das Product der einzelnen Erdrevolutionen, in denen die neptunischen Kräfte einerseits, die plutonischen und vulcanischen andererseits die thätigen Factoren waren. Sie haben von der Epoche der silurischen Schichten an, bis zu den jüngsten tertiären Schichten, durch oscillirende Hebung und Senkung des Bodens ihre Thätigkeit zu erkennen gegeben, und nach und nach aus anfänglich kleinen Continenten die dermalige Gestaltung der Erdoberfläche zusammengeschmolzen. Der vorige Abschnitt beschäftigte sich mit den Einzelwirkungen; es ist der Inhalt dieses, das Resultat im Ganzen zusammenzufassen.

Ein Blick auf den Globus lehrt, daß zwei, ihrem Aggregatzustande nach, verschiedenartige Körper sich an der Bildung der Erdoberfläche betheiligen, und zwar ein flüssiger und ein fester; ersterer, den letzteren umgebend, bildet dadurch eine, die Form desselben bedingende Umhüllung, und heißt das allgemeine Meer oder Ocean, während letzterer das Land, die ganze, nicht vom Meer bedeckte Erdoberfläche umfaßt. Beide theilen sich in dieselbe ungleichmäßig. Wenngleich alle Umrisse des Festlandes noch nicht völlig bekannt sind, so ergiebt sich doch aus einer bloßen Schätzung, daß dasselbe etwa ⅓, das Wasser ⅔ der Oberfläche einnehmen; genauer, nach einem von Berghaus gegebenen Resultate, nimmt das Festland von den 9,260,500 □Meilen Areal des ganzen Erdsphäroids nur 2,423,700 □Meilen ein, so daß sich also Land zu Wasser verhält, wie 5 : 14 (nach Bigaud 10 : 27). Man sieht ferner, daß die Vertheilung auf die beiden Halbkugeln der Erde nicht gleichmäßig ist, daß vielmehr der bei weitem größere Theil des Festlandes auf der nördlichen liegt, es bietet diese nämlich 3mal soviel Land dar, als die südliche, welche von 40° S. B. gegen den antarktischen Pol hin fast ganz mit Wasser bedeckt ist. Ritter hat die Erde durch eine Linie in zwei ungleich große Halbkugeln getheilt, wodurch die nordöstliche die Land-, die südwestliche die Wasser-Halbkugel darstellt, und nennt sie die continentale resp. die pelagische Seite unseres Planeten.

§. 34. Gliederungsverhältnisse des Festlandes.

Die beiden großen zusammenhängenden Ländermassen, die man die alte und die neue Welt, die östliche und westliche Feste nennt, sind wahre, von allen Seiten vom Ocean umgebene Inseln, und zeigen neben auffallenden Contrasten in gewissen Beziehungen doch vielfache Aehnlichkeit in ihrer Bildung. In ihrer Totalgestaltung abweichend, hat die östliche Feste die Richtung ihrer Hauptausdehnung von Ost nach West, parallelartig, die westliche meridianartig von Nord nach Süd. Beide reichen gegen Norden etwa bis einerlei Breite, während sie im Süden in pyramidalen Spitzen mit submaritimer Verlängerung auslaufen. Das nördliche Ufer des neuen Continents folgt ziemlich genau dem Parallel von 70°, da das nördlicher liegende Land aus Inseln besteht. Dagegen erreicht der alte Continent 78° N. Br. im Cap Sjewerowostotschnoi, schließt sich sonst aber auch auf dem größten Theile seiner arctischen Küste dem vorhin genannten Parallel an. In schmalen Spitzen nach Süden auslaufend, endigen die Continentalmassen meist steil und felsig, und setzen sich in Inseln oder Untiefen noch fort, wie America im Cap Horn und Feuerland, Africa im Cap der guten Hoffnung und der Lagullasbank, Australien im Cap Wilson und Vandiemensland. Die pyramidale Gestaltung der größeren Ländermassen wiederholt sich auch mannigfaltig im Kleinen, so in Asien in der Halbinsel Arabien, Hindostan, Malacca, Korea, Kamtschatka; in America Californien, Florida, Grönland; in Europa Schweden und Norwegen, Spanien, Italien, Griechenland. Eine fernere eigenthümliche Gestaltung zeigt die Ländermasse im alten Continent dadurch, daß er sich im Meridian der größten Ausdehnung nach Norden, auch am weitesten nach Süden erstreckt, wie dies eine Vergleichung vom europäischen Nordcap mit dem Cap der guten Hoffnung und der Lagullasbank, vom sibirischen Cap Sjewerowostotschnoi mit der Halbinsel Malacca ergiebt. Auch im neuen Continente liegt der nördlichste Theil der Baffins-Bay mit dem Feuerlande unter demselben Meridian. Eine andere nicht zu verkennende gleichförmige Gestaltung der Continente zeigt sich in einem großen Meerbusen, der an der Westseite derselben sich bildete. So in Süd-America unter den Wendekreisen zwischen Lima und Arica, so in Africa im Meerbusen von Guinea, und endlich in Australien, dessen Busen vom Nuitsland der Südküste eine analoge Bildung zu sein scheint.

Von großem Einfluß auf die Gesittung und den Culturzustand der Völker ist bei der Gestaltung eines Continents das Verhältniß der einzelnen Glieder zu ihrem Stamm. Durch diese mehr oder weniger günstige Form wird ein größerer Ländercompler anderen zugänglich, oder bleibt in einer isolirten Stellung verharren. Europa, das an und für sich schon als eine Halbinsel von Asien betrachtet werden kann, ist in dieser Beziehung am bevorzugtesten. Die Spaltungen seiner Küsten sind so bedeutend, daß die Glieder dadurch an Areal etwa die Hälfte des Stammes betragen, und sich daraus ein Verhältniß der Küstenlänge zum Flächeninhalt des Ganzen ergiebt, wie 1 : 37. In Asien, wo die Glieder, in Bezug auf die große Ausdehnung seines Innern, viel kleiner sind und nur etwa ⅕ des Stammes betragen, stellt sich dieses Verhältniß viel ungünstiger, nämlich wie 1 : 115. Der am schlechtesten in dieser Beziehung gestaltete Erdtheil ist Africa, indem derselbe gar keine Glieder besitzt, da der Golf von Guinea nur aus der sonst vollkommenen Eirundsfläche einen Theil abschneidet. Sein Küstenumriß verhält sich zum Areal, wie 1 : 150, d. h. es kommt viermal soviel Flächenraum auf eine Meile Küste, wie in Europa. Nord-America, das hier von Süd-America getrennt betrachtet werden muß, hat zwar vielfache Aeste, doch ist deren Stellung so, daß sie wenig Einfluß auf die continentale Masse haben. Sein Küstenumriß verhält sich zum Areal, wie 1 : 56, wobei jedoch zu bemerken ist, daß dabei das, dem Verkehr gänzlich entzogene nördliche Littoral mit in Anrechnung gezogen ist, ohne einen Einfluß ausüben zu können.

Das fast wie ein rechtwinkliges Dreieck gestaltete Süd-America hat gar keine Glieder, und ein Verhältniß der Küste zum Flächeninhalt wie 1 : 91.

In Australien, das ebenso ungünstig gestaltet ist, ergiebt sich ein Verhältniß wie 1 : 73.

Diese allgemeinen Betrachtungen über die Gestaltung der Erdoberfläche sind zusammengestellte Thatsachen, Analogien der Form in entfernten Erdstrichen; keineswegs Gesetze der Form.

Mannigfache daran geknüpfte Theorien haben nicht erreicht, was sie sollten, den Grund dieser Erscheinungen zu erläutern; sie bleiben daher hier unberücksichtigt.

§. 35. Gestaltungsverhältnisse der Inseln.

Wir unterscheiden von diesen eben betrachteten Hauptmassen des Festlandes die Inseln, unter denen wir die kleineren Theile trockenen

Landes verstehen, die ebenso gut wie die größeren, rings vom Wasser umspült werden. Ihr Unterschied ist daher nur ein relativer, durch den Sprachgebrauch allgemein eingeführter zu nennen. Bei der Vergleichung der Umrisse der Inseln bietet sich gleich ein characteristischer Unterschied derselben dar; die einen sind nämlich von langgestreckter, schmaler Gestalt, die anderen nähern sich mehr einer kreisrunden oder elliptischen Form.

1) Die langgestreckten Inseln haben in ihrem ganzen Character viel Aehnlichkeit mit den größeren Continenten, und werden deshalb auch meist continentale Inseln genannt. Sie treten gewöhnlich reihenweis so hinter einander liegend auf, daß ihre Längenaxen für größere Ausdehnung in einerlei Richtung bleiben. Die Spitzen sich gegenseitig zuwendend, bilden sie mehr oder minder deutliche Ketten, die sich niemals weit von der Küste entfernen, und sich entweder parallel um dieselbe lagern, oder als Fortsätze einzelner Glieder derselben auftreten. Oft kommt noch dazu, daß in ihrer Längenrichtung sie im Innern ein Gebirge haben, dessen geognostische Beschaffenheit mit der gegenüberliegenden Küste identisch ist, und sie werden daher, zum Festland gehörend, als dessen abgerissene Splitter betrachtet. Die Zahl derselben ist sehr bedeutend; es werden hier nur einige der hervorragendsten Beispiele angeführt, nach denen es leicht sein wird, noch mehrere aufzufinden. Die Nord- und Ostküste von Australien ist von einer solchen Inselkette parallel umlagert, die mit Neu-Seeland beginnt und in Neu-Guinea endigt. Ganz ähnlich zeigt sich die Ostküste von Asien bis Kamtschatka hin von solchen Inseln umgeben, die in Europa ebenfalls sehr schön ausgebildet im griechischen Archipel auftreten.

2) Die runden Inseln werden pelagische oder Meeres-Inseln genannt, da sie entfernt von allen Continenten, sogar theilweise als Meeresproducte auftreten. Ihre Bildung ist nicht gleichmäßig; es lassen sich vielmehr characteristische Unterscheidungen feststellen, die zu einer Eintheilung in hohe und niedrige Inseln Veranlassung gegeben haben.

a) Die hohen Inseln sind als einzeln stehende kegelförmige Berge zu betrachten, die häufig bis 11,000′ ansteigen. Sie sind sämmtlich vulcanischen Ursprungs und gleichen sich völlig; ihre Zahl ist bedeutend überwiegend gegen die niedrigen Inseln. Ihre äußeren Verhältnisse sind in Kurzem folgende:

Vom Meer erhebt sich das Ufer regelmäßig nach der Mitte zu, hier jedoch bildet sich eine kegelförmige Aushöhlung (Caldera), die sich häufig über 1000′ tief mit sehr steilen Wänden einsenkt. Strahlenförmig sind letztere durch Risse und Spalten (Barauco's) durchbrochen, die fast bis zu den Ufern auslaufen, und von denen einige gewöhnlich gestatten, bis in die Caldera vorzudringen. Wo noch thätige Vulcane auf solchen Inseln vorkommen, sind dieselben aus der tiefsten Stelle emporgehoben und ragen über die Wände des Kesselthals häufig bedeutend hervor. Ueber die Entstehung dieser Inseln herrschen noch verschiedene Ansichten; soviel ist aber als allgemein richtig anerkannt, daß sie vom Grunde des Meeres durch vulcanische Kraft emporgehoben sind.

b) Die niedrigen Inseln sind Werke der Korallenthiere und heißen deshalb Korallen-Inseln. Sie bestehen aus einem kreisrunden oder ovalen, stets sehr schmalen unterseeischen Damm, der sich, durch allmähliges Fortbauen der Thiere, der Oberfläche des Meeres immer mehr nähert. Wird bei eintretender Ebbe ein größerer Theil trocken gelegt, so hört der fernere Wachsthum des Felsens auf, die Thiere bauen in die Breite, und überlassen dem Meere die vollständige Trockenlegung. Durch Anschwemmung von Sand, Gerölle, Fischresten, Baumstämmen u. s. w. entsteht auch bald eine Höhe, die nicht mehr von der Fluth überschwemmt wird, und auf der eine Vegetation sich allmählich einstellt. Dieser Entstehungsprozeß beginnt natürlich auf der dem herrschenden Winde entgegenstehenden Seite, da dort die größere Brandung die Neubildung am meisten begünstigt, und so kommt es, daß der kreisrunde Damm sich nicht gleichzeitig aus dem Meere erhebt. Dadurch entsteht auf der Seite unterm Winde eine Verbindung des Meeres mit der in der Mitte der Insel gegen alle Stürme geschützten Lagune, welche die Schiffe aus diesem Grunde als

Hafen und Zufluchtsort benutzen. Mit der Zeit wird diese Verbindung auch trocken gelegt, die Lagune bildet also einen stillen, gänzlich vom Meere getrennten See, in dessen Mitte die Korallenthiere unaufhörlich arbeiten, bis auch er, immer seichter werdend, die Oberfläche erreicht, und so die Insel endlich als ein vollständiges Ganze aus dem Meeresspiegel hervorragt. Die Perioden zu diesen Umänderungen sind indeß so bedeutend, daß wir in den historischen Zeiten ihren Fortschritt noch nicht kennen gelernt haben, den Hergang also nur aus der Analogie der vielen Inseln in den verschiedensten Bildungsepochen schließen.

Zweites Kapitel.

Gestaltung in senkrechter Erhebung. Configuration.

§ 36. Begriffsbestimmungen.

Das in seiner horizontalen Ausdehnung oben betrachtete trockene Land bildet ein Continuum von Unebenheiten, im Gegensatz des Meeres, das uns eine horizontale Gleichheit (abgerechnet die durch seine Bewegung hervorgebrachten Störungen) darbietet, die auf dem Lande höchstens auf sehr geringe Räume beschränkt ist. Vertiefungen und Erhebungen bilden die Unebenheiten der Erdoberfläche. Als Maaßstab der letzteren dient eine senkrecht aufsteigende Scala, deren Nullpunkt die Meeresfläche bildet. Nach dieser wird die absolute Höhe bestimmt, und darunter diejenige Höhe verstanden, um welche sich ein Gegenstand über den bezeichneten Nullpunkt erhebt,*) während re-

*) Die absolute Höhe eines Berges wird entweder auf geometrischem Wege gemessen, oder durch das Barometer bestimmt. Das Verfahren bei der ersten Art und Weise ist in Kurzem folgendes

Es wird in einiger Entfernung von dem zu messenden Berge eine Standlinie abgesteckt, und die beiden Winkel mittelst sehr genauer Instrumente bestimmt, welche die Standlinie mit dem höchsten Punkte des Berges bildet. Aus diesen drei bekannten Stücken läßt sich dann auf trigonometrischem Wege leicht die Länge der beiden Visirlinien berechnen, und es bleibt nur noch übrig, das rechtwinklige Dreieck zu bestimmen, dessen Hypotenuse die berechnete Visirlinie, dessen eine Kathete die Höhe des Berges und die andere die Entfernung desselben ist. Die

lative Höhe die Höhendifferenz bezeichnet, welche Unebenheiten unter einander besitzen. Erst die gleichmäßige Berücksichtigung dieser beiden Verhältnisse giebt ein vollkommenes Reliefbild des zu betrachtenden Landes. Große Länderstrecken mit bedeutender absoluter Erhebung sind ihrer inneren Gestaltung nach entweder Gebirgslandschaften oder Plateaulandschaften (Hochländer). Unter ersteren versteht man Gruppirungen einzelner oder massiger Erhebungen von bedeutender relativer Höhe, die nicht als ein Continuum zusammenstoßen, sondern mannigfaltig durch Einsenkungen, Thäler, Spalten u. s. w. in allen Richtungen zerrissen und durchbrochen sind, während unter Hochländer geschlossene Gesammterhebungen von ganzen Länderstrecken der Erde verstanden werden; letztere zeigen allerdings auch Unebenheiten, aber von geringerer, relativer Bedeutung. Den Gegensatz dieser bedeutenden Erhebungen bilden die Tiefländer, d. h. die Ländermassen von sehr geringer absoluter Erhebung, die häufig, wie bei den Gestadeländern, nur wenige Fuß beträgt. Zwischen diesen beiden Haupttypen der Bodengestaltung finden zahlreiche und mannigfache Uebergänge statt, deren Character in der Ausgleichung von Höhe und Tiefe besteht, und die mit dem Namen Stufenländer bezeichnet werden.

§. 37. Die Gebirgsländer

Die Gebirge vereinigen in sich Erhebungen und Vertiefungen, die, nach dem Sprachgebrauch ganz allgemein betrachtet, Berge und Thäler genannt werden. Im engeren Sinne nennt man ein Gebirge eine Summe von Bergen, die nach gewissen Gesetzen und

---

anscheinend leichte Aufgabe hat darin ihre sehr bedeutenden Schwierigkeiten, daß die Standlinie sehr lang und horizontal sein muß, zwei Bedingungen, die nicht immer zusammen zu erfüllen sind. Deshalb müssen die Winkelmessungen auf eine horizontale Fläche reducirt werden. Ferner ist das Messen der Standlinie sehr schwierig, die Messung der Winkel stets einer Correction zu unterwerfen, da die Strahlenbrechung Unsicherheiten verursacht, die um so mehr zunehmen, je näher der höchste Punkt dem Horizont steht, und die fast nicht ganz zu beseitigen sind. Die berechneten Refractions-Coefficienten, die diese Unrichtigkeit fortschaffen sollen, sind noch zu verschieden, um für ganz richtig gelten zu können. Die Art der barometrischen Höhenmessung wird später erläutert werden (§. 88.).

unter bestimmten Begrenzungen verbunden sind. Die characteristischen Gesetze zusammengehöriger Gebirgssysteme sind die übereinstimmende Richtung ihrer Hauptmasse mit ihren einzelnen abhängigen Gliedern, und ihre geognostische Beschaffenheit; Gesetze, nach denen man selbst dann noch bestimmt unterscheiden kann, wenn verschiedene Gebirgssysteme so nahe an einander treten, daß sie, oberflächlich betrachtet, zusammengehörig erscheinen (Jura und Vogesen; Böhmer-Wald und Alpen), oder, wenn andererseits dasselbe Gebirgssystem scheinbar durch große Flußthäler getrennt ist (beide Rheinufer von Bingen bis Bonn).

Ebenso bestimmt sprechen sich die Begrenzungen aus, die durch Ebenen und große Flußthäler gebildet werden, und häufig die Gebirge als ganz isolirt erscheinen lassen (Pyrenäen, Alpen, Scandinavien, Ural).

A Die Erhebungen der Gebirge.

Ihre allen gemeinsame Eigenthümlichkeiten sind folgende:

1) Der Kamm ist diejenige Linie eines Gebirges, in deren Verlauf seine Erhebung am bedeutendsten ist; sie wird gewöhnlich durch das Abfließen der Gewässer nach den entgegengesetzten Richtungen bezeichnet und bildet daher eine Wasserscheide, von der später (§. 67) noch ausführlicher die Rede sein wird. An Gestalt und Vertheilung sind die Kämme in verschiedenen Gebirgen sehr abweichend. Zunächst giebt sich oft ein Hauptkamm dadurch zu erkennen, daß er sich an Höhe und Ausdauer auszeichnet, was als die regelmäßigste Bildung anzusehen ist (Pyrenäen, Thüringer-Wald, Riesengebirge).

Häufig bilden sich mehrere Kämme, die an Höhe miteinander wechseln, oder die wohl in gleicher Höhe nebeneinander vorkommen; ein Fall, der nur da auftreten kann, wo das Gebirge aus mehreren parallelen Ketten besteht (Wallis zu beiden Seiten des Rhonethales, das obere Innthal). Abweichend davon zeigt sich in Vertheilung und Höhe der Kämme die Jura-Kette. Es laufen hier nämlich mehrere Ketten (Escher hat 5 nachgewiesen) untereinander parallel, aber nicht in der Hauptrichtung des Kammes. Dieser wird nämlich von einer nach der andern so gebildet, daß jede nach einander eine Zeitlang den vordern Rand und damit immer den Hauptkamm des

Gebirges bildet, während ihr Kamm vorher minder bedeutend war, und später zu niederen Vorhügeln herabsinkt. So ließen sich noch viele Fälle über die verschiedene Vertheilung der Kämme auf parallel ziehenden Ketten anführen; die hier erwähnten mögen genügen, um zu beweisen, wie zusammengesetzt die Verhältnisse des Verlaufes eines Gebirges sein können, das sonst wohl häufig als ein ununterbrochener Rücken betrachtet wird.

Die Gestalt des Kammes ist ebenfalls häufig verschieden. Der Kamm ist oft schmal und scharf bezeichnet, so daß das Aufsteigen auf der einen Seite sehr rasch in ein Absteigen auf der andern übergeht, wie es in den Pyrenäen, Alpen, im Jura, Thüringer-Wald meist der Fall ist. Die Benennungen wechseln alsdann, je nachdem die Form mehr oder weniger scharf ausgeprägt ist; schmal, zackig zerrissen, und gewöhnlich sehr hoch heißt er Grat, schmal, aber verrundet, Egge, breiter und flach verrundet, Rücken. Dehnt sich der Kamm in weit verbreiteten Flächen aus, in denen die höchste Linie schon schwer zu finden ist, so geht das Gebirge in ein Hochland über (Harz, Dover Fjeld).

2) Abhänge sind die Flächen, welche sich von dem Kamme des Gebirges bis an den Fuß desselben fortsetzen. Der Neigungswinkel, unter welchem dies geschieht, giebt dem Berge seine characteristische Form. Im Allgemeinen hat man die Uebereinstimmung zu finden geglaubt, daß alle von Süden nach Norden streichenden Gebirge gegen Westen einen steileren Abhang haben, als gegen Osten, während die von Ost nach West streichenden denselben auf der Südseite zeigen. Beispiele für den ersten Fall sind die Anden, skandinavischen Alpengebirge, für den zweiten Himalaya, Alpen, Erzgebirge, Riesengebirge. Es giebt jedoch auch einzelne Ausnahmen von dieser früher für allgemein gehaltenen Regel, wie z. B. Vogesen, Cevennen einerseits, Harz, Thüringer-Wald, Kaukasus, Küstenkette von Venezuela andererseits. Bestimmter ist das Gesetz für die Lage des steileren Abhangs in den einzelnen Ketten eines Gebirgszuges zu nennen, welches so ausgedrückt worden ist: „wenn eine Bergkette sich auf einer geneigten Ebene erhebt, so befindet sich ihr steiler Abhang allemal auf der dem Falle der Ebene

entgegengesetzten Seite;" daher bei einzelnen Ketten stets auf der, der Centralkette zugekehrten Seite. Es hat dieser Satz um so größeres Interesse, als er eine über die Entstehung der Gebirge aufgestellte Theorie wesentlich begründet. Aus der Analogie des reihenweisen Auftretens der Vulkane, die aus leicht zu vertheidigenden Gründen aus linear aufgerissenen Spalten der Erde emporgehoben zu sein scheinen; aus der Aehnlichkeit der Continental-Inseln mit einer, an einzelnen Stellen unterbrochenen Gebirgskette, und aus dem Umstande, daß die Ketten in der Hauptaxe und Hauptrichtung der Gebirge vielfach aus plutonischen Steinarten bestehen — schloß man schon früher, daß alle Gebirge aus Spalten gehoben worden seien. Der vorher ausgesprochene, allgemein gültige Satz über die Vertheilung des steilen Abfalls, beweist nun namentlich diese Theorie, da nur dadurch, wie d'Aubuisson dies näher erläutert, die Schichtungsverhältnisse in der angegebenen Weise gebildet werden können.

3) Die Gipfel sind die isolirten Erhebungen einzelner Theile über die allgemeine Masse der Gebirgsketten; ihre Form und Vertheilung bedingt wesentlich den ganzen Charakter eines Gebirges. Die Gestalt der Gipfel ist vor allem abhängig von den die Berge zusammensetzenden Gesteinarten und von der Höhe derselben; es ist darauf im vorigen Kapitel besonders Rücksicht genommen. Mit den verschiedenen Formen sind auch verschiedene Benennungen gebräuchlich. Spitze, zerrissene steile Gipfel heißen in der deutschen Schweiz Hörner, in der französischen Dents und Aiguilles, in Tyrol Kogel, in Steyermark und Oestreich Spitze; bei verrundeter Gestalt in Deutschland Kopf oder Kuppe; treten die Gipfel in die Reihe der sanft aufsteigenden Rücken, so bezeichnet man sie bloß mit Berg. Eine andere Form ist die eines abgestumpften Kegels, meist nur den Vulkanen eigen, die durch die regelmäßige Anhäufung vulkanischer Substanzen entstanden sind. In Frankreich wird diese Form mit dem Namen Puy bezeichnet.

Die Vertheilung der Gipfel folgt am gewöhnlichsten den höchsten Erhebungen der Kämme (Anden, Karpathen, Alpen). Doch treten dieselben auch häufig isolirt neben den Gebirgsketten als einzelne Gebirgsstücke auf, ein Fall, der besonders den höchsten

Gipfeln eigen zu sein scheint (Mont Blanc, Mont Perdu, Ortler, Maladetta); endlich treten die Gipfel zuweilen am Rande großer kreisförmiger Räume auf, die mit steilen Wänden umgeben sind (Mont Rosa, Oule de Gavarnie, am oberen Barège Thal in den Pyrenäen).

4) *Die Gebirgspässe* sind die meist scharf bezeichneten *Einschnitte* oder tiefsten *Einsenkungen* der Gebirgskämme, welche dieselben stets senkrecht zu ihrem Streichen durchschneiden. Die Pässe bilden die großen Straßen, welche quer durch das ganze Gebirge hindurch die getrennten Länder verbinden; sie steigen nicht bis zu den höchsten Kämmen an, sondern durchsetzen sie meist in tiefen Einschnitten, deren höchsten Punkt man *Scheideck* nennt. Sie scheinen als die höchsten Zerreißungen der ehemals zusammenhängenden Gebirgsketten angesehen werden zu können.

Einen entscheidenden Einfluß auf den Charakter eines Gebirges übt das Verhältniß aus, in welchem der Kamm zu den höchsten Gipfelerhebungen steht; d. h. um wie viel letztere den ersteren überragen. Es folgen daher hier die darüber bis jetzt angestellten Untersuchungen.

5) *Höhenverhältnisse des Kammes zu seinen Gipfeln.*

Da die mittlere Höhe eines Kammes nur aus sehr vielen, bis jetzt fehlenden Messungen hervorgehen kann, so bestimmte man das Maximum und Minimum derselben, und zog daraus das Mittel. Als Maximum wurde die bekannte Höhe der Schneegränze, als Minimum die *mittlere* Höhe der Gebirgspässe angenommen, und das daraus gezogene Mittel in Verhältniß zu der Höhe der höchsten Erhebungen gesetzt. Es stellte sich dasselbe:

In den Alpen	7200 : 14764 = 1 : 2.
= = Pyrenäen	7500 : 10722 = 1 : 1,4.
= = Anden von Süd-Amerika	11100 : 20100 = 1 : 1,8.
Im Himalaya	14592 : 26340 = 1 : 1,8.
= Kaukasus	7980 : 16698 = 1 : 2.
In der Küstenkette von Venezuela	4500 : 8100 = 1 : 1,8.

Die mittlere Kammhöhe der Cordilleren ist also so hoch als die Gipfel der Pyrenäen, die des Himalaya als die Gipfel der Alpen.

B. Die Einsenkungen der Gebirge. Thäler

Die Thäler sind die durch verschiedenartige Ursachen hervorgebrachten Einfurchungen des Bodens, die theils größere Gebirgsmassen von einander trennen, theils in einzelne Verzweigungen derselben eindringen, und ihre Abhänge zerschneiden. In rein geographischer Hinsicht theilt man die Thäler in Haupt- und Nebenthäler.

1) Hauptthäler nennt man diejenigen, welche größere Gebirgsmassen von einander scheiden; sie laufen daher den Gebirgskämmen meistentheils parallel, durchschneiden dieselben jedoch auch an einzelnen Stellen quer gegen ihre Richtung. Je nach der Größe der Gebirgsmassen unterscheidet man Hauptthäler erster, zweiter &c. Ordnung, ob dieselben nämlich verschiedene Systeme oder nur größere Theile eines und desselben Systems trennen.

Hauptthäler erster Ordnung sind z. B.:

Donau trennt Alpen vom schwäbischen Jura, Böhmerwald und Karpathen.

Garonne trennt Pyrenäen von den Gebirgen Süd-Frankreichs.

Po trennt Alpen von Apenninen.

Untere Rhone trennt Alpen von Cevennen und Süd-Frankreich und viele andere.

Hauptthäler zweiter Ordnung sind:

Magdalenenstrom trennt Andes von Quindia von der Küstenkette von Venezuela.

Obere Rhone trennt Berner Alpen von Walliser Alpen.

Mittlere " " nordöstlichen vom südwestlichen Jura.

Rhein während seines ganzen Laufes.

2) Nebenthäler sind diejenigen, die in Hauptthäler ausmünden, daher nicht mit dem Hauptkamm parallel gehen, sondern von demselben mehr oder weniger rechtwinklich herabkommen und daher nur unbedeutende Aeste von einander trennen. Man hat hier ebenfalls Nebenthäler erster, zweiter &c. Ordnung unterschieden, von denen Beispiele sehr leicht aufzufinden sind. Es wird durch dieses System die ganze Oberfläche mit einem weit verzweigten Adernetz überzogen, das leicht bei dem Anblick einer Karte erkenntlich ist. Nichts desto weniger ist aus wissenschaftlichen Gründen eine andere

Eintheilung vorzuziehen, die sich rein nach der Struktur und den Schichtungsverhältnissen der die Thäler begrenzenden Abhänge richtet, und daher nicht so viel willkührliches läßt, als die erste, bei der z. B. das Thal der Sau sowohl als ein Hauptthal zweiter Ordnung, als auch als ein Nebenthal anzusehen ist; ein Fall, der sich oft wiederholt.

Betrachtet man dagegen das Streichen der Schichten, so können die Thäler:

1) der Richtung nach mit der Streichungslinie der Schichten und mit den Auflagerungsflächen der Gebirgsarten übereinstimmen, oder

2) in ihrer Richtung von der Streichungslinie abweichen, dieselbe unter einem größeren oder kleineren Winkel durchschneiden, und so den natürlichen Zusammenhang der Schichten unterbrechen. Im ersten Falle heißen sie Längenthäler, im zweiten Querthäler. Es sind beide, leicht aus der Natur zu entnehmende, Unterscheidungen ganz unabhängig von relativen Nebendingen, und deuten gleichzeitig auf die Entstehung der Thäler hin, die in beiden Fällen, wie gleich gezeigt werden wird, verschieden ist.

1) Die Längenthäler zeigen sich meist als weite offene Vertiefungen, mit sanft geneigter Grundfläche, während ihre Abhänge je nach der Lage der Schichtungsflächen verschieden sein können. Es sind dabei 3 Fälle möglich:

a) Es können die Schichten beider Thalwände dem Thalgrunde zufallen, wodurch das Thal eine wahre Muldengestalt erhält, und deßhalb Muldenthal heißt.
Die Abhänge werden meist sanft geneigt erscheinen, und auch bei steiler Stellung der Schichten eine mehr zusammenhängende Masse bilden (Weser von Münden bis Karlshafen; Leine bei Göttingen).

b) Die Schichten können beide vom Thalgrunde abfallen und werden dann die Thalwände durch die Schichtenköpfe gebildet, d. h. stellen widersinnige Abhänge dar. Spaltungsthäler. Sie zeichnen sich durch Steilheit der Thalwände aus, die auch nicht mehr eine Ebene, sondern zackige Felswände mit hervorragenden Klippen bilden. Ihr Auftreten ist seltener und mehr in kleinerem Maaßstabe im Quadersandstein bei Halberstadt und Quedlinburg; das Rheinthal zwischen Basel und Bingen, weniger auffallend, weil es zu breit ist.

c) Die Schichten der einen Thalwand fallen dem Thalgrund zu, die der andern davon ab, daher ist der eine Abhang von den Schichtungsflächen (gleichsinnig), der andere an den Schichtungsköpfen (widersinnig) gebildet.

Scheidethäler. Der Character dieser Thäler ist aus den beiden vorherigen gemischt, auf der einen Seite den Muldenthälern, auf der andern den Spaltungsthälern ähnlich. Sie treten sehr häufig auf und zwar stets da, wo zwei über einander liegende Gebirgsarten sich treffen, an welcher Stelle, als einem natürlichen Absatze, sich leicht eine Ausfurchung bilden konnte (Rhonethal bis zur Biegung bei Martinach scheidet Gneis von Kalkstein; Innthal von Landeck bis unterhalb Innsbruck, Urgebirge von Kalkstein).

2) Querthäler erscheinen stets als Lücken in dem ursprünglichen Zusammenhang der Gebirgsschichten; da sie dieselben immer fast rechtwinklich durchschneiden, sind ihre von Schichtenköpfen gebildeten Wände stets steil mit zerrissenen Felsenklippen. Ihr Thalgrund ist stark geneigt, klippig mit verschiedenen Absätzen, so daß sich hier stets Wasserfälle bilden; dabei waltet folgende Regelmäßigkeit vor. Eine Zeitlang zeigt sich der Thalgrund mit sehr geringem Gefälle, fast horizontal fortlaufend, wobei gleichzeitig die Abhänge sich von einander entfernen und eine Weitung bilden; dann verengen sich die beiden Felsränder zu einer engen Spalte, durch welche der Bergstrom über Klippen, mit bedeutenden Wasserfällen zu einer beträchtlich größeren Tiefe herabstürzt, um gleich darauf durch eine neue Erweiterung des Thales langsam, fast horizontal bis zur nächsten Spalte fortzufließen. Solcher etagenförmigen Stufen finden sich meist drei, bisweilen fünf. Das Reußthal und das Salzathal geben in dieser Beziehung zwei besonders schön ausgebildete Beispiele. Bei genauerer Untersuchung ergiebt sich, daß diese Weitungen einst Seen waren. Der regelmäßig horizontal geschichtete Boden von Gerölle und Sand, sowie die, in den Felswänden noch vorhandenen Spuren von dem einstigen hohen Wasserstand geben Zeugniß davon. Als Analogie finden wir noch so häufig nicht abgelaufene Wasserbecken in diesen

Querthälern, deren die Alpen z. B. allein noch an 60 zählen. Sie zeichnen sich außer den sie umgebenden hohen Felswänden, noch besonders durch ihre Tiefe aus, die wohl als Grund ihrer heutigen Existenz anzusehen sein dürfte; es hat sich keine so tiefe Spalte gebildet, die ihnen den vollständigen Abzug gestattete. Die Entstehungsgeschichte dieser Querthäler wird übereinstimmend heute folgendermaßen angenommen. Die Erweiterungen des Thales, die ehemaligen Seen, sind gleichzeitig mit den Erhebungen oder kurz nachher dadurch entstanden, daß weniger gut unterstützte Theile der gehobenen Masse wieder zurückstürzten. Später erst, als die Seebildung lange mußte Statt gefunden haben, bildete sich durch Erschütterung, wahrscheinlich durch geringe Hebung von unten, ein Riß in der vorliegenden zusammenhängenden Bergmasse, durch welchen das Wasser seinen Abfluß fand, und denselben gewöhnlich erweiterte und vertiefte. Das untere Becken wurde mehr angestaut, und auf dieselbe Weise, wenn nicht auch durch dieselbe Ursache, und also zu gleicher Zeit entleert. Diese Hypothese hat auch auf die Längenthäler Anwendung, die nur sehr selten, und dann in untergeordnetem Maaßstabe ihren Character als solchen bis zum Meere beibehalten. Auch sie sind meist durch vorgelegte Bergketten geschlossen gewesen, und haben Binnenseen gebildet, wie zahlreiche Beispiele (Rhein bis Bingen) beweisen. Endlich bildete sich eine Spalte und gestattete ihnen durch die vorliegende Bergkette, oder seitwärts durch einen ihrer bisherigen Thalränder, ein Querthal bildend, einen Ausweg. Die Thäler sind daher entweder gleichzeitig mit dem Gebirge entstanden (Muldenthäler, Spaltungsthäler), oder später, und nur durch Wasser verändert worden (Scheidethäler und Querthäler). Rein vom Wasser gebildete Thäler werden sich nur im Schuttlande, also außerhalb der Gebirge, zu bilden vermögen.

Aus dem bisher Gesagten geht hervor, wie unendlich mannigfach und verschieden der Character der Gebirge sein kann. Er hängt ab von dem Verhältniß der besprochenen Theile unter einander, der Kämme und Gipfel zu den Pässen und Thälern: von der größeren oder geringeren Gesammterhebung in die höhern Regionen des Luftkreises; von der geognostischen Beschaffenheit und dem Alter der das

Gebirge bildenden Steinarten. Aber diese Verhältnisse sind nicht erschöpfend. Ihr Character ist ein anderer, ob es ein Kettengebirge oder ein Massengebirge (Harz, Schwarzwald, Fichtelgebirge) ist, ob also die Dimensionen der Längen- und Breitenaxe bedeutend verschieden oder gleich sind; ein anderer, ob die einzelnen Ketten der ersteren parallel gehen (Jura), oder strahlig von einem gemeinsamen Centrum auslaufen (Auvergne); ob sie sich kreuzen, oder dies Extrem nicht erreichend, unter einander nur convergiren und divergiren (Alpen, Centralasien); ein anderer, ob es Centralgebirge (Ural) oder Küstengebirge (Atlas) sind; ein anderer, ob sie die Richtung der Meridiane haben, und dabei sich nur durch einzelne Zonen erstrecken (Alleghani, Skandinavische Alpen, Ural), oder bei derselben Richtung alle Zonen durchschneiden (Anden), oder ob sie in der Richtung der Parallelkreise liegen (Küstenkette von Venezuela), oder ob sie die Meridiane und Parallelen in diagonaler Richtung durchsetzen (Alpen). So hören sie auf, bloß Völker scheidende Grenzen zu sein, sondern wir sehen ihren Einfluß sich bis in die höchsten Luftregionen erstrecken, je nach ihrer Lage laue Winde, wie heiße Sonnenstrahlen auffangend, der einen Seite sie vorenthalten, während die andere sie in doppeltem Maaße genießt; ein Einfluß, der entscheidend auf den Culturzustand ganzer Völker sein muß.

§. 38 Die Hochländer.

Wie oben bereits erwähnt, versteht man unter Hochländern Gesammterhebungen der Erdoberfläche mit vorherrschender Uniformität, ohne daß dabei relativ geringe Niveauunterschiede ausgeschlossen sind. Als geschlossene Erdmassen mit größerem Areal oder Umfang erheben sie sich an einzelnen Stellen der Erde nur bis 8000′, im Maximum bis 12 und 14000′. Die Grenze nach unten wird für die Hochländer im allgemeinen bei 500′ Erhebung angenommen, und alle Länderstrecken darunter mit Tiefland bezeichnet. Hochländer von 500′—4000′ Höhe heißen Hochländer zweiter Größe (Plateau von Dekan 2—3000′, baierische Hochebene 15—1600′), mit bedeutenderer Erhebung erster Größe (Tübet 10—14000′, Gobi 5—8000′). Hochländer kommen mit den Gebirgen in den verschiedensten Verbinbungen vor, und rufen dadurch stets neue Verhältnisse hervor, die nicht weniger einflußreich sind, als die vorhin bezeichneten der Gebirge. Es bilden die Ketten zu den Plateaulandschaften Randgebirge (Himalaya und Taunus), oder umgelagerte Umwallungen (Kaukasus), oder theilweise mit ihnen verknüpfte Systeme (Pyrenäen), oder nur abgegrenzte Glieder und Arme derselben (Libanon), Formen, die der Landschaft jedesmal einen ihr eigenthümlichen Character verleihen.

§ 39. Die Tiefländer.

Man begreift unter ihnen alle diejenigen großen Räume der Erdoberfläche, die sich nur wenige Hundert Fuß über den Meeresspiegel erheben, sogar an Stellen darunter liegen (Ufer des kaspischen Meeres), oder durch Kunst an der Küste des Meeres durch Dämme, Deiche u. s. w. hervorgebracht sind, wie dies z. B. in Holland der Fall ist. Man giebt den Flachländern der Erde je nach dem Zustande ihrer Vegetation und Bewohnung verschiedene Namen und zwar: Wüste, einer Fläche ohne Pflanzenwuchs, Steppe, einer Fläche, die nur Gräser und kleine Gewächse aus der Klasse der Dicotyledonen hervorbringt, und also auch animalisches Leben unterhalten kann. Savanne, Llano, Pampa, Prairie bezeichnet in verschiedenen Gegenden denselben Character.

Kultur-Ebenen heißen solche Strecken Landes, die der Mensch fruchtbar gemacht hat.

Die Tiefländer finden sich am ausgebreitetsten um die Gestade des flachen Nordens, als der noch mit Sumpf und Morast bedeckte, ehemalige Seeboden, und an den Ufern der großen Ströme von Südamerika, wo sie den größten Theil dieses Landes einnehmen.

§. 40. Die Stufenländer.

Häufig treten Tief- und Hochländer oder Gebirgslandschaften ohne Verbindung unmittelbar neben einander, eines das andere begrenzend (Himalaya und indisches Tiefland; Anden und Llanos von Südamerika); öfterer findet ein allmähliger Uebergang statt, und es bilden sich terrassenförmige Stufen im Großen, die unter dem Namen Stufenländer zusammengefaßt werden. Die Art der Vermittelung und die Neigung des Gefälles nach dem Meeresgestade, und nach der Himmelsgegend, giebt jedem großen Tieflande den ihm eigenthümlichen Character. Sie werden von den größeren Strömen durchschnitten, die in ihnen von den höchsten Gebirgen ihren Weg nach dem Ocean nehmen, und je nach dem Gefälle oder der Ausdehnung der Stufen denselben früher oder später erreichen. Die einzelnen Absätze werden bei den sie durchströmenden Flüssen oberer, mittlerer und unterer Lauf genannt, deren Characteristik in der nächsten Abtheilung nähere Erörterung finden wird (§. 70.).

Zweiter Theil.

Die physikalische Beschaffenheit des tropfbar-flüssigen Theils des Erdkörpers.

Hydrographie.

§. 41. Bestandtheile des Wassers.

Das Wasser wurde lange Zeit unter die Zahl der Elemente, d. h. der einfachen unzerlegbaren Körper gerechnet, der es in der That nicht ist. Es besteht nämlich aus 88,91 Theilen Sauerstoff und 11,09 Theilen Wasserstoff. In diesem vollständig reinen Zustand tritt es aber in der Natur fast gar nicht auf, sondern enthält stets fremde Bestandtheile, theils mechanisch beigemischt, theils chemisch mit ihm verbunden. In Bezug auf diese Beimischungen und auf das Vorkommen unterscheidet man:

1) Regenwasser, dasjenige, welches am reinsten ist und nur einen geringen Antheil Kohlensäure aufgelöst enthält.

2) Das Quell- und Flußwasser enthält schon einen bedeutenderen Antheil Kohlensäure und auch Kalkerde, oder Natron.

3) Das Salzwasser (Soole) enthält Kochsalz nebst anderen Beimischungen von Kalk, Bittererde ꝛc.

4) Das Seewasser enthält eine gewisse Menge fester Bestandtheile, von denen das Kochsalz der vorwaltende ist. Nächstdem finden sich darin salzsaure Magnesia, salzsaurer Kalk und schwefelsaures Natron. Außerdem haben fast alle Analysen noch freie Kohlensäure dargethan, während einige Chemiker dieselben an Kalk oder an Bittererde gebunden glauben. Einzelne Analysen haben außer-

dem noch schwefelsaures und freies Kali, so wie Brom und Jod ergeben. Durch die große Menge in Fäulniß übergegangener thierischer und vegetabilischer Körper tritt zu diesen mineralischen Bestandtheilen eine schleimige, Brechen erregende Materie, wodurch an einzelnen Stellen das Wasser auch einen Gehalt an Schwefelwasserstoff erhält, wie er z. B. im gelben Meere nachgewiesen ist.

5) Die mineralischen Wasser enthalten die verschiedenartigsten Bestandtheile chemisch aufgelöst. Es wird davon weiter unten ausführlicher die Rede sein.

§. 42 Verhalten des Wassers zur Wärme.

Das Wasser kann alle drei Aggregatzustände annehmen und tritt nur unter den mittleren, allgemein verbreiteten Temperaturverhältnissen als tropfbar-flüssiger Körper auf. Bei einer Temperatur unter 0° C. wird es fest oder zu Eis, während es bei einer Wärme von 100° C. kocht und sich in ein beständiges Gas verwandelt. Es geschieht dies um so leichter je größer die Temperatur und je geringer der Druck der darüber befindlichen Luft ist; denn kochen heißt die Elasticität des Dampfes so steigern, daß er den Druck überwindet, und in Blasenform aufsteigt. Ohne zu kochen verwandelt sich das Wasser ebenfalls in Dampf, und zwar bei jeder Temperatur, man nennt dies Verdunsten des Wassers; der Feuchtigkeitszustand der Atmosphäre hängt von der größeren oder geringeren Verdunstung ab. Deshalb übt das Wasser einen so unendlichen Einfluß auf die Atmosphäre und die Temperatur-Verhältnisse der Klimata aus, indem deren Feuchtigkeitszustand und damit ihre Vegetationsfähigkeit von der Verdunstung desselben abhängt. Absolut reines Wasser erhält man durch destilliren d. h. man verwandelt das Wasser durch Kochen in Dampf, fängt denselben auf, und verdichtet ihn wieder durch Abkühlung zu Wasser. Dieses so erhaltene reine Wasser hat sein Dichtigkeitsmaximum bei + 4° C.

Das Wasser tritt auf der Erdoberfläche theils als zusammenhängende und ganze Masse, als Meer auf, theils ist es vereinzelt in Flüssen und Seen über das ganze Festland verbreitet. Beide Verhältnisse sollen hier nach einander näher betrachtet werden.

Erster Abschnitt.

Das Meer.

Erstes Kapitel.

Räumliche Ausdehnung des Meeres.

§. 43. Eintheilung des Meeres.

Schon früher (§. 33 u. 34.) ist die quantitative Vertheilung des Weltmeeres und sein Größenverhältniß zur gesammten Ländermasse näher besprochen und durch die Gliederungsverhältnisse darauf hingedeutet worden, welchen Einfluß das, sämmtliches Festland umgebende Wasser, auf die Kontinente durch seine Form allein auszuüben im Stande ist. Zur besseren Bestimmung der wechselseitigen Lagen der Ländermassen, und zur Orientirung auf der großen Wasserfläche war es nothwendig, dieselbe in gewisse Hauptabtheilungen zu zerlegen, deren man stets 5 angenommen; diese sind:

1) Das nördliche Eismeer vom arctischen Pol bis zu den nördlichsten Gestaden der alten und neuen Welt.

2) Das südliche Eismeer um den antarctischen Pol gelagert und im Norden durch den Polarkreis begrenzt.

3) Der atlantische Ocean zwischen den westlichen Küsten der alten, und den östlichen der neuen Welt.

4) Der stille oder große Ocean bespült die westlichen Ufer der neuen und die östlichen der alten Welt.

5) Das indische Meer im Westen von Africa, im Norden von Asien, im Osten von Australien und im Süden vom südlichen Eismeer begrenzt.

Alle diese Haupttheile mit Ausnahme des südlichen Eismeers, haben noch vielfache, gesonderte, aber nicht getrennte Glieder, welche, die verschiedensten Namen führend, wie Busen, Bay, Binnenmeer u. s. w., die Spaltungen in den Kontinenten verursachen und so deren eigenthümliche Gestaltung bedingen. Die nähere Erklärung der untergeordneten Meeresglieder kann hier füglich vorausgesetzt werden.

§. 44. Grenzen zwischen Meer und Land.

Die Ränder des Festlandes, welche das allgemeine Gewässer auf seiner Oberfläche berühren, werden seine Küsten genannt. Nach der Art ihrer Bildung unterscheidet man:

1) Steilküsten und versteht darunter diejenigen, die durch unmittelbar bis ans Meer tretende Gebirgsmassen gebildet werden. An solchen Küsten hat das Meer gewöhnlich eine große Tiefe und bildet vielfache, weit in das Land hineingehende Spalten; es ist daher die Schifffahrt an ihnen leicht und sicher, und besonders durch das häufige Vorkommen natürlicher Hafenstellen begünstigt.

2) Flachküsten werden durch große sich allmählig gegen das Meer senkende Ebenen gebildet, an denen stets nur eine geringe Tiefe sich vorfindet. Sie ziehen meist in langen, graden Linien hin, an denen nur Häfen mit großem Kostenaufwand angelegt werden können, wenn nicht die Natur selbst durch eigenthümliche Formen der Ufer-Situationen, wie z. B. hervorspringende Landzungen ꝛc. die Anlage der Häfen begünstigt. Die durch solche Küsten begrenzten Länder sind daher im augenscheinlichsten Nachtheil gegen die mit Steilküsten versehenen, da ihrer Schifffahrt die größten Hindernisse im Wege stehen.

3) Klippenküsten, welche in doppelter Form auftreten:

a) Die eigentlichen Klippenküsten sind meistentheils mit den Steilküsten verbunden, indem sich denselben größere oder kleinere Felsenmassen vorlagern und entweder über den Spiegel des Meeres hervorragen (gesunde Klippen) oder unter demselben noch verborgen bleiben (blinde Klippen). Man kann dieselben als Trümmer des Gebirges betrachten, dem sie vorgelagert sind.

b) Korallenklippen sind als noch nicht vollendete Koralleninseln zu betrachten, da sie ihre Entstehung jener Thätigkeit der Zoophyten verdanken, die bereits früher (§. 35.) besprochen worden ist. Sie erscheinen nur zwischen den Wendekreisen, dem einzigen Aufenthalt dieser Thiere und liegen sowohl den Flachküsten wie den Steilküsten, oft als langgestreckte, zusammenhängende Reihen (Korallenriffe), theils als gesunde, theils als blinde Klippen vor.

§. 45. Einfluß des Meeres auf die Küsten.

Durch verschiedene später noch näher zu untersuchende Ursachen*), wird ein häufig sehr gewaltsames Anprallen gegen die Küsten bewirkt, das unter dem Namen Brandung bekannt ist. Sein Einfluß besteht fast ausschließlich in einer zerstörenden Wirkung, die um so größer ist, je weicheres Erdreich die Küsten haben. Es werden dadurch Landzungen nach und nach in Inseln verwandelt; Inseln allmählig verkleinert (Helgoland) und endlich gänzlich zerstört. Kleine Buchten werden zu Meerbusen ausgehöhlt (Dollart v. 1277—1539. Jahde neben der Wesermündung 1218.) und abgeschlossene Seen unweit der Küste mit dem Meere endlich verbunden (Zuider See). Die natürlichen Sanddämme, die sogenannten Dünen**) bieten den sandigen Ufern dagegen nur wenig Schutz und werden selbst öfters von den sturmbewegten Wellen wieder vernichtet. Hohe Steilküsten mit steinigen Ufern sind diesen Zerstörungen allerdings nicht so sehr ausgesetzt, entgehen ihnen jedoch auch nicht ganz. Das Meer dringt in die Zerklüftungen derselben immer mehr und mehr ein, reißt Stücke los, die leichter beweglich, von den Wogen fortgeführt werden; bis durch diese Aushöhlungen größere Felsmassen nachstürzen, welche das Meer nicht mehr zu bewegen vermag, und welche dadurch einen Damm bilden, an dem sich die Kraft der Wellen bricht und der ferneren Zerstörungen ein Ziel setzt. Bilden geschichtete Steinmassen diese Ufer, so verfallen sie der Zerstörung leichter, wenn ihre Schichten nach dem Meere zugeneigt sind, als wenn nach dieser Seite hin die Schichtungsköpfe liegen. Im ersteren Fall bewirkt das Wasser durch Unterhöhlung der vorderen Schichten leicht eine Abgleitung derselben nach dem Meere zu, während bei der zuletzt genannten Lage der Schichten nur ein Abreiben der freien Ränder derselben durch den Wellenschlag denkbar ist. Eine bildende Wirkung des Meeres giebt sich durch die Entstehung der Geschiebebänke und der Sand-

---

*) Strömungen des Meeres, herrschende Winde und Ebbe und Fluth bewirken die fortwährende Bewegung des Wassers gegen die Küste, die sogenannte Brandung. (Siehe §. 55.).

**) Dünen entstehen durch Sand- und Geröllablagerungen der Flüsse bei ihrem Austritt ins Meer (Siehe darüber Näheres §. 70 u. 71.).

bänke zu erkennen. Erstere sind Anhäufungen kleinerer und größerer Geröllmassen, Felsstücken und Muschelschalen, in deren Fugen sich Sandkörner einsetzen, und so nach und nach einen Damm von fester Masse aufhäufen, der eine gute Schutzwehr zu bilden vermag. (Rügen bei Arkona und Stubbenkammer.). Sandbänke unterscheiden sich von jenen nur dadurch, daß sie bloß aus Sand bestehen und werden durch das, den sandigen Ufern abgespülte Material meist an solchen Stellen gebildet, an denen eine strömende Bewegung des Wassers gehemmt wird, was ein Absetzen der schwereren Theile zur Folge haben muß. Endlich muß noch ein chemischer Prozeß angeführt werden, der im Meere vor sich geht und bildend auf die Erdoberfläche einzuwirken im Stande ist.

Die auflösende Eigenschaft des Seewassers, begünstigt durch die Anwesenheit der salzsauren Salze, bringt eine Zersetzung der, das Meer einfassenden Erdlagen und dadurch wahrscheinlich den Gehalt an Gyps und Kalk hervor, der sich namentlich in vulcanischen Gegenden vorwiegend findet. Durch Verdunstung werden diese Bestandtheile abgesetzt und es entstehen Kalk- und Sandsteinbänke, welche die Küsten erweitern und ein festes brauchbares Material liefern (Küste von Sicilien bei Messina, Gran-Canaria und Lancerote, Guadaloupe.).

§. 46 Meeresniveau

Nach den Gesetzen der Hydrostatik muß die Oberfläche des Meeres eine gleichförmig fortlaufende Kugelfläche bilden, weil unter anderen Umständen eine Ausgleichung erfolgen müßte. Dieser Eigenschaft wegen wird auch die Oberfläche des Meeres als gemeinsame Basis zu allen Höhenbestimmungen gebraucht, wie es bereits früher (§. 36.) erwähnt wurde. Bei näherer Untersuchung finden sich jedoch beachtungswerthe Ausnahmen. Es haben nämlich im Allgemeinen Binnenmeere einen höheren Wasserstand als der offene Ocean, da sie meist mehr Wasser durch Zufluß erhalten, als von ihrer Oberfläche zu verdunsten vermag. Durch eine Strömung nach außen wird die Wasserfläche ein gleichmäßiges Niveau herzustellen sich bestreben, aber meist deshalb nicht erreichen, weil die Oeffnungen dazu zu eng sind. So muß nach genauen Schlußfolgerungen der Wasserstand im Hintergrund des bothnischen Meerbusens 5 Fuß höher sein, als der der Nordsee. So liegt ebenfalls das Niveau des schwarzen Meeres höher, als das des Marmor Meeres; letzteres wieder höher, als das des Mittelmeeres, wie die Ausströmungen beweisen. Ebenso steht der Spiegel des Caraibischen Meeres und des mexicanischen Golfes höher als das Niveau des Oceans, hier jedoch, weil Winde und Strömungen in diesen beiden Meerbusen anstauen, die unter anderen Umständen diese Eigenschaft der Binnenmeere nicht besitzen würden. Ungleich bedeutender wirkt die letztgenannte Ursache im rothen Meere, in welches ein starker Strom den größten Theil des Jahres durch die Straße von Bab-el-Mandeb einfließt und hier eine Anstauung bewirkt, die um so größer erscheint, als der, uns durch die Landenge von Suez davon getrennte Spiegel des Mittelmeeres von der allgemeinen Regel eine Ausnahme macht, d. h. tiefer liegt als der offene Ocean. Aus scharfsinnigen Rechnungen ebenso wie aus der Thatsache, daß durch die Straße von Gibraltar ein Strom in das Mittelmeer einfließt, ergiebt sich, daß dasselbe weniger Wasser durch Zuflüsse erhält, als es durch Verdunstung verliert, sein Spiegel also sinken muß, da die einströmende Wassermenge nicht ausreicht diese Differenz auszugleichen. Das Maximum der Niveau-Differenz tritt deßhalb an der Landenge von Suez am deutlichsten hervor, wo die Ueberhöhung des rothen Meeres über das Mittelmeer 30,5 par. Fuß beträgt.

§. 47. Tiefe des Meeres.

Dieser Gegenstand ist bis jetzt höchst unvollkommen bekannt, theils weil Untersuchungen in vielen Gegenden noch fehlen, theils weil die Mittel dazu nicht vollkommen genug sind.*) Man hatte

*) Zur Messung der Tiefe bedient man sich des Senkblei's oder Loth's, der Barometerflasche und der Taucherglocke Die Messungen werden bei größerer Tiefe um so ungenauer, weil Krummungen des Seiles dabei nicht leicht zu vermeiden sind, und das Schiff stets dabei stille stehen muß. Die Taucherglocke ist das sicherste Instrument, das gleichzeitig über die Beschaffenheit des Meerbodens Aufschluß giebt, aber nur in geringeren Tiefen anwendbar ist. Die Barometerflasche hat wenig Anwendung gefunden, da auch sie, ihrer Construction wegen, zu Unrichtigkeiten Veranlassung giebt.

früher die Ansicht, daß zwischen der Tiefe des Meeres und der Erhebung der Küsten ein bestimmtes Verhältniß statt fände, und zwar so, daß an den steilen hohen Küsten auch die größte Tiefe sein müsse, man ist aber durch die vielfachen Abweichungen von dieser Hypothese längst abgegangen. So findet sich z. B. unmittelbar an den ganz flachen Küsten der niedrigen Koralleninseln eine fast unergründliche Tiefe. Jedoch läßt sich als nachgewiesen der Satz betrachten, daß die Binnenmeere dem offenen Ocean an Tiefe nachstehen. So ist die Ostsee im Durchschnitt 180—240′ tief; das Mittelmeer ist in seiner westlichen Hälfte tiefer (bei 600—1000′ noch kein Grund) als in der östlichen, in welcher bei 240—300′ bereits Grund erreicht wurde. Das schwarze Meer ist nahe der Küste von Europa etwa 180—200′, im Asowischen Busen (bei Taganrog) sogar nur 18 bis 24′ tief, während an der ganzen Küste von Kleinasien die Tiefe sehr bedeutend zunimmt. Das Maximum der gemessenen Tiefe beträgt 14556 engl. Fuß an einer Stelle im atlantischen Ocean, die 230 Meilen von der Insel Helena entfernt liegt. Aus theoretischen Gründen hat la Place die Tiefe des Meeres durch einen Bruchtheil des Durchmessers der Erde (und der Erdaxe) ausgedrückt, der ungefähr 60,000′ beträgt, für dessen Wahrheit bis jetzt noch keine Erfahrung spricht.

§. 48. Boden des Meeres

Die submarine Bodengestaltung ist den Hauptformen nach ganz ähnlich der Oberflächenbildung des Festlandes; Erhebungen wechseln mit Vertiefungen ab, und ihre Spitzen und Rücken ragen als Inseln über die Meeresfläche theils hervor, theils bleiben sie als **Bänke** unter derselben versteckt. Es ist nicht unwahrscheinlich nach den neusten Untersuchungen, daß alle niedrigen Koralleninseln die höchsten Spitzen submariner Plateauflächen sind, und nur ihr Hervorbrechen über das Niveau des Meeres den Zoophyten zu verdanken haben, die erst anfingen von jenen Flächen aufwärts zu bauen. Alle Arten Bänke (Sandbänke, Korallenbänke und Austernbänke, je nach der Bedeckung der höchsten Fläche so genannt) kann man als Hebungen des Seebodens betrachten, die nicht über das Niveau gestiegen sind, oder, wie früher bereits erörtert (§. 45.), als Bildungsprodukte des Meeres selbst. Für die vulcanische Bildung der Sandbänke sprechen mehrfach im atlantischen Ocean beobachtete Thätigkeiten der vulcanischen Kräfte, die sich ja in einem sehr hohen Maßstabe in der Bildung der vulcanischen Inseln bereits kund gethan haben. Kleinere Erhebungen des Seebodens gaben sich theils durch Erschütterungen kund, die mit einem Aufbrausen des Meeres begleitet waren, dem dabei auch einige Male Rauchsäulen entstiegen sein sollen; theils zeigten sie sich durch Bänke an, die plötzlich an Orten gefunden wurden, wo man deren früher nicht gekannt, oder die daselbst nur aus Entfärbung des Seewassers (siehe §. 49.) und aus einer plötzlichen Temperaturabnahme (siehe §. 54.) geschlossen wurden. Endlich hat man kleinere Inseln entdeckt, die später wieder verschwunden sind, und die rein vulcanischer Natur waren, wie die Insel Sabrina 1811 an den Azoren und die Insel Ferdinandea 1831 bei Sicilien. Fast alle Bänke fallen von ihren Rändern meist sehr steil ab, wie z. B. die Panzer Bank im indischen Ocean von 24′ am Rande bis zu nahe 600′; ebenso die 50 Meilen ausgedehnte Nazareth Bank, bei welcher rings um ihre Ränder bei 600′ Meerestiefe noch kein Grund zu finden war, während sie selbst durchschnittlich 60′ unter dem Wasserspiegel liegt. Das größte der bekannten submarinen Tafelländer ist die Bank von Neufoundland, die südöstlich der Insel gleichen Namens liegt und eine Länge von 120 deutschen Meilen bei einer Breite von 47 Meilen hat, also etwa so groß wie Preußen ist. Fortsetzungen dieses Tafellandes gehen unter verschiedenen Namen längs der Ostküste von Nord-Amerika um die Südspitze von Florida bis zur Missisippi-Mündung. (Anmerkung im §. 59.)

Zweites Kapitel.

Eigenschaften des Meeres.

§. 49. Farbe.

Die Beschaffenheit des Bodens und die Tiefe des Meeres üben auf seine Farbe einen bedeutenden Einfluß. Sie ist im offenen Ocean, durch eine enge Oeffnung betrachtet, ein sehr schönes Ultramarin, auf welches die Färbung des Himmels keinen besonderen

Einfluß übt. Häufig ändert sich diese Farbe in ein theils helleres, theils dunkleres Grün. Bei abnehmender Tiefe ändert sich auch stets die Farbe; milchweiß erscheint der Ocean im Allgemeinen bei geringer Tiefe, jedoch verursacht der Boden dabei manche Modificationen, so z. B. giebt gelber Sand dem Meere ein grünes, Klippen ein schwarzes und Schlamm ein graues Aussehen. So haben von ihrer Farbe manche Meere den Namen erhalten, wie z. B. das rothe Meer von rothgefärbten Korallenbänken an der Küste, das gelbe Meer von einem so gefärbten Schlamme, den die einmündenden Ströme dort absetzen. Andererseits ist das schwarze Meer nicht dunkler, das weiße Meer nicht heller als der Ocean. Im grönländischen Meer wurden große schmutzig-olivengrüne Strecken auffallend abstechend gegen das umgebende Blau gefunden, und es ergab sich bei näherer Untersuchung, daß diese Farben von Millionen kleiner, zur Medusenfamilie gehörigen Thierchen herrühre, die in jenem Meere oft den vierten Theil des Flächenraumes einnehmen.

§. 50. Durchsichtigkeit.

Das Meerwasser ist im Allgemeinen durchsichtiger als das des Festlandes, und gewinnt an dieser Eigenschaft um so mehr, je mehr man sich von den Küsten entfernt und in je kälterem Klima man sich befindet. Das Licht dringt im Allgemeinen 50—60′ tief ein, doch ist z. B. in der Nähe von Nowaja Semlja der Grund bis zu 480′ Tiefe deutlich erkannt worden. Das Caraibische Meer macht in den südlichen Gegenden eine auffallende Ausnahme durch die große Klarheit seines Wassers. Es ist dort der Grund bis zu 150′ Tiefe noch gesehen worden. Der Grund, daß in nördlicheren Klimaten das Wasser durchsichtiger ist, als in südlicheren, liegt wohl an der geringeren Beimischung organischer Substanzen in jenen Gegenden.

§. 51. Das Leuchten.

In allen Meeren und allen Breiten, obgleich vorherrschend und besonders schön in den Aequatorialgegenden ist diese Erscheinung beobachtet worden. Sie besteht in einem mehr oder minder matten Lichtschein, der oft unabsehbare Flächen bedeckt, und da am stärksten ist, wo größere Bewegung des Wassers, wie z. B. unmittelbar am Schiff, hervorgebracht wird. Oft zeigen sich einzelne leuchtende Kugeln und glänzende Funken, die rasch im Wasser umherfahren, oft sind nur die Spitzen der Wellen mit glänzenden Rändern besäumt. Die Ursache dieser Erscheinung ist, wie neuere genaue Untersuchungen lehren, der leuchtenden Eigenschaft kleiner Thierchen der Medusenfamilie zuzuschreiben, die zeitweise in zahlloser Menge an die Oberfläche des Wassers kommen. An den Küsten kann ebenfalls ein solches Leuchten, wenn auch nicht in dem hohen Grade, durch die Phosphorescenz verfaulter thierischer Körper hervorgebracht werden; auch mögen beide Ursachen an gewissen Stellen gemeinschaftlich wirken.

§. 52. Salzgehalt

Die salzigen Bestandtheile des Meerwassers sind im Allgemeinen gleichförmig im ganzen Ocean verbreitet, und betragen etwa 3,5 pr. C. Bei den Binnenmeeren zeigt sich fast stets ein geringerer Gehalt an festen Bestandtheilen, wie z. B. in der Ostsee, wo nur 1,18 pr. C. gefunden wurde, eine Erscheinung die durch die größere Zuströmung von süßem Wasser in ein fast vom Ocean abgeschlossenes Becken motivirt wird. Im mittelländischen Meere stellt sich dieses Verhältniß anders, wie dies schon aus dem bei den Niveauverhältnissen Gesagten hervorgeht. Eine größere Verdunstung als der Zufluß an süßem Wasser muß natürlich nicht nur den Strom durch die Meerenge von Gibraltar, sondern auch einen größeren Salzgehalt hervorbringen, und er beträgt hier auch nach genauen Analysen 4,18 pr. C. Anhaltend starke Regengüsse vermindern den Salzgehalt bedeutend, so daß z. B. an der Küste von Malabar in der Regenzeit das Meerwasser fast trinkbar wird. Da endlich, wie unten näher gezeigt werden wird (§. 54), die Eismassen der Polarzonen fast ausschließlich aus süßem Wasser bestehen, so wird durch das Schmelzen derselben der Salzgehalt in jenen Meeren an der Oberfläche herabgedrückt, und daher in der Tiefe vergrößert, wie dies auch Untersuchungen dargethan haben. Die Verdunstung des Wassers übt auf denselben ebenfalls einen großen Einfluß aus. Hitze und im Wasser schwimmende Vegetabilien (wie der Seetang in der großen Fukusbank von Coroo) vergrößern dieselbe und mit ihr den Salzgehalt.

§. 53. Specifische Schwere.

Die Schwere des Meerwassers verhält sich zu der des destillirten Regenwassers wie 1,0277:1 und ist durch die Beimischung der salzigen Bestandtheile hervorgebracht. Sie wird daher auch durch alle die im vorigen Paragraph angeführten Ursachen verändert, die auf den Salzgehalt einwirken. Die specifische Schwere ist daher in den Aequatorialgegenden ein weniges größer, als in den nördlicheren Gegenden; das Verhältniß des atlantischen Oceans zum großen Ocean ist in dieser Beziehung noch nicht sicher festgestellt. Nach der Tiefe nimmt die Schwere im Allgemeinen nicht zu, und nur die örtlichen Verhältnisse in den Eismeeren können hierin eine Ausnahme bewirken.

§. 54. Temperatur des Meeres

Um die Temperatur der Meere in ihrem Zusammenhange kennen zu lernen, muß auf die Wärme der darauf lagernden Luftschichten Rücksicht genommen, und ihr Verhältniß zu der Temperatur der Wasseroberfläche bestimmt werden. Die Ausdünstung des Wassers muß die Wärme der darüber liegenden Luft mindern; außerdem trägt sie dazu bei, daß die Verschiedenheiten in dem täglichen Gang der Wärme der gemäßigten Zone auf dem Ocean ganz wegfallen. So betragen in der Aequatorialzone des stillen Meeres die Veränderungen während eines Tages nur 1° und 1°,3; in der gemäßigten Zone des südatlantischen Oceans stieg die Differenz zwischen Maximum und Minimum eines Tages im März bis 6°,5, während auf dem Lande in gleicher Breite und Jahreszeit (Herbst) dieselbe das Doppelte und Dreifache des Werthes erreichen kann. An einem günstigeren Tage betrug sie in denselben Gegenden nur 1°,25 also nahe den Schwankungen des Tropenklimas. Ebenso sind die Temperaturdifferenzen zwischen den einzelnen Jahreszeiten auf dem Ocean in allen Zonen bedeutend kleiner als auf dem Lande, und fallen in dem Tropenklima zwischen so engen Grenzen zusammen, daß sie fast verschwinden.

Die Wärme des Meeres selbst ist im Durchschnitt stets größer als die der umgebenden Luft. In den Polarzonen scheint dieses Gesetz allgemeine Gültigkeit zu haben; in den gemäßigten Zonen finden einige Ausnahmen statt, und in den Tropengegenden haben es mehrere Beobachter ebenfalls vollkommen bestätigt gefunden, während andere das Gegentheil zu beweisen suchen. Es sind diese Beobachtungen um so schwieriger, weil die Differenz zwischen Luft- und Wasserwärme hier äußerst gering ist, und zu einer genauen Beobachtung ein ruhiges Meer gehört, d. h. sie muß an einer Stelle geschehen, an welcher keine Strömung stattfindet. Die Linie der größten Meereswärme, der oceanische Wärme-Aequator, ist nicht mit dem terrestrischen zusammenfallend, sondern liegt im atlantischen Ocean durchweg in der nördlichen Hemisphäre, schneidet im Großen unter c. 206° O. L. den terrestrischen Aequator und geht im Indischen unter 101° O. L. von Paris wieder auf die nördliche Hemisphäre über. Sein Verlauf, wie Temperatur-Angaben der Oberfläche sind auf der Tafel (No. I) der Isogeothermen eingetragen.

Man hat für die Schwankungen während eines Tages folgendes Gesetz gefunden: Morgens und Abends ist die Luft- und Wasserwärme nahe gleich, um Mittag erstere, um Mitternacht letztere jedoch etwas größer. Es läßt sich durch folgende Betrachtung sehr leicht erklären. Die Luft, als besserer Wärmeleiter, erwärmt sich während des Tages rascher als der Ocean, geht aber auch rascher durch Strahlung während der Nacht ihrer Wärme verlustig, da die schwerere kältere Luft nach unten sinkt ohne Ersatz zu bekommen. Der Ocean kühlt sich dagegen an seiner Oberfläche langsamer ab, und die durch Ausstrahlung kälter gewordenen Wassertheilchen sinken, um durch die wärmeren und daher leichteren von unten her ersetzt zu werden. Es wird dadurch seiner Oberfläche länger eine größere Temperatur bewahrt. Man hat gefunden, daß Untiefen die Wärme an der Oberfläche vermindern, und diese Erscheinung dadurch erklärt, daß die durch Strahlung erkalteten Wassertheile nicht tief genug sinken können, sich also mit der Oberfläche mehr vermischen und so den Schiffern oft ein Warnungszeichen drohender Gefahr werden. Die Temperatur des Wassers ist nicht an der Oberfläche und in verschiedenen Tiefen dieselbe; vielmehr haben die neueren Beobachtungen gelehrt, daß die Wärme nach der Tiefe abnimmt, ein Gesetz welches sich in allen Breiten bestätigt gefunden hat. Die Differenzen zwischen der Oberfläche und größeren Tiefen sind in den Polarregionen bedeutend geringer als in den Aequatorialgegenden, wie dies folgende Tabelle von Kämptz erläutert. Für eine Tiefe von 600′, in welcher die meisten Messungen angestellt sind, ergeben sich die Differenzen der Wärme folgendermaßen:

Unter Lat.	18° S.	15° S.	1° N.	9° N.	$13\frac{3}{4}$° N.	$28\frac{1}{2}$° N.	$36\frac{1}{2}$° N.
Thermom.	4°,8	4°,5	11°,3	17°,2	10°,2	7°,7	7°,7.

Zur Erklärung dieser Erscheinung hat man einen Strom kalten Wassers in der Tiefe angenommen, der von den Polen her nach dem Aequator fließt, und hier die Wassermengen ersetzt, die durch die starke Evaporation sich in Dampf verwandeln. Dafür spricht die Beobachtung, daß in den Binnenmeeren eine so große Abnahme der Temperatur nach unten nicht gefunden wird, weil hierher die unteren Polarströmungen nicht dringen können. Einzelne Beobachter fanden in gewissen Tiefen ein constantes Temperaturminimum, nach welchem eine Zunahme der Wärme eintrat, und führten diese Erscheinung auf heiße Quellen oder vulkanische Wirkungen zurück, eine Annahme, die um so weniger von der Hand zu weisen sein dürfte, als bei einer Tiefe von 5—600′ das Senkblei von Capt. Horner so heiß gefunden wurde, daß man es kaum mit der Hand berühren konnte.

Ein Sinken der Temperatur unter 0° wird auf dem Meere nur in den Polarregionen gefunden, wo es zu der Bildung der kolossalen Eisberge Anlaß giebt.

Der Salzgehalt des Meeres vermindert den Temperaturgrad der größten Dichtigkeit so wie den der Eisbildung. Letzterer tritt bei —2°,55, ersterer noch später bei 3°,67 C. ein, so daß man also die größte Dichtigkeit nur beobachten kann, wenn man bei der Erkältung des Meerwassers seine Eisbildung künstlich verhindert. Das Eis besteht auf dem Meere aber auch größtentheils aus süßem Wasser; der Salzgehalt wird bei der Eisbildung ausgeschieden, und nur ein sehr geringer Theil desselben bleibt mechanisch beigemengt; auf dies so noch theilweise unreine Eis fällt Schnee, der durch allmähliges Schmelzen und durch bald darauf erfolgtes Frieren sich zu ganz reinem Eis verwandelt und dann die obersten Flächen bedeckt. Durch diese Eigenschaft wird der Salzgehalt und daher auch die Dichtigkeit des flüssig bleibenden Wassers vergrößert, das nun in die Tiefe sinkt, und die oben erwähnte Ausnahme in der Dichtigkeits-Vertheilung im Meere hervorruft. Schmilzt das Eis wieder, so mischt sich dieses süße und leichtere Wasser mit den oberen Schichten und drückt daher Salzgehalt und Dichtigkeit daselbst herab, wie dies bereits früher (§. 52 und 53.) abweichend von der allgemeinen Regel betrachtet worden war. Im Ganzen gehört die Eisbildung in den Polarregionen zu den großartigsten Erscheinungen der Natur. Eisfelder von 3—400 Quadratmeilen Ausdehnung bedecken den Ocean so weit das Auge reicht und bewegen sich, einmal von ihrem Ausgangspunkt gelöst, nach Süden; treffen dabei von verschiedenen Seiten kommend Eismassen aneinander, so bersten sie mit furchtbarem Gekrach und der schwächere Theil trägt zur Vergrößerung des stärkeren bei, indem sich seine Trümmer an den Rändern des andern ansetzen und dieselben erhöhen. So können sich Berge von kolossalen Dimensionen und den abentheuerlichsten Gestalten bilden, welche die Verwunderung und zugleich ein Schaudern dem Beobachter entlocken, denn nicht selten begraben sie, bei plötzlichem Zusammenstürzen, den sich kühn zu nahe heranwagenden Seemann. Die höchsten und gefährlichsten dieser Berge zeigen sich vor Allem in der Baffinsbay, nicht fern vom Lande, wodurch die nicht unbegründete Ansicht entstanden ist, daß sie ihr Entstehen den Bächen und Flüssen des festen Landes zu verdanken haben; diese werden durch Eismassen gestaut, und durch unausgesetztes Zufließen vergrößern sie den natürlichen Damm fortwährend und bewegen ihn mehr und mehr dem Meere zu. Endlich wird er durch eigene Schwere oder durch allmählige Abschmelzung vom Lande getrennt, und, leichter als das umgebende Wasser, beginnt er, in demselben schwimmend, seine Reise nach Süden, erreicht aber auch auf derselben durch die zunehmende Wärme seinen eigenen Untergang.

Drittes Kapitel.

Störungen des Gleichgewichts des Meeres.

§. 55. Wellenbewegung.

Wenn der Wind den ruhigen Spiegel eines Wassers unter irgend einem größeren oder kleineren Winkel trifft, so drückt er die getroffenen Wassertheile unter das Niveau, während das dadurch seitwärts geschobene Wasser zu einer Erhöhung anschwillt. Es entsteht also eine Vertiefung, die Wellenrinne oder das Wellenthal, und eine Erhöhung, der Wellenberg. Durch seine Schwere strebt er wieder der Gleichgewichtslage zu, und fließt also zurück, ohne dieselbe jedoch herstellen zu können, da die störende Ursache fortwirkt, und gleichzeitig für die Wiederholung dieses Herganges sorgt. Auf diese Weise entsteht dies scheinbar pendelartige Hin- und Herschwingen der obersten Wassertheile, während mathematisch genau jedes derselben eine in sich geschlossene Curve beschreibt, die entweder ein Kreis oder eine Ellipse ist. Die ganze Erscheinung wird Wellenbewegung genannt. Die Größe dieser Bewegung hängt ganz von der Stärke der störenden Ursache ab. In seltenen Fällen erreicht die Höhe des Wellenberges im atlantischen Ocean 8′, während in der Ostsee dieselbe bis zu 10′ steigt; dabei entspricht die Tiefe des Wellenthales stets jener Höhe, es entsteht also eine Niveauverschiedenheit von der doppelten Stärke. Diese Bewegung erstreckt sich nur auf eine geringe Tiefe unter der Oberfläche, so daß bei 90′ niemals eine Bewegung statt findet, und die Perlenfischer bei den größten Stürmen ihrer Beschäftigung nachgehen. Die Form der Wellen hängt von der Tiefe und von der Größe der bewegten Wassermasse ab. Bei geringer Tiefe und Ausdehnung entsteht ein Widerstand auf dem Grunde und an der Küste, wodurch die Wellen kurz und gebrochen werden, während im entgegengesetzten Falle lange und breite Wellen entstehen, die durch größere Regelmäßigkeit für die Schifffahrt bei weitem angenehmer sind, als die ersteren. An flachen, niedrigen Küsten laufen die Wellen die geneigten Flächen hinauf, und werden dadurch in ihrer Kraft gebrochen, während an hohen Steilküsten dieselben durch den größeren Widerstand verstärkt werden, der ausreicht, in einzelnen

Fällen die zurückprallenden Wasser bis gegen 100′ hoch wieder emporzuschleudern.

(Klippen bei Helgoland; am Fels Pietra di Stromboli 300′.)

Es ist diese Erscheinung unter dem Namen **Brandung** bekannt. Die heftigste und unangenehmste Bewegung der Meeresoberfläche ist die sogenannte **hohle See**. Sie entsteht wenn ein starker Sturm zu toben aufgehört hat, und die jetzt erfolgte größere Ruhe der Atmosphäre nicht hinreicht, den Wasserspiegel zu ebnen; die Wellenberge werden dann spitzer, unregelmäßiger und höher, und versetzen jedes Schiff in eine so heftige rüttelnde Bewegung, daß es derselben bei längerer Dauer unterliegen kann. Ein vollständiger Gleichgewichtszustand der Oberfläche tritt auf dem Meere niemals ein; es herrscht bei der dauerndsten Windstille stets eine Bewegung, welche nur aus dem allmähligen Steigen und Fallen eines schwimmenden Körpers bemerkbar wird.

Auf die Oberfläche gegossenes Oel beschwichtigt die Wellenbewegung fast ganz, indem es sich sehr rasch ausdehnt und daher durch seine Zähigkeit dem Emporsteigen der Wellenberge einen genügenden Widerstand leistet, um die Höhe bedeutend zu verringern.

§. 56. Ebbe und Fluth. (Gezeiten)

Diese Erscheinung giebt sich durch ein periodisches Anschwellen des Wassers an den Küsten zu erkennen; dasselbe fließt während 6 Stunden dem Strande zu, bleibt auf der erlangten Höhe eine Zeit lang stehen und fließt während der nächsten 6 Stunden wieder dem Meere zu, um alternirend diese Bewegung zu wiederholen. Diesen Abfluß von der Küste nennt man **Ebbe**, den Zufluß **Fluth**, und es geht aus der Zeitdauer beider hervor, daß in 24 Stunden an ein und demselben Küstenorte zweimal Fluth und zweimal Ebbe eintreten muß. Diese Periode nennt man die **tägliche**.

Bei genauer Betrachtung jedoch ergiebt sich, daß die Zeit des Anfanges der Fluth und der Ebbe nicht an allen Tagen dieselbe ist, sondern täglich um 50 Minuten verspätet wird, daher kommt es, daß erst nach 30 Tagen (genauer 29 Tagen 12 Stunden 44 Minuten) dieselben wieder genau auf ihren ersten Anfangspunkt zurückkehren. Dieser Zeitraum wird die *monatliche Periode* genannt. Die Analogie mit der Bewegung des Mondes*) brachte sehr bald auf den Gedanken, daß der Trabant der Erde das periodische Anschwellen des Wassers hervorrufe, und schon Newton suchte dies durch seine Gravitationstheorie zu erläutern.

Mannigfache Unregelmäßigkeiten in dem ganzen Verlauf dieser Erscheinung machen die Erklärung nicht nur verwickelter, sondern lehren auch bald, daß ebenso wie der Mond, obgleich in einem geringeren Grade, die Sonne einen Einfluß ausübt; es bleiben daher durch nähere Begründung folgende zwei Schwierigkeiten zu heben: 1. warum täglich zwei Ebben und zwei Fluthen eintreten und 2. warum der Einfluß der Sonne geringer ist, als der des Mondes. Die Kraft der Gravitation besteht in dem Bestreben der Weltkörper, alle Gegenstände der Außenwelt ihrem Mittelpunkt zu nähern. Es ist bekannt, daß die Größe dieser Kraft in einem graden Verhältniß zu der Masse und in einem umgekehrten zu dem Quadrat der Entfernung steht.

Denkt man sich den ganzen Erdball von einer Wassermasse gleichmäßig umhüllt, so wird sich die Anziehung des Mondes auf dieselbe in folgender Art zu erkennen geben. Der dem Monde zunächst liegende Punkt *a* wird am stärksten angezogen, und es muß die dort befindliche Wassermasse dem Monde sich nähern, also von *a* nach *a,* vorrücken. Die Punkte *b*, *m* und *c*, als nahe gleich weit vom Monde entfernt, werden auch von einer gleich großen, aber geringeren Kraft angezogen, als die ist, die auf *a* wirkte, sie werden sich also weniger dem Monde nähern als *a*; dasselbe gilt je nach ihrer Entfernung von allen Punkten in dem Halbkreis *cab*. Der

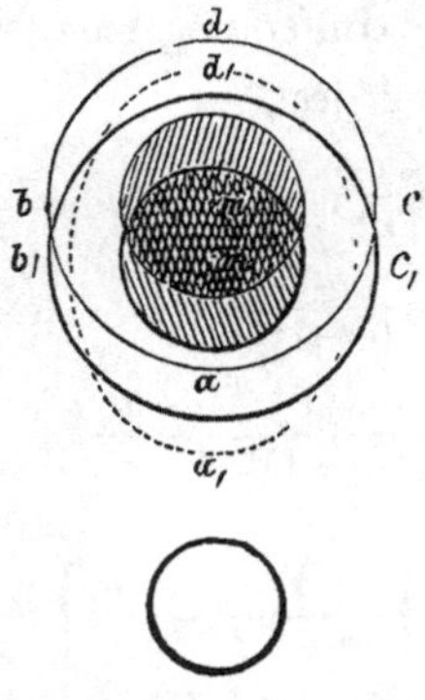

Punkt *d*, als der entfernteste, wird die geringste Anziehung erfahren,

*) Der Mond culminirt an einem bestimmten Orte nicht nach 24 Stunden wieder, wie die Sonne, sondern erst nach 24 Stunden und 50 Minuten, braucht also zu seinem scheinbaren Lauf um die Erde beinahe 25 Stunden Diese Verspätung erklärt sich dadurch, daß der Mond, wenn die Erde sich einmal in 24 Stunden um die Achse gedreht hat, während dieser Zeit fortgerückt ist, und die Erde

sich also auch am wenigsten von seiner ursprünglichen Lage entfernen, ebenso wie sämmtliche andere Punkte des Halbkreises *bdc*.

Sämmtliche festen Theile der Erde, als über einander nicht verschiebbar, geben der Anziehung nach, die auf ihren Mittelpunkt wirkt, rücken also um eben so viel dem Monde näher, wie *b* und *c*; es wird daher *a* und *d* sich weiter von *m* entfernt haben als in ihrer ursprünglichen Lage, oder mit anderen Worten, es wird an beiden Punkten eine Anschwellung des Wassers entstehen, oder Fluth sein, während an den 90° davon entfernten gleichzeitig Ebbe ist. Bei der 24stündigen Umdrehungszeit der Erde um ihre Achse wird daher jeder Punkt täglich zweimal in der angedeuteten Weise von seiner Anziehungskraft afficirt werden, und zweimal Ebbe und Fluth haben. Die Sonne wirkt in derselben Art und Weise auf die Erde, nur mit einer geringeren Kraft. Aus der obigen, durch die Figur erläuterten Beweisführung geht hervor, daß die flutherzeugende Kraft der Sonne oder des Mondes gleich ist der Differenz der Kräfte, die auf den Mittelpunkt und auf einen Punkt der Oberfläche wirken. Da die anziehenden Kräfte sich verhalten grade wie die Massen, und umgekehrt wie die Quadrate der Entfernung, so ist, wenn man die Masse des anziehenden Körpers mit *a*, die Entfernung vom Erdmittelpunkt mit *r* und den Erdradius . . $= 1$ setzt,

die Kraft auf dem Mittelpunkt der Erde $= \frac{a}{r^2}$,

die Kraft auf einem Punkt der Erdoberfläche $= \frac{a}{(r-1)^2}$,

also die flutherzeugende Kraft an diesem Punkte $= \frac{a}{(r-1)^2} - \frac{a}{r^2}$,

und es verhält sich:

flutherzeugende Kraft : ganzen Kraft . . $= \left[\frac{a}{(r-1)^2} - \frac{a}{r^2}\right] : \frac{a}{r^2}$,

$$= r^2 - (r-1)^2 : (r-1)^2,$$

$$= 2r + 1 : r^2 - 2r + 1,$$

---

nun noch 50 Minuten bedarf, ehe ein bestimmter Ort den Mond wieder in den Meridian bekommt. Es verhalten sich also Erde und Mond wie die Zeiger einer Uhr. Wenn dieselben um 12 Uhr über einander stehen, und der Minutenzeiger eine Umdrehung gemacht hat, so ist der Stundenzeiger fortgerückt, und jener braucht noch $5\frac{5}{11}$ Minuten, um diesen wieder einzuholen.

und da 1 in Bezug auf r verschwindend ist:

$$= 1 : \frac{r}{2} - 1.$$

oder aus demselben Grunde . . . . . $= 1 : \frac{r}{2}$.

Setzt man dafür die Werthe, r bei der Sonne = 24000, beim Monde 60 Erdhalbmesser, so erhält man:

die flutherzeugende Kraft zur ganzen Kraft $= 1 : 12000$

$= \frac{1}{12000} : 1$ bei der Sonne; und ebenso . . . . $= \frac{1}{30} : 1$ bei dem Monde.

Die ganze anziehende Kraft der Sonne verhält sich aber zu der des Mondes . . . . $= 160 : 1$,

denn da die Masse der Sonne . . . $= 354500$,

die des Mondes . . . . $= \frac{1}{76}$ Erdkugel ist, so verhält sich:

1. Anziehungskraft der Sonne : Anziehungskraft des Mondes . . . $= 354500 : \frac{1}{76}$

2. . . . . $= \frac{1}{24000^2} : \frac{1}{60^2}$

also . . . . $= \frac{354500}{24000^2} : \frac{1}{76} \times \frac{1}{60^2}$;

daher ungefähr . . . . $= 160 : 1$

also ist die flutherzeugende Kraft der Sonne $= \frac{160}{12000}$,

des Mondes . . . . $= \frac{1}{30}$,

daher die flutherzeugende Kraft der Sonne:

der des Mondes . . . . $= 2 : 5$.

Es bleibt nur noch zu erläutern, wie sich Mond- und Sonnen-Fluthen zusammensetzen. Da nämlich Sonne und Mond ihre Stellung zu einander wechseln, so wird auch der Effect der Anziehung ein verschiedener sein. Stehen Sonne, Mond und Erde in einer Linie, wie bei Voll- und Neumond, so werden sich ihre beiderseitigen Anziehungskräfte zusammensetzen, und die Wirkung vergrößern. Es entsteht die sogenannte Springfluth. Steht Sonne, Mond und Erde dagegen in der Quadratur, wie bei dem ersten und dritten Viertel, so heben sie sich gegenseitig in ihren Wirkungen auf. Es entsteht die sogenannte Nippfluth. Die Uebergänge sind natürlich von der Spring- zur Nippfluth und umgekehrt allmählig, denn die Sonne hält genau eine 24stündige tägliche Periode inne, während der Mond beinahe 25 Stunden, wie oben erläutert, braucht. Wenn Sonnen- und Mondfluth also an einem Tage um 12 Uhr gleichzeitig waren, so tritt am nächsten die erstere wieder um 12 Uhr, die zweite um 1 Uhr ein, beide Fluthen fallen nicht mehr auf einander, die Totalwirkung ist also geringer. Nach 7 Tagen fluthet der Mond um 6 Uhr, die Sonne immer noch um 12 Uhr, es trifft also Mondfluth mit Sonnenebbe zusammen, d. h. es entsteht die Nippfluth; nach 14 Tagen tritt wieder die Springfluth ein, und so wiederholt sich die Erscheinung. Die Größe der Sonnenfluth beträgt im Durchschnitt 2′, die der Mondfluth 5′, also ist die Springfluth 7′ und die Nippfluth 3′ hoch. Es gelten diese Größen aber nicht für alle Theile der Erde, denn abstrahirt von den localen Unregelmäßigkeiten sind Ebbe und Fluth in den Aequatorialgegenden am stärksten, und nehmen nach den Polen zu in einem Maaße ab, daß sie unter 65° Breite fast nicht mehr merklich sind. Wie bekannt, ist nämlich die Erdbahn gegen die Ebenen des Aequators 23½°, die Mondbahn 28° geneigt, es stehen also beide Gestirne stets innerhalb jenes Gürtels, und es werden daher auch hier die Wirkungen am größten sein. Dazu treten noch die, durch die elliptischen Bahnen hervorgebrachten Unterschiede der Sonnen- und Mond-Nähe oder Ferne, es treffen daher unter dem Aequator während der Syzygien zur Zeit der Tag- und Nachtgleiche fast alle Umstände vereint auf, um die bedeutendste Wirkung hervorzurufen, denn es befindet sich zu dieser Zeit der Mond, als die hauptsächlichste Ursache dieser Erscheinung in der Erdnähe, und Sonne und Mond stehen vereint über dem Aequator.

Das ganze Phänomen wird dadurch um so complicirter, als wegen der Trägheit der Materie das wahre Hochwasser etwa erst 2—3 Stunden nach der Culmination des Mondes über dem Orte eintritt, ebenso wie die Springfluth auch erst 2—3 Tage nach den Syzygien entsteht. Solche Abweichungen werden später noch viele angeführt werden, wie z. B. die größere Wärme des Tages nicht mit der Culmination der Sonne, und der heißeste Monat nicht mit dem Sommersolstitium zusammenfällt, sondern beide erst später auftreten; bei der bisherigen Betrachtung war die Erde als vollständig mit Wasser überdeckt angenommen, um die Begründung der Erscheinung zu erleichtern; es übt jedoch das Festland auf dieselbe einen sehr wesentlichen Einfluß aus, der in den oben angegebenen Höhen sich schon geltend gemacht hat; es wird derselbe hier kurz angedeutet werden.

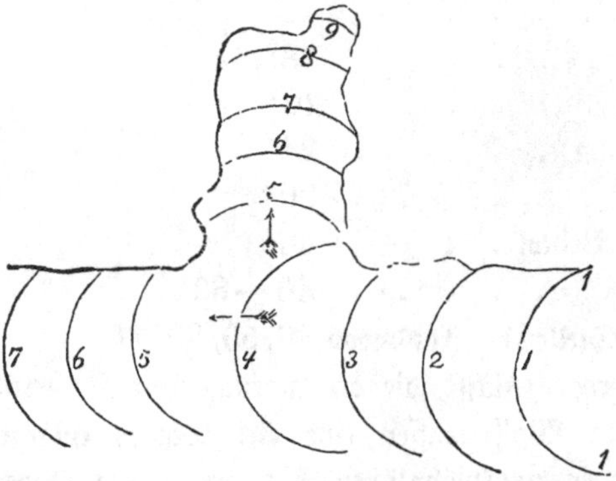

Die Fluthwelle folgt in der mehr oceanischen südlichen Hemisphäre dem Laufe des Mondes, pflanzt sich also von O. nach W. fort. Trifft sie auf ihrem Wege eine seitwärts gelegene offene busenförmige Erweiterung des Meeres, so wird sie in dieselbe eindringen, aber mit einer Ablenkung, die beinahe rechtwinklich zu der von der Hauptwelle fortgesetzten Richtung ist. Solche Ablenkungen heißen die secundären Fluthwellen. Inseln werden ebenfalls Beugungserscheinungen der Welle hervorrufen, die sich aber gewöhnlich bald nachher wieder ausgleichen. Tritt Festland einer solchen andringenden Fluthwelle in größerer Ausdehnung entgegen, wie alle Ostküsten der Continente, so wird die Wassermasse dadurch gestaut, und solche Küsten haben eine größere Fluth als Westküsten, wie die ganze Ostküste America's beweist. Die Kraft der Fluth wird dann noch vermehrt, wenn sie mit Ostwinden gemeinschaftlich gegen eine solche Küste anströmt, die dann häufig ein Zurückströmen der Fluth verhindern, und so Ursache sein können, daß während 24 Stunden nur 1 Fluth und 1 Ebbe stattfindet (Südküste von Vandiemensland, ostindischer Archipel). Wenn Fluthwellen in enge, nach Osten größere Bogen eindringen, und ihrem Wasser der Rücktritt durch locale Umstände erschwert oder verzögert wird, so erreichen sie eine bei weitem größere Höhe als sie unter irgend welchen andern Umständen erreichen können. Die Fundybay giebt davon ein treffendes Beispiel. Folgende Beobachtungen mögen genügen, um die Verschiedenheit in der Höhe zu beweisen.

Mississippi-Mündung	1½′
Richmond	4′
New-York	5′
Azoren	5—8′
Canarische Inseln	7—8′
Plymouth	18′
Brest	18′
Cherbourg	20′
St. Johns-Strom	24′
Amazonenstrom	30′
am Severn bei Bristol	40′
St. Malo	46—60′
an verschiedenen Stellen der Fundybay	30, 50, 60, 71′.

Die Mündungen großer Flüsse, die der andringenden Fluthwelle durch ihre ausströmenden Wassermassen eine Art Damm entgegen stellen, sind Ursachen einer ungewöhnlichen Steigerung des Widerstandes, so daß die Fluth zu einer höchst gefährlichen Höhe, und meist plötzlich anschwillt. Ein Beispiel liefert der Amazonenstrom, in dessen Bette die Fluth oft nur 2 Minuten nach der Ebbe in einer Höhe von 30′ plötzlich eindringt, und so mit fürchterlichem Gebrause, einer beweglichen Wassermauer gleich, Alles vernichtet, was ihrem Lauf sich entgegenstellt. Bei ihrem Rücktritt in den Ocean nimmt sie alle festen Theile des Stromes in denselben mit, verhindert also nicht nur die Bildung von Delta's, sondern erzeugt sogar negative. Ein Fluß kann daher nur Delta's bilden, wenn er, wie später (§. 70. u. 71.) näher erörtert werden soll, in Meere mündet, die keine Ebbe und Fluth haben. Alle Binnenmeere zeigen diese Erscheinung deshalb nicht, weil ihre Wasserfläche zu gering ist, und die

Küsten zu nahe einander liegen, als daß der Anziehung des Mondes folgend, an der einen Stelle das Wasser steigen, an der anderen fallen könnte. Die Kraft des Erdtrabanten kann sich nur auf die ganze Fläche dergestalt äußern, daß sie entweder gemeinschaftlich steigt, oder fällt. Gar keine Fluth zeigt z. B. die Ostsee, während das mittelländische Meer, auch hier eine Ausnahme machend, dieselbe wenn auch nur in sehr schwachem Grade besitzt. Die durch die Azoren und kanarischen Inseln bereits abgelenkten Fluthenwellen des atlantischen Oceans senden eine secundäre Welle in das Mittelmeer, die dort eine Fluth bei der günstigsten Constellation von Sonne und Mond in der Höhe von 2 Fuß hervorbringt.

§. 57. Wirbel.

Wenn Fluthenmassen in engen Kanälen und zwischen Inseln eingeengt sind, und auf submarine Klippen stoßen, so entsteht eine wirbelnde Bewegung, die unter dem Namen Meeresstrudel bekannt ist. Die Erscheinung wird durch Wiederkehren der Gezeiten, und durch herrschende Winde sehr verwickelt; die vor- und rückfließenden Wasser treiben mit großer Heftigkeit unaufhörlich gegen einander, und bilden so einen dauernden und raschen Wechsel zwischen Ebbe und Fluth. So soll z. B. in der Straße von Messina (Scylla und Charybdis) an einem Tage 11 — 14 mal Ebbe und Fluth rasch auf einander gefolgt sein; besonders häufig treten solche Strudel an steilen, und vielfach eingeschnittenen Küsten auf, wie z. B. an der zerrissenen Küste von Norwegen, im Lofodden-Archipel, an den Faröer-Inseln, dem Bothnischen Meerbusen und anderen.

§. 58. Strömungen.

Von den vorübergehenden und vom Winde abhängigen, so wie von den regelmäßigen und periodischen Störungen des Gleichgewichtes des Meeres ist die dritte durch ihre Permanenz und durch den großartigen Einfluß auf Klima und Kultur der Länder und Völker besonders wichtige Erscheinung wohl zu unterscheiden, die unter dem Namen Strömungen des Meeres allgemein bekannt ist. Die Ursachen zu diesem großartigen Phänomen sind der mannigfaltigsten Art. Die oceanischen Wasser können entweder durch einen äußeren Stoß, oder durch eine Verschiedenheit in der Wärme und dem Salzgehalt, oder durch das periodische Schmelzen des Polareises, oder endlich durch eine unter verschiedenen Breiten ungleich erfolgende Evaporation in Bewegung gesetzt werden. Die Ursachen der einzelnen Strömungen sind nun nicht etwa die eine oder die andere der angegebenen, sondern es setzen sich dieselben in den verschiedensten Combinationen zusammen, und sind in einzelnen Fällen deshalb oft schwer zu bestimmen. Die Wärme bildet hier, wie in fast allen physikalischen Prozessen auf unserer Erdoberfläche eine der thätigsten Ursachen, indem sie theils mittelbar auf die Bewegungen der Atmosphäre wirkt, welche dann die Wasserfläche in Bewegung setzen, theils unmittelbar, indem sie unter den Tropen eine größere Verdunstung der Wassermasse hervorbringt, die von den gemäßigteren Klimaten wieder ersetzt wird. Wäre die Erde ganz von Wasser umgeben, so würde dieser Prozeß in seiner ganzen Reinheit auftreten. Es strömten alsdann zur Herstellung des Gleichgewichts die Wasser der Polarregionen den Aequatorialgegenden zu, um die durch Verdunstung hier verloren gegangene Wassermenge zu ersetzen und würden durch die Rotation der Erde nach Westen abgelenkt. Daraus müßte nothwendiger Weise zu beiden Seiten des Aequators ein Strom von O. nach W. entstehen, der unaufhörlich die Erde umkreiste. Das Phänomen tritt aber in dieser Einfachheit der vielfachen Ablenkung wegen, die es durch die Küstengestaltung erfährt, nicht auf, es wird daher die einzelne Darlegung der verschiedenen Meeresströmungen den folgenden Paragraphen ausfüllen, vorher muß jedoch auf zwei verschiedene Arten derselben aufmerksam gemacht werden. Man unterscheidet nämlich Driftstrom von Seestrom und versteht unter ersterem den Effect des Windes auf die Oberfläche des Wassers, während unter letzterem die, durch verschiedene der oben genannten Ursachen in einem Bett versammelten Wassermassen verstanden werden, die sich wie ein großer Fluß im Ocean in einer bestimmten Richtung fortsetzen. Die Bewegung des Driftstromes ist daher stets nur langsam, ausschließlich in der Richtung der herrschenden Winde und nur auf eine geringe Ausdehnung in die Tiefe beschränkt. Der Seestrom dagegen fließt mit einer Geschwindigkeit, welche die der schiffbaren Flüsse des Festlandes noch häufig übertrifft; hat eine Tiefe von 250 – 300′, ist daher auch bald aufgehalten, bald abgelenkt von Sandbänken und Untiefen, und erreicht eine Breite von 50 — 250 Meilen Ausdehnung, auf welche Winde nicht ablenkend einzuwirken vermögen.

§. 59. Geographische Vertheilung der Strömungen. (Tafel No. V.)

1. Der atlantische Ocean und das nördliche Eismeer.

Der erste Impuls zu den vielverzweigten Strömungen des atlantischen Oceans liegt im indischen Meer, von wo aus, um das Cap der guten Hoffnung herum, er Veranlassung wird zu einer langgegliederten Kette von Bewegungen, die fast alle Theile der Küsten jenes Oceans berühren.

Den Anfang dieser Kette bildet am Cap der guten Hoffnung die südatlantische Strömung, die parallel mit der Westküste von Africa sich nördlich bis zum Wendekreis des Steinbocks fortsetzt, und von da als eine schwächere Drift ($4\frac{3}{4}$ Meilen in 24 Stunden) sich bis zur Zaire-Mündung hinzieht. Hier wird sie ein mächtiger Meeresstrom, der unter dem Namen Aequatorial-Strömung zu beiden Seiten des Gleichers von Osten nach Westen fließt (15 Meilen in 24 Stunden und mehr), etwa unter 30° W.L. von Paris einen sehr breiten, sich unter 20° N.B. in der Mitte des atlantischen Oceans schwach verlaufenden Arm in nordwestlicher Richtung entsendet, und die Ostküste von America am Cap Roque trifft. Hier theilt er sich in zwei Hälften, von denen die eine gegen Süden längs der brasilianischen Küste zieht, die andere gegen W.N.W. an der Guiana-Küste vorbei durch die Antillen ins Caraibische Meer tritt. Im nördlichen atlantischen Ocean fließt eine Driftströmung, die durch den herrschenden Nordost-Wind (Passate siehe §. 124.) in dieser Richtung erzeugt wird, und durch die Antillen ebenfalls ins caraibische Meer tritt. Mit dem Aequatorialstrom vereint erfolgt hier eine fast allgemeine Bewegung nach W., die sich durch die Straße von Yucatan in dem mexicanischen Golf fortsetzt, nachdem sie vorher an der Mosquitoküste einen Gegenstrom erzeugt hat, der zuerst nach S., und dann nach O. längs der Küste zurückkehrt. Von der

Straße von Yucatan an beschreiben die in den mexicanischen Busen einströmenden Wasser einen Kreislauf um die ganze Küste, bei Vera Cruz und der Missisippi-Mündung vorbei bis zum Westende der Insel Cuba, von wo ab der Strom den Namen Golf- oder Floridastrom erhält.

Dieser Strom fließt durch die enge Straße von Florida zuerst gegen O., dann wendet er sich parallel der Küste gegen N. und erreicht in dieser Richtung bis zum 31° N.B. eine Geschwindigkeit, die an einzelnen Stellen bis 30 Meilen in 24 Stunden steigt, während sie im Durchschnitt 15—18 Meilen beträgt. Von hier aus, sich gegen N.O. wendend, bleibt er in dem bisherigen schmalen Bett längs der Küste bis zum Cap Hatterat, dann, sich ziemlich rasch erweiternd, wächst seine Breite bis 150 Meilen, bei einer Hauptrichtung gegen O., in welcher er die Neufoundlandsbank an ihrer südlichen Spitze berührend, die Mitte des atlantischen Oceans und die Fukusbank von Corvo und Flores erreicht. Hier wird er von Polarströmungen erst in eine südöstliche, dann in eine südliche Richtung gedrängt, in welcher er mit einer Geschwindigkeit von nur noch 9 Meilen in 24 Stunden sich im offenen Ocean verliert und mit der Driftströmung des N.O.-Passats sich vermengt. Bei großer Wasserfülle hat er oft schon dieses sein gewöhnliches Bett überstiegen und nach Osten bis an die Küsten von Europa von Spanien bis Irland verlängert. Längs seinen beiden Seiten hat der Golfstrom Gegenströmungen, von denen die südliche, oceanische in der Richtung gegen S.W. fließend, an seiner Seite bis in die Gegend der Bahama-Inseln bleibt, dann längs dieser Inselreihe sich fortsetzend, endlich durch die Windwart- und Mona-Passage ins Caraibische Meer tritt. Die, den Golfstrom ablenkende Polarströmung stammt aus dem nördlichen Eismeere, in welchem einerseits von den nördlichen Gestaden Asiens sich ein Strom gegen Spitzbergen und von da in dem Kanal zwischen Grönland und Island nach S. bewegt, während andererseits von den Nordküsten Americas ein östlicher Strom durch die Davisstraße und von der Hudsonsbay herabkommt, und sich an der Südspitze von Grönland mit dem ersten vereinigt, um seine kalten

Wasser östlich von der Neufoundlandsbank*) vorbei bis in den Golfstrom zu tragen. Andererseits treiben Theile der beiden oben genannten nördlichen Ströme als die nordatlantische Driftströmung gegen die Küsten Islands und Norwegens, die in der sogenannten Rennell-Strömung eine Abtheilung bildet, welche die Nordküste Spaniens und die französische Westküste bespült, und sich in der Südwestspitze von England wieder mit der nordatlantischen Drift vereinigt. Die nordafricanische Strömung entsteht aus einer Wasseranhäufung der nordatlantischen Drift zwischen Spanien und den Azoren, und bewegt sich, ans Mittelmeer einen Seitenarm abgebend, mit einer Geschwindigkeit von 6 Meilen in 24 Stunden nach Süden, längs der africanischen Küste unter dem Namen Guinea-Strom in den Busen von Guinea, wo er sich erst zwischen der Küste und dem Aequatorialstrom befindend, endlich mit diesem vermischt.

Der am Cap Roque sich trennende südliche Arm des Aequatorialstroms fließt unter dem Namen brasilische Strömung mit einer Geschwindigkeit von 5 Meilen in 24 Stunden bis über den Wendekreis des Steinbocks und wird durch die schwache Driftströmung des S.O.-Passats verstärkt. Durch die vom Cap Hoorn kommende südliche Polarströmung ebenso wie durch die sich aus dem La Plata ergießenden Wasser wird die brasilische

*) Die Neufoundlandsbank liegt also grade da, wo sich beide Ströme treffen und also gegenseitig ihre Kraft vermindert wird. Außerdem stoßen hier noch die, sich in das Meer ergießenden Wasser des Lorenzstromes hinzu, und dieser sowohl, wie der Golfstrom dürften dadurch zu der Bildung der Neufoundlandsbank beigetragen haben, indem sie ihre bis dahin mitgeführten Geschiebmassen absetzen. Es scheint, wenn man die Tausende von Jahren, in welchen dieser Proceß vor sich geht, berücksichtigt, nicht nöthig, sogar bei diesem sehr großen submarinen Tafellande, seine Zuflucht zu einer vulcanischen Hebung zu nehmen, da der Golfstrom bei seiner großen Geschwindigkeit die Geschiebe so vieler Flüsse mit fortnehmen muß, die durch den eigenen Meeressand bedeutend vermehrt werden. Die ganze zusammenhängende Reihe von Untiefen bis zur Mississippi-Mündung kann auf diesem Wege gebildet worden sein, da zwischen dem Continent und dem Golfstrom durch einen Gegenstrom seine Kraft an der Seite bedeutend geschwächt wird. Daß die Neufoundlandsbank nicht mehr ganz im Golfstrom liegt, könnte eben nur zeigen, daß er selbst durch seine Gebilde nach Süden allmählig abgelenkt wurde und der Vereinigungspunkt mit dem Polarstrom ehemals grade über der Bank statt fand.

Strömung gegen Osten abgelenkt, und bildet so die südliche Verbindungsströmung, welche ihre Wasser theils der südatlantischen Strömung giebt, damit sie von Neuem den Kreislauf antreten kann, theils südlich vom Cap der guten Hoffnung in das indische Meer führt.

2 Strömungen des großen Oceans.

Die Bewegungen der Wassermassen sind in diesem Becken bei weitem regelmäßiger und dem ursprünglichen Zustande ähnlicher. Aequatorial- und Polarströmungen treten hier in größerer Reinheit und Einfachheit auf. Die südliche Polarströmung trifft unter dem Namen antarktische Driftströmung etwa unter 40° S.B. die Westküsten Südamericas und theilt sich hier in zwei Theile, wovon der eine südlich um das Cap Hoorn als Hoorner Strömung in den atlantischen Ocean tritt, der andere sich nördlich wendet als Peruanische oder Humboldts-Strömung, bei den Küsten von Chile und Peru vorüber fließt und sich etwa unter dem Aequator westlich in die Aequatorialströmung ergießt. Dieser breite Strom dehnt sich noch einige Grade über beide Wendekreise aus, und erreicht mit seinen nördlichsten Theilen in westlicher Richtung die Küste von Asien in der Gegend der Inseln Luzon und Formosa. Seine südliche Hälfte wird theils von den neuen Hebriden, auf welche sie grade stößt, theils von den dort herrschenden S.O. Winden genöthigt eine nordwestliche Richtung anzunehmen, und setzt sich in dieser als Rossels Driftströmung fort. Zwischen dem Aequator und dem Archipelagus der Karolinen herrschen abwechselnde Winde, d. h. sie wehen vom April bis October von W. nach O., vom October bis April von O. nach W. (siehe Monsune §. 125.) und nöthigen den Aequatorialstrom hier seine Westströmung nach jenen Winden in eine alternirende W.- und. O.-Strömung zu verwandeln, die der Karolinische Monsunstrom genannt wird. Der Aequatorialstrom hat übrigens in seiner ganzen Ausdehnung nicht stets eine constante Westrichtung, sondern zeigt nicht selten Verschlingungen östlicher Stromgänge, deren Ursache noch nicht hinlänglich erforscht ist. In seiner östlichen Hälfte, nördlich vom Aequator ist die Beständigkeit einer solchen Ostströmung erwiesen, und es hat dieselbe daher den Namen nordäquatoriale Gegenströmung erhalten. Die neueren Beobachtungen bestätigen im Allgemeinen das Dasein einer Driftströmung in dem nördlichen Theil des großen Oceans, welche die Wasser von Asien in nordöstlicher Richtung mit einer geringen Geschwindigkeit nach America führt, sich hier südlich von Nutka in zwei Hälften theilt und bald nach Norden bald nach Süden wendet. Es ist diese Drift unter dem Namen Nord-Pacifische Driftströmung bekannt. An der Westküste von Central-America innerhalb der Tropen herrscht eine periodische Strömung, mit den Winden correspondirend, die vom Mai bis December nach dem Wendekreis des Krebses zu, vom December bis April in umgekehrter Richtung fließt, und Mexikanische Küstenströmung genannt wird. Vom nördlichen Eismeer tritt keine Polarströmung in den großen Ocean, eine Erscheinung, die wahrscheinlich in der geringen Tiefe des Eismeeres nördlich von der Behringsstraße ihren Grund hat; es deuten vielmehr alle Beobachtungen dahin, daß aus dem großen Ocean eine Strömung in umgekehrter Richtung stattfindet, und längs der Nordküste von America gegen O. fortsetzt. Ebenso haben mehrere Beobachter auf der Ostseite von Japan in den Monaten Juli, September, October und November einen constanten Strom in der N.O.-Richtung gefunden, dessen Geschwindigkeit mit der Annäherung an das Land zunahm. In dem südlichen Theile des großen Oceans herrscht eine Polarströmung, wie die bereits erwähnte antarktische Driftströmung fast allgemein in N.O.-Richtung vor, und trifft diese die West- und Südküste von Australien, wie die Südküste von Vandiemens Land und Neuseeland. Dagegen bewegt sich längs der Ostküste von Australien ein periodischer Strom, während des Winters gegen Süden, während des Sommers gegen Norden.

3. Strömungen des indischen Meeres.

Der Parallel von 10° S.B. theilt den indischen Ocean in zwei Hälften, in denen verschiedene Systeme von Strömungen herrschen. In der nördlichen Hälfte dieses Oceans herrschen periodische, von den Winden (siehe Monsune §. 125.) abhängige Strömungen, und zwar vom April bis October nördlich vom Aequator in S.W.-, südlich vom Aequator in S.O.-Richtung, während vom October bis April die Strömungen in umgekehrter Ordnung fließen, also südlich vom Aequator in N.W.-, nördlich von demselben in N.O.-Richtung. An den Küsten werden mannigfache Ablenkungen hervorgebracht, die von der localen Gestaltung derselben abhängen. In der südlichen Hälfte des Meeres herrscht von dem constanten Winde getrieben eine S.O.-Drift, die an den Küsten von Australien breit ist und langsam fließt, aber gegen Madagaskar zu, in ein schmales Bett tritt, ihre Geschwindigkeit vergrößert und um das Cap Ambre herum in den Kanal von Mozambique tritt, um die Mozambiquer Strömung zu bilden. Diese strömt mit einer Geschwindigkeit von 30 Ml. in 24 St. bis zu Cap Pardron und wird hier durch eine von der Südspitze Madagaskars kommende Strömung verstärkt, mit welcher vereint sie dem Cap der guten Hoffnung als Cap-Strom zufließt. Durch die Nadelbank südlich etwas abgelenkt, theilt sich dieser Strom, geht sowohl nach W. weiter, um den Anstoß zur südatlantischen Strömung zu geben, als er auch, aufgehalten durch herrschende N.W.-Winde, nach Süden wieder umbiegt und, vermehrt durch die südatlantische Verbindungsströmung, als rücklaufende Strömung in das indische Meer zurückkehrt, wo er als eine schwache Driftströmung verschwindet.

Zweiter Abschnitt.

Die Wasser des Festlandes.

§. 60. Eintheilung.

Die ersten Anfänge aller auf dem Festlande sich bewegenden Wassermassen und besonders die Theile derselben, welche freiwillig an die Oberfläche treten, heißen Quellen. Sie haben ihren Anfang meistens an den höher gelegenen Punkten des Landes, und ziehen sich dem Gesetz der Schwere folgend, stets den tiefer gelegenen zu. Auf ihrem Wege vereinigen sie sich fortdauernd mit mehr und mehr ihres Gleichen; es werden Bäche, Flüsse, Ströme aus ihnen, die dann ihre oft zu erstaunlicher Fülle angewachsene Wassermasse meist in das Meer ergießen. So, weit verzweigt, bedecken sie das ganze Land und sind nicht unpassend mit den Adern eines organischen Geschöpfes verglichen worden. Aber nicht alles Wasser nimmt an diesem allgemeinen Zuge nach dem Meere Theil. Es giebt tiefe Stellen auf dem Festland, die so ringsum von steilen Wänden eingeschlossen sind, daß die darin sich befindenden Wassermassen keinen Abfluß erhalten können. Sie zeichnen sich also von den eben erwähnten Gewässern durch ihre Ruhe und Abgeschiedenheit aus und wenngleich dieselbe in vielen Fällen durch Flüsse, die ihren Weg nach dem Meere durch sie nehmen, gestört wird, so bietet ihre Oberfläche, den Character des Meeres nachahmend, doch das Bild einer wagerechten, stets im Gleichgewicht bleibenden Ebene dar, deren leicht sich kräuselnde Wellen den allgemeinen Eindruck nicht stören. Es gehören zu diesen stehenden Gewässern des Festlandes die Landseen, sowie die Teiche, Sümpfe, Moräste.

Erstes Kapitel.

Von den Quellen.

§ 61. Ursprung der Quellen.

Der Name „Quelle" für den vorhin gegebenen Begriff ändert sich in manchen Gegenden, und wird wohl durch Spring oder Brunnen ersetzt. Wenn im gemeinen Leben unter letzterem nur diejenigen Quellen verstanden werden, bei denen durch künstliche Mittel (Bohren, Graben) ihr Austreten an die Oberfläche bewirkt ist, so hat dies eben durchaus keine Bedeutung für die Wissenschaft, der es völlig interesselos sein muß, ob der Quelle auf ihrem Wege ans Tageslicht durch eine künstliche Oeffnung zuvorgekommen wird oder nicht. Zudem ist der Ausdruck „Brunnen" auch häufig genug für freiwillig austretende-Wasser angewendet, wie z. B. Elbbrunnen, Mainbrunnen, oder in anderem Sinne Sauerbrunnen u. s. w.

Die Frage: „woher das Wasser der Quellen komme", ist zu allen Zeiten als eine der natürlichsten von den Naturforschern aufgeworfen worden; ihre Beantwortung hat jedoch bis in die neusten Zeiten zu den abweichendsten Theorien Veranlassung gegeben, während die einfachste und naturgemäßeste stets neuen Zweifeln unterlag.

Es kann hier nicht Zweck sein die zahlreichen Ansichten darüber zu erörtern, es genüge eine begründete Darstellung der heute allgemein für richtig anerkannten Entstehung der Quellen. Im vorigen Abschnitt ist bereits erörtert daß durch fortwährende Einwirkung der wärmenden Sonnenstrahlen auf die Oberfläche des Meeres, dasselbe einer dauernden Verdunstung ausgesetzt ist. In Gestalt von Dampf steigen Wassermassen um so leichter zu beträchtlichen Höhen empor, als die unteren Luftschichten schwerer sind, ihn daher ungehindert schnell hindurch lassen. Die oberen Schichten der Luft sind aber kälter, und der in Gasform unsichtbar aufgestiegene Wasserdampf condensirt sich zu kleinen Dunstbläschen, die nun sichtbar zu Nebel oder Wolken zusammentreten. Durch die stets im Luftraum herrschenden Strömungen (Winde) werden sie nun leicht über Continente getrieben, auf denen sie, je nach den Bedingungen zu ihrer Bildung als Regen (§. 117.), Schnee (§. 117.) u. s. w. herabfallen. Ein Theil dieser Wassermenge, der nicht schnell genug einziehen kann, verdunstet wieder, um denselben Prozeß zum zweitenmale durchzumachen, während der andre von der stets porösen Erde eingesaugt wird und in derselben so tief niedersinkt, bis er auf ein festes Gestein oder Erdreich trifft, das ihn nicht weiter durchläßt. Hier sammelt sich nun das Wasser, und fließt auf der Oberfläche dieser Masse so lange fort, bis es Gelegenheit findet, wie eine Rinne fließend, an die Oberfläche zu treten, und zwar kann es diese sowohl durch Gegendruck als durch einen Thaleinschnitt erhalten, der quer auf der undurchdrungenen Masse sich gebildet hat. Für diese so einfache wie naturgemäße Ansicht spricht schon, ohne irgend eine Berechnung anzustellen, der größere Quellenreichthum derjenigen Gegenden, in denen häufige atmosphärische Niederschläge stattfinden, während andere davon ganz entblößt sind, weil eben in ihnen die Bedingungen fehlen, die Regen u. s. w. erzeugen. So ist es mit den Sandflächen Africa's wie mit den kleinen Koralleninseln in den Tropengegenden des großen Oceans der Fall. Dagegen zeigen hohe Gebirgszüge, deren Gipfel und Kämme stets in Wolken gehüllt sind, auch einen großen Wasserreichthum und sind die Geburtsstätte der zahlreichsten Quellen, die in tieferen Gegenden sparsamer fließen, oder wohl gar austrocknen, wenn längere Zeit hindurch Regen ausgeblieben ist. Es ist daher diese Theorie schon von den Alten im Allgemeinen vorgetragen, und namentlich von Vitruvius der heutigen Ansicht am nächsten erörtert worden; unter den neuen Naturforschern haben namentlich Mariotte und Halley diesen Gegenstand wieder aufgenommen und durch directe Untersuchungen zu beweisen gesucht. Mariotte berechnete die Regenmenge, welche auf einer gewissen Fläche fiel, und die Wassermasse, welche die auf derselben entspringenden Flüsse verausgabten und fand ein der vorgetragenen Ansicht höchst günstiges Resultat.*)

Allein seine Messungen beruhten auf vielen Ungenauigkeiten und gaben Anlaß, daß mit ihnen zugleich die ganze Theorie verworfen wurde. Ihr zur Seite stehen jedoch folgende erwiesene Thatsachen, welche die dagegen erhobenen Einwände vollständig zu beseitigen im Stande sind.

1) Das Wasser dringt in alle Tiefen ein, und zeigt sich in Bergwerken stets an den tiefsten Stellen; wasserführenden Thälern am nächsten und meist unter deren Niveau.**)

2) Alles Gestein ist im Gebirge feucht, sogar dann, wenn es ohne sichtbare Klüfte ist.

---

*) Mariotte nahm das Flußgebiet der Seine zu 30,000 □ Lieues an, und fand die darauf fallende Regenmenge 714,500 Millionen Kubikfuß. Der Durchschnitt und die Schnelligkeit des unter dem Pont royal zu Paris bereits versammelten Flusses gab eine Verausgabung desselben von 105,120 Millionen Kubikfuß, also $\frac{1}{6}$ des gefallenen Niederschlages, $\frac{5}{6}$ nahm er daher als durch Verdunstung verloren gegangen und als von Thieren und Menschen verbraucht an.

**) Man hat nämlich gezweifelt, ob das Wasser so tief einzudringen vermöge, um die Quellen am Fuße der Berge zu speisen und dann noch zu unterhalten, wenn lange Zeit kein Regen gefallen; de la Hire glaubte sogar das Gegentheil durch Versuche bewiesen zu haben. Er grub kleinere Gefäße in verschiedene Tiefen in die Erde und leitete Röhren aus ihren Boden in einen Keller, in denen er das sich in jenen Gefäßen sammelnde Wasser aufzufangen gedachte. Allein bei einer Tiefe von 8' bemerkte er schon niemals einen Tropfen aus jener Röhre ausfließen, und nur bei 8'' fand er nach starkem Regen einiges Wasser. Daraus schloß er, daß die Wasser des atmosphärischen Niederschlages nie 8' in die Erde eindringen könnten. Es paßte dieser Schluß jedoch nur für den von ihm angewendeten Boden über dem Gefäß, und hat durchaus keine allgemeine Bedeutung, wie aus nachfolgenden Gründen genugsam erhellt.

3) Die Wassermenge in den Gruben steht in einem bestimmten Verhältniß mit den auf der Oberfläche fallenden Regenmassen, d. h. nimmt mit denselben gleichmäßig zu und ab; natürlich tritt es in die Gruben stets etwas später, nimmt also bei anhaltendem Regen hier noch zu, wenn es dort schon im Abnehmen begriffen ist.

4) Stets werden die höher liegenden Gruben zuerst, später die darunter befindlichen feucht.

5) Treten Wasserstrahlen (Quellen) an einzelnen Stellen der Gruben heraus, so geschieht dies stets von oben nach unten, und es läßt sich, wenn davon einmal eine Ausnahme stattfinden sollte, jedesmal der Gegendruck nachweisen, der sie hervorruft.

6) In hohen Gebirgen, deren Scheitel den größten Theil des Jahres mit Schnee und Eis bedeckt sind, können die atmosphärischen Niederschläge nicht eindringen, sondern sie gefrieren an der Oberfläche. Dagegen schmilzt die, von der Erde ausströmende Wärme die untersten Schichten der Eisdecke, und das Tröpfeln in den Gletscherhöhlen (siehe §. 108.) hört bei dem kältesten Winter nicht auf. Es werden daher die aus solchen Hochgebirgen entstehenden Flüsse im Winter wasserärmer sein, als im Sommer, einzelne ihrer kleineren Quellen auch wohl zu fließen ganz aufhören, sie selbst aber stets noch genug Zufluß erhalten, um nicht gänzlich zu verschwinden.

Der Einfluß der Sonne auf Gletscher zeigt sich so auffallend, daß man unter denselben Bäche kennt, die bei Sonnenaufgang nicht fließen, bei Sonnenuntergang ihre größte Wasserfülle erreichen, und täglich diese Erscheinung wiederholen. Es zeigt sich dadurch auf das genügendste, daß auch die dauernd mit Eismassen bedeckten Gipfel im Stande sind, Bächen und Flüssen Nahrung zu geben, ein Umstand der um so wichtiger ist, als dadurch ein in dieser Beziehung gemachter Einwurf gegen den atmosphärischen Ursprung der Quellen beseitigt ist.

Aber auch durch directe Messungen hat man in neuerer Zeit diese Theorie zu beweisen gesucht, indem Dalton die de la Hire'schen Messungen erneut und genauer angestellt hat. Er bediente sich dazu des O m b r o m e t e r s oder R e g e n m e s s e r s*) und bestimmte damit

*) Der Regenmesser besteht aus einem Blechgefäß, dessen Boden einen genau bekannten Flächeninhalt hat. Auf dasselbe wird ein eben so großer trichterförmig

aus langen Beobachtungsreihen an verschiedenen Orten Englands die dort jährlich fallende Regenmenge zu 31,4″. Dazu rechnete er 5″ Wassereinnahme durch den jährlich fallenden Thau und vernachlässigte den Nebel, so wie den aus Wolken direct an den Bergen sich bildenden Niederschlag. Die Menge des durch die Flüsse verausgabten Wassers bestimmte Dalton durch Messungen an der Themse und Schätzungen der sich direct ins Meer ergießenden Küstenflüsse; es ergab sich die Gesammtmasse zu $\frac{9}{25}$ des Niederschlages, oder zu 13″; so daß noch 23″ übrig blieben.

Mittelst des Verdunstungsmessers*) fand er die Masse des auf diese Weise verausgabten Wassers zu 25″, so daß eigentlich 2″ weniger Einnahme als Ausgabe vorhanden waren.

Diese Differenz ist um so weniger als besonders wichtig anzusehen, als die bedeutenden Nebel Englands, die das Ombrometer nicht afficiren, auch nicht in Einnahme gestellt sind, und es ist daher das Resultat dieser äußerst schwierigen Untersuchung als höchst genügend, und die aufgestellte Theorie als beweisend anzusehen.

Mannigfache, ans Wunderbare grenzende Theorien sind zu ver-

---

geformter Deckel gesetzt, durch dessen Oeffnung aller, in seinem Umfang fallender Regen in das untere Gefäß fließt. Durch eine seitwärts angebrachte mit dem Innern communicirende Glasrohre kann man jeden Augenblick die Höhe des im Gefäß stehenden Wassers messen, welche stets angiebt, wie hoch der Boden mit Wasser in einer gewissen Zeit bedeckt sein würde, wenn nichts verdunstete und nichts einzöge.

*) Der Verdunstungsmesser für Wasserflächen besteht in einem offnen ebnen Gefäß, das man theilweise mit Wasser gefüllt neben das Ombrometer stellt. Mit demselben von gleicher Größe wird es nach einer bestimmten Zeit doch nicht um so viel als jenes gestiegen sein, und die Differenz beider Instrumente zeigt daher das Verdunstungsquantum an. Dalton erfand noch ein besonderes Instrument zur Messung des vom Boden verdunsteten Wassers. Es befand sich in einem Cylinder den er mit Kies, Sand und Dammerden schichtweise über einander anfüllte und so viel Wasser hineingoß, daß der Boden darin gesättigt war, d. h. bis durch eine, unten angebrachte Ableitungsröhre Wasser auszufließen begann. Dieses Gefäß stellte er unter freiem Himmel auf, und fing sorgfältig die an gewissen Zeiten ausgelaufene Wassermenge auf. Die Differenz zwischen ihr und dem im daneben stehenden Ombrometer enthaltenen Quantum gab die Menge des verdunsteten Wassers. Außerdem zeigte sich, daß kein wesentlicher Unterschied hervorgebracht wurde, wenn der Boden kahl, oder mit Gras bedeckt war.

schiedenen Zeiten aufgestellt, um diesen einfachen Hergang, der einmal verworfen werden sollte, zu ersetzen und sogar in neuster Zeit (1824) haben die Ueberschwemmungen des Neckargebietes Veranlassung gegeben, das plötzliche und übermäßige Austreten dieser Flüsse inneren geheimen Kräften zuzuschreiben, welche die Schleusen des Erdinnern geöffnet, und die dortigen Wasser an die Oberfläche geschickt hätten. So unhaltbar eine solche Ansicht auch ist, und deren Widerlegung aus den geologischen Betrachtungen des ersten Theils genugsam erhellt, so hatten doch glücklicherweise bei diesem Ereignisse auch directe wissenschaftliche Beobachtungen und Messungen stattgefunden, aus denen dasselbe als eine unmittelbare Folge des ungewöhnlich starken Regens vorher vollständig erklärt wurde, und somit jede Zweifel schwinden mußten. Der Vollständigkeit wegen sind hier noch zwei Einzelfälle zu erwähnen, deren locale Beschaffenheit mit dazu beitrug, ganz unhaltbare Theorien über den allgemeinen Ursprung der Quellen herbeizuführen.

Man hat nämlich einzelne Quellen gefunden, deren sparsames Wasser auf dem Wege der Destillation an die Erdoberfläche tritt. So auf der Insel Pantellaria (zwischen Sicilien und dem Cap Bon), wo aus dem Boden einer Grotte ein warmer Dampf aufsteigt, der sich an den Wänden condensirt und als ein kleiner Bach aus der Grotte tritt; ebenso an dem Pic von Teneriffa und der aus vulcanischer Asche entspringenden Quelle auf Stromboli. Man sieht, daß zu diesen Erscheinungen die große, nur vulcanischen Thätigkeiten zuzuschreibende dauernde Hitze des Erdbodens nöthig ist, um die eingedrungenen Regenwasser zu verdampfen, daß hier also am allerwenigsten von einer Ausdehnung dieser Erklärung auf alle Quellen die Rede sein kann. Ein anderer Fall ist, daß einzelne Quellen an sehr flachen sandigen Küsten eine gewisse Abhängigkeit vom Meere dadurch bezeugen, daß sie bei Ebbe und Fluth auch ihren Wasserstand ändern. Dieses rein locale Verhältniß dürfte darin seinen Grund haben, daß die gegen das Land andringende Fluth auf das süße Wasser desselben einen größeren Druck ausübt, und somit ein Steigen der Quelle verursacht, ohne daß dieselbe in directer Verbindung mit dem Meer deshalb zu stehen braucht. Auch hier erkennt man leicht die rein localen Verhältkisse, die keineswegs geeignet sind, allgemeine Ansichten über den Ursprung der Quellen zu begründen.

§. 62. Bestandtheile des Quellwassers.

Das Quellwasser erscheint fast niemals völlig rein, sondern es befinden sich in demselben stets fremde Stoffe, unter denen die meist mit Kohlensäure gebundene Kalkerde am häufigsten vorkommt. Beim Kochen des Wassers wird die Kohlensäure im Ueberschuß ausgeschieden, und die Kalkerde setzt sich als steinartige Masse unter dem Namen Pfannenstein ab. Der Gehalt an Kohlensäure verleiht dem Quellwasser einen frischen wohlthuenden Geschmack, im Gegensatz zu dem Fluß- und Regenwasser, das stets fade schmeckt. Im Allgemeinen bezeichnet man diesen Unterschied durch hart und weich, ohne dabei scharfe Grenzen ziehen zu können, da die beiden Begriffe durch sanfte Uebergänge sich mit einander verschmelzen. Außer diesem gewöhnlichen Zustande der Quellen findet man dieselben an einzelnen Stellen mit fremdartigen Stoffen überladen, die ihnen dadurch eigenthümliche Eigenschaften verleihen. Man nennt solche Wasser ganz allgemein Mineralwasser oder Gesundbrunnen, ohne sie durch irgend andere gemeinsame Verhältnisse definiren zu können. Diese beigemengten Stoffe sind Verbindungen von einigen Säuren und salzfähige Basen zu Neutralsalzen, oder basische und saure Verbindungsstufen. Unter den Säuren tritt die Kohlensäure am häufigsten auf, so daß sie fast nirgends fehlt, und häufig in bedeutendem Ueberschuß vorhanden ist. Außerdem die fast durchgängig an Basen gebundene Schwefel- und Salzsäure; die übrigen Säuren, wie Salpeter-, Phosphor- und Flußsäure sind in Mineralwässern als Seltenheiten zu betrachten.

Die damit verbundenen salzfähigen Basen sind theils Erden, theils Alkalien; unter ersteren ist die Kalkerde am häufigsten, die mit der Kohlensäure den Kalk, mit der Schwefelsäure den Gyps bildet; außerdem kommt noch ziemlich oft die Talkerde vor; Thonerde und Kieselerde sind schon Seltenheiten, während Strontian- und Baryterde, erstere einige Male überhaupt, gefunden wurde. Von den Alkalien ist das Natron am vorwaltendsten; es tritt als Kochsalz (salzsauer) oder als Soda (kohlensauer) oder als Glaubersalz (schwefelsauer) auf; nächstdem ist das seltener auftretende Kali und das neuerdings erst entdeckte Lithion zu nennen.

Von den vorkommenden Metallen ist das gewöhnlich mit Kohlensäure verbundene Eisen zu erwähnen; mit Schwefelsäure tritt es als Vitriol auf; das Kupfer bildet mit Schwefelsäure verbunden die sogenannten Cementquellen, welche die Eigenschaft haben, daß sie hineingelegtes Eisen in Kupfer verwandeln. Im Meerwasser, so wie demnach später in den Salzquellen, ist sowohl Brom als Jod neuerdings entdeckt worden, jedoch nur in geringen Quantitäten. Nach dem gemeinschaftlichen Auftreten einzelner der hier aufgeführten Stoffe sind sämmtliche Mineralwasser in gewisse Hauptgruppen getheilt, die hier in der Kürze aufgeführt werden müssen.

1) Die Sauerbrunnen; in ihnen ist der besonders vorwiegende Bestandtheil die Kohlensäure, welche denselben die Eigenschaft beilegt, mit einem polternden Geräusch an die Oberfläche zu treten und beim Trinken ein Prickeln auf der Zunge zu veranlassen. Sie besitzen außerdem einen angenehm erfrischenden, schwachsäuerlichen Geschmack. Verschiedenartige Zusammensetzungen dieses Wassers bedingen folgende Unterabtheilungen:

a) Aechte Säuerlinge, in welchen andere Bestandtheile nur in sehr geringen Quantitäten vorkommen, und die daher einen reinen sauren Geschmack haben. (Säuerling in Karlsbad und Bilin, Pyrmont, Brodelbach in der Eifel.)

b) Alkalische Säuerlinge haben stets noch alkalische und erdige Bestandtheile und einen mehr laugenhaften Geschmack. (Selters, Fachingen, Geilnau, Schwalbach, Ems, Wildungen, Teplitz, Spaa, Rehburg, Karlsbad, Marienbad, Wiesbaden, Salzbrunn, Baden Baden, Salzbrunnen bei Pyrmont u. a.)

c) Eisensäuerlinge oder Stahlwässer besitzen einen an die Kohlensäure gebundenen bedeutenden Gehalt an Eisenoxydul, der einen zusammenziehenden Geschmack verursacht, und bei dem Entweichen der Kohlensäure als Eisenoxydulhydrat zu Boden fällt. (Pyrmont, Driburg, Franzensbad bei Eger, Kudowa, und eine Zahl westphälischer Heilquellen u. a.)

2) Die Salz-Quellen, ausgezeichnet durch ihren vorwaltenden Gehalt an Kochsalz und allen denjenigen Stoffen, die das Meer enthält, sind leicht durch ihren Geschmack und durch die an ihren Ufern wachsenden Meeresstrand-Kräuter zu erkennen. (Lüneburg, Jartfeld, Dürrheim, Wimpfen, Halle, Schönebeck, Münster am Stein u. A).

3) Die Bitterwasser enthalten einen bedeutenden Gehalt an schwefelsaurer Kalkerde, und sind daher leicht durch ihren Geschmack kenntlich; außerdem ist etwas Gyps und kohlensaure Salze stets ihnen beigemengt (Epsom, Steinwasser, Sedlitz oder Saidschütz).

4) Die Schwefelwasser, deren Hauptbestandtheil Schwefelwasserstoff ist, haben davon den eigenthümlichen Geruch nach faulen Eiern und einen süßlichen Geschmack. Sie sind anfänglich klar, werden aber an der Luft milchig, und lassen den Schwefel in Gestalt von einem weißen Pulver fallen. Sie sind sowohl kalt (Nenndorf, Eilsen, Bentheim, Boll, Bocklet) und dann gewöhnlich mehr schwefelwasserstoffhaltig, als auch warm (Aachen, Burtscheid, Wildbad von Gastein, Baden bei Wien, Landeck, Warmbrunn, Bagnères, Baréges).

Außer diesen vier Klassen der eigentlichen Mineralwasser geben noch andere beigemengte Stoffe den Quellen eigenthümliche Beschaffenheiten, nach welchen man noch folgende Gruppen gebildet hat:

1) Salpeter-Quellen, sehr reich an salpetersaurem Kali, und zu dessen Gewinnung besonders benutzt. Sie kommen vorzüglich häufig in der ganzen nieder-ungarischen Steppe vor, und sollen sich selbst bis in die Gegend von Wien fortsetzen.

2) Naphtha- oder Bergöl-Quellen entstehen, wenn die austretende Naphtha von der Wasserquelle mit an die Oberfläche getrieben wird, und sie giebt dann stets dem Wasser ein fettiges Ansehen, ja schwimmt zuweilen in einzelnen Blasen auf demselben. Diese Quellen kommen namentlich in vulkanischen Gegenden vor (Kaspische Meer, Krimm, Bologna, Modena, Trinidad), oder da wo sich organische Körper in Gebirgsarten zersetzen (bei Braunschweig,

im Hildesheimschen, bei Hannover, am Jura bei Orbe, in der Schweiz bei Luzern, in der Grafschaft Alleghani in Nord-America).

3) Cement-Quellen, deren Eigenschaft wie schon früher erwähnt, darin besteht, daß das Kupfervitriol, wenn längere Zeit Eisen hinzutritt, sich auflöst, und gediegenes Kupfer und aufgelöstes Eisenvitriol entsteht. Diese Quellen werden daher benutzt, um Kupfer zu gewinn'en, wie in Neusohl (Ungarn), St. Pölten (Steiermark), Falun (Schweden), Wiklow (Irland).

4) Incrustirende Quellen heißen solche Quellen, welche die Eigenschaft besitzen, ihre erdigen Bestandtheile bei ihrem Austreten fallen zu lassen und so ihre Umgebungen mit einem steinartigen Ueberzug zu versehen. Diesen Stein nennt man Tuff oder Sinter, letzterer umfaßt besonders die krystallinischen Abänderungen. Diese Gesteine bestehen aus Kieselerde und kohlensaurem Kalk, welcher letztere namentlich sehr häufig vorkommt (zwischen Harz und Thüringer Wald, Königslutter bei Braunschweig, und bei Meißen). Das in Italien auf diese Art besonders häufig abgelagerte Gestein, der Travertino, wird benutzt um Heiligenbilder, Gefäße, Basreliefs u. s. w. daraus zu formen, was um so leichter geschieht, je kalkhaltiger die Quelle ist, so daß man z. B. in Peru an den Austritt der Quelle nur die hohlen Modelle legt, die dann von selbst sich füllen und nur polirt zu werden brauchen.

§. 63. Ursprung der Bestandtheile in den Mineralwassern.

Nach der Theorie des Ursprungs der Quellen scheint es leicht, auch den ihrer einzelnen Bestandtheile zu bestimmen; denn wenn die als atmosphärischer Niederschlag eingedrungenen Wasser chemisch mit anderen Stoffen verbunden aus der Erdoberfläche hervortreten, so müssen sie dieselben auf ihrem Wege angetroffen und aufgelöst haben. Daher müssen Quellen von gewisser Beschaffenheit ihren Ursprung an solchen Orten haben, wo die in ihnen enthaltenen Bestandtheile auch in hinlänglicher Masse vorhanden sind; indeß ist es nicht leicht, diesen an sich einleuchtenden Satz in der Natur durch Uebereinstimmung überall bestätigt nachzuweisen, und es giebt daher mannigfache Gegner der oben ausgesprochenen Auflösungstheorie. Es muß dieselbe daher hier etwas näher begründet und einzelne dagegen erhobene Einwürfe beseitigt werden.

Die Salzquellen begründen vor allen anderen die Auflösungstheorie.

Die bereits früher häufig erwähnten Steinsalzlager in der Erde enthalten nämlich völlig dieselben Bestandtheile, als die Salzsoolen, und sind vom Wasser sehr leicht löslich. Zu dem kommt die Thatsache, daß überall, wo Steinsalzlager existiren, auch Salzquellen vorhanden sind, sich also die Ansicht von selbst ergiebt, daß letztere durch Auflösung der ersteren entstehen. Wenn dagegen an vielen Orten Salzquellen bekannt sind, ohne daß Steinsalzlager in dieser Gegend bisjetzt nachgewiesen wurden (wie bei Magdeburg, Halle), so beweist dieser Umstand doch noch nicht, daß sie dort überhaupt nicht existirten; ja es sind in neuester Zeit an mehreren Punkten, wo seit Hunderten von Jahren Salzquellen bestehen, ganz unerwartet auch Steinsalzlager entdeckt worden, es bleibt daher die Möglichkeit niemals ausgeschlossen, daß sich diese Fälle auch an den übrigen Soolen wiederholen werden. (So sind in neuester Zeit die sehr reichen und ergiebigen Salinen Friedrichshall bei Jartfeld und Wilhelmshall im Darmstädtischen, Offenau, Dürrheim, bei Gotha, bei Erfurt, in Frankreich und an vielen anderen Orten theils neu entdeckt, theils durch neue Bohrungen wesentlich verbessert worden.)

Für die erwähnte Theorie spricht auch der Umstand, daß Steinsalzlager, die durch dem Wasser undurchdringliche Thonschichten eingeschlossen waren, und also bis dahin keine Soolen geliefert hatten, fast augenblicklich solche bilden, so wie diese Schicht durchbohrt und dadurch dem Wasser der freie Zutritt gestattet ist. Je größer der Druck der darauf ruhenden Wassersäule, desto schneller geht die Auflösung vor sich, die bei starken Lagern fort und fort zunimmt, bis die Soole gesättigt ist; durch den Auslaugungs-Prozeß muß nämlich allmälig die vom Wasser angreifbare Fläche größer werden, und dadurch die Soole bis zum Maximum edler machen. Bei schwachen Lagern nimmt auch der Salzgehalt bald wieder ab, und neue Bohrlöcher müssen ein neues Feld der Auslaugung eröffnen. Schwieriger als für die Salzquellen ist die Entstehung aller übrigen Mineralwasser durch die Auflösungstheorie zu erweisen; vorher müssen jedoch einige gegen dieselbe erhobene Einwürfe beseitigt werden:

1) Der Gehalt der Mineralquellen sei seit längeren Beobachtungen als unveränderlich gefunden, was mit der Entstehungsweise nicht verträglich wäre.

Es ist nun aber nach den neuesten Zusammenstellungen erwiesen, daß durchaus nicht alle Mineralwässer einen unabänderlichen Gehalt an fremden Stoffen haben, und daher wohl der Schluß gerechtfertigt, daß auch bei den übrigen noch für constant gehaltenen Quellen sich Unterschiede bemerkbar machen werden, wenn nach längerer Zeit genaue Analysen wiederholt werden. Andererseits läßt sich auch sehr wohl denken, wie Mineralwässer, die gewöhnlich aus größeren Tiefen kommen, und durch das Zusammentreten unzählig feiner Tropfen (Schwitzwasser) entstehen, deren jeder Bestandtheile aus seiner Umgebung mitbringt, dadurch schon das Resultat der möglichen Veränderungen in sich schließen, die auf dem beträchtlichen Raum durch den Gang ihrer Zuflüsse in den verschiedenen Zeiten überhaupt zulässig sind. Es würde also ihr zeitweises constantes Mischungs-Verhältniß durchaus nicht mit der Auflösungstheorie in Widerspruch stehen.

2) Meinte man, daß die Menge der festen Bestandtheile, welche die Mineralwasser in so bedeutenden Zeiträumen dem Erdinnern entführten, hinreichend sein müßte, um bedeutende Erdstürze auf der Oberfläche hervorzubringen. Diesem Einwurf wird jedoch durch die einfache Berechnung am einfachsten begegnet. Die Quellen von Karlsbad, welche die mineralreichsten vielleicht des ganzen Festlandes von Europa sind, führen jährlich 6800 Ctr. kohlensaures Natron und 10300 Ctr. Glaubersalz (nach Gilbert sogar 130,000 Ctr. kohlensaures Natron und 200,000 Ctr. Glaubersalz) mit sich und es ist nachgewiesen, daß, wenn im günstigsten Fall alle diese Massen an einem Punkt zusammengehäuft sind, ihr Inhalt in 500 Jahren eine cubische Höhle von 410′ per. Seitenlänge ausmachen, sie also bei einiger Tiefe gänzlich unschädlich für die Oberfläche sein würden. Karlsbad allein nimmt einen 14 mal größeren Raum ein, als die

Grundfläche, und würde sonach erst nach 7000 Jahren unterhöhlt sein. Das Wieliczkaer Salzlager würde z. B. hinreichen, eine Quelle mit eben so viel festen Bestandtheilen als die Karlsbader besitzt, auf 174,086 Jahre zu speisen. Dazu kommt noch die anerkannte Thatsache, daß die mineralischen Bestandtheile einer Quelle in ihrem Bezirk auf einem sehr ausgedehnten Raume fein verbreitet sind, also selbst diese ganz geringfügigen Aushöhlungen gar nicht vorkommen können.

3) Glaubte man der Ansicht, daß die Mineralwasser nichts als einfache, chemische Lösungen der in ihnen enthaltenen Stoffe seien, einwerfen zu können, daß warme Mineralquellen im Stande wären, ihren Wärmegehalt viel länger zu behalten, als künstlich erwärmte Quellen, und jene könnten daher dem Organismus mehr Wärme zuführen, als künstliche Bäder. Dieser Einwurf beruht ebenfalls auf einem durch genaue Versuche erwiesenen Irrthum. Vergleichende Beobachtungen der Temperaturabnahme eines künstlich und eines natürlich warmen Wassers haben auf das Klarste gezeigt, daß bei beiden dieselbe Zeit erforderlich ist, sie auf die, den Versuch umgebende Wärme abzukühlen, und daß das langsamere Abkühlen in den Badestuben an der Construction der eingemauerten Wannen liegt, bei denen die Abkühlung nur von der Oberfläche und daher sehr langsam vor sich geht. Nachdem diese hauptsächlichsten Einwürfe beseitigt sind, muß die Auflösungstheorie noch den Ursprung der übrigen in Mineralquellen vorkommenden Stoffe nachweisen.

Was die Sauerbrunnen betrifft, in denen das Natron am häufigsten vorkommt, so zeigen sich stets in ihrem Austrittsorte Gesteinarten, welche dasselbe in großen Quantitäten enthalten, wie der Basalt, Granit, Porphyr, Glimmerschiefer und der Klingstein; außerdem ist ein sichtbares Verschwinden dieses Bestandtheils bei ihnen beobachtet, und natürlich durch die Verwitterung und die Auslaugung des atmosphärischen Niederschlags erklärt worden (Karlsbad, Eger, Teplitz, Bilin u. s. w.). Es ist somit nach den genauesten Zusammenstellungen erwiesen, daß die Vertheilung der natronhaltigen Mineralwasser mit den vulkanischen Gebirgsarten überhaupt eng zusammenhängt. Dazu kommt noch, daß solche Quellen stets sich durch einen bedeutenden Gehalt an Kohlensäure auszeichnen, man also auch diese als von den genannten Gebirgsarten herstammend nachweisen müßte. Es muß hier dabei an das früher im geologischen Theil Gesagte erinnert werden, wo die beobachtenden Erhalationen der Kohlensäure als die letzten Regungen vulkanischer Thätigkeiten angesehen wurden.

Die Hundsgrotte bei Neapel, Laacher See, die Mofetten am Schluß einer Eruption des Vesuvs, geben die schlagendsten Beispiele dazu. Es ist daher fast unzweifelhaft wahr, daß die ganze Quellenfamilie der Säuerlinge das Produkt vulkanischer Regungen ist, die das Wasser durch die Aushauchungen der Kohlensäure in den Stand setzen, auf seinem Wege Bestandtheile des Gesteins zu zersetzen und mit an die Oberfläche zu nehmen. Wie bereits erwähnt, finden sich in solchen Wässern noch andere, mit verschiedenen Basen gebundene Säuren, wie Schwefel- und Salzsäure, und auch diese beiden werden gerade am häufigsten von noch thätigen Vulkanen ausgestoßen.

Bisher ist nun zwar gesagt, wie die Kohlensäure sich chemisch in den Sauerbrunnen verhält; um obige Ansicht von deren Entstehung nun noch fester zu begründen, muß aber auch gezeigt werden, woher sie komme.

Der kohlensaure Kalkstein nimmt nämlich bis zu der bekannten Tiefe der Erdrinde fast die Hälfte der sie bildenden Massen ein, und entbindet nach angestellten Versuchen unter folgenden Umständen die Kohlensäure. Einmal, wenn eine mächtigere Säure hinzutritt, das andere Mal, wenn bei der Berührung mit stark erhitzten vulkanischen Produkten ein Hinzutreten von heißen Wasserdämpfen erfolgt. Beide Fälle sind aber durch die vulkanischen Thätigkeiten im Innern leicht erklärlich, und wird ersterer besonders häufig dann eintreten, wenn, durch Hinzutreten von Schwefelsäure, der kohlensaure Kalk sich in Gyps verwandelt. Für die mit erhöhter Temperatur austretenden warmen Säuerlinge ist die Beständigkeit derselben noch ein nicht unwichtiger Grund ihres vulkanischen Ursprungs.

Die bedeutend höhere Wärme kann ihnen nur unmittelbar durch

die Nähe des vulkanischon Heerdes mitgetheilt sein und auch nur durch dieselbe Ursache eine so lange Zeit gleichmäßig erhalten werden, wie dies bei den Bädern von Mont d'Or nachgewiesen ist, die bereits seit 2000 Jahren dieselbe Wärme haben. Aber auch für die kalten Säuerlinge gilt dieselbe Ansicht über ihre Entstehungsart, indem für dieselben nur die Annahme hinzuzufügen ist, daß sie aus einer geringeren Tiefe unter sonst gleichen Bedingungen hervortreten und deshalb in einer minder offenen Verbindung mit der Wärmequelle stehen, als die heißen Sauerbrunnen. Außerdem besitzen sie auch immer noch eine höhere Temperatur, als die unter gewöhnlichen Verhältnissen austretenden Quellen.

Nachdem so die einzelnen Factoren der Entstehungsweise gefunden, ist der bis zur Evidenz klare Beweis für die Auflösungstheorie durch die künstliche Nachbildung mehrerer Sauerwasser geliefert. Struve hat nämlich mehrere derselben so genau künstlich nachzubilden gewußt,*) daß die beste chemische Analyse keinen Unterschied zwischen seinen Wassern und den natürlichen nachzuweisen vermag.

Ebenso ist die Familie der Bitterwasser aus der Erdart dargestellt worden, aus der sie austritt, und die gewöhnlich aus einem durch zersetzten Basalt und mit Quarz und Kalk verunreinigten Mergel besteht. Was endlich die Schwefelwasser und zwar die kalten betrifft, so läßt sich ebenfalls ihre Entstehungsart durch die Zersetzung der in den Gebirgsarten häufig vorkommenden Schwefelkiese nachweisen. In allen Flötzen von Stein- und Braunkohlen ist eine dauernde Zersetzung dieser Kiese nachzuweisen, und niemals fehlen in der Nähe Schwefelquellen; ja sogar in Torfmooren wird theils eine große Menge Schwefelwasserstoff durch Fäulniß der Pflanzen direct entwickelt, theils Kiese erzeugt und wieder zersetzt, und eben

*) Der dazu angewendete Apparat besteht nämlich aus einem 84 Zoll hohen Metallcylinder, der mit Klingstein von einem bei Bilin gelegenen Berge gefüllt wurde. Durch diesen wurde nun mit zwei Atmosphären Druck das mit Kohlensäure geschwängerte Wasser getrieben, das nach einer gewissen Zeit als Biliner Sauerwasser mit genau gleichen Bestandtheilen oben heraustrat. Ebenso gelang es, die Steinbadquelle bei Teplitz durch den dort anstehenden Porphyr in demselben Apparate ganz ähnlich nachzubilden.

so häufig treten auch in ihren Umgebungen Schwefelquellen zu Tage. In Westphalen und einzelnen Gegenden Süddeutschlands und Englands ist es ein bituminöser Mergelschiefer der Juragruppe, dem sie ihren Ursprung verdanken, und dessen Anwesenheit oft erst durch sie verrathen worden ist.

Bei den warmen Schwefelquellen, die meistens aus Urgebirgen selbst oder doch sehr alten Gebirgsarten hervortreten, ist es viel wahrscheinlicher, daß sie ihre Wärme, wie den Schwefelwasserstoffgehalt direct von dem vulkanischen Heerde her erhalten, da grade dieser Bestandtheil so häufig von noch thätigen Vulcanen ausgehaucht wird.

Bei den übrigen oben erwähnten Naphtha-, Cement- und inkrustirenden Quellen liegt der Ursprung ihrer characteristischen Bestandtheile so augenscheinlich klar vor, daß dieselben an vielen Orten unmittelbar in den anstehenden Felsarten zu Tage stehen, und es daher hier einer näheren Erläuterung nicht mehr bedarf, und nur nochmals daran erinnert werden soll, wie viele unwiderlegliche Thatsachen und Gründe jener Theorie das Wort reden, so daß dieselbe als über jeden Zweifel erhaben angesehen werden kann.

§. 64. Eintheilung der Quellen nach ihrem Fließen

1. Es werden diejenigen Quellen gleichförmige genannt, welche das ganze Jahr hindurch Wasser geben, und wie bereits gezeigt worden ist, stets dieselbe Menge liefern, und einerlei Temperatur beibehalten, wenn sie aus großer Tiefe heraufkommen. Es ist diese Klasse der Quellen die normalste, und unstreitig die am häufigsten vorkommende.

2. Periodische oder abwechselnde Quellen sind solche, die in verschiedenen Jahreszeiten mehr oder minder anschwellen und wieder fallen. Im Herbst und Frühjahr steigen sie, in Folge der in unsern Gegenden häufigeren Niederschläge, im Sommer und Winter dagegen, wo die Zuflüsse spärlicher sind, fallen sie, und zwar je nach der Stärke dieser Erscheinungen.

3. Die intermittirenden Quellen haben die Eigenthümlichkeit, daß sie zu gewissen Zeiten des Tages oder Jahres gänzlich aussetzen, zu bestimmten Zeiten wiederkehren, und endlich wieder

zu fließen aufhören. In den Alpen beginnen die sogenannten Mai- und Frühlingsbrunnen im Frühjahr zu fließen, und endigen damit im August oder September, um regelmäßig wiederzukehren.

Bei dem atmosphärischen Ursprung der Quellen überhaupt ist des Grundes dieser Erscheinung bereits gedacht. Im südlichen Frankreich, wie in der Schweiz, kommen intermittirende Quellen vor, die in engeren Grenzen aussetzen, und Perioden von einigen Stunden machen; auch ist früher der Bolder-Brunnen bei Paderborn ein Beispiel davon gewesen, doch bereits jetzt in die Klasse der gleichförmigen übergegangen.

Um diese Intermittenz genügend zu erklären ist man, da die Erscheinungen mit denen eines Hebers übereinstimmen, zu der Annahme gekommen, es habe sich eine ähnlich gestaltete Zerklüftung im Gestein gebildet. Die Höhle *A* habe ihre Zuflüsse in *B C* und *D* und ihren Abfluß *E F*, so ergiebt sich von selbst, daß ein Abfließen aus dieser Höhle nicht eher beginnen kann, bis das Wasser in das Niveau von *F* gestiegen ist, dann aber ununterbrochen fortfließt, bis bei einer Oeffnung bei *G* das Wasser auf *A G* gefallen, oder bei einer Oeffnung in *H* der Spiegel bis unter *E* gesunken ist. Es wird dann zu fließen aufhören, bis in der Höhle wieder das Niveau des Wassers bei *F* steht, von wo ab die Erscheinung sich alsdann wiederholt. Die Menge des Zuflusses und die Größe der Höhle wird natürlich die Länge der eintretenden Perioden bestimmen, die gänzlich aufhören müssen, wenn die Oeffnung des Hebers verstopft, oder der Apparat durch irgend welche andere Ursachen verdorben ist.

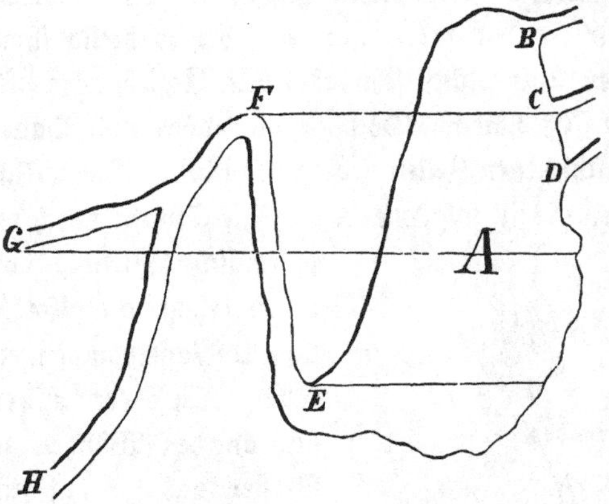

Von den eben besprochenen Quellen sind die intermittirenden heißen Springquellen sowohl in der Erscheinung als in der Ursache wesentlich verschieden. Am schönsten sind dieselben in Island, im Geiser und Strock bekannt.

Kleine, etwa 30′ hohe Hügel von Kieselabsätzen haben auf ihrem Gipfel kreisrunde Becken von 60 — 70 Fuß Durchmesser, die durch einen, auf ihrem Boden befindlichen engen Zuführungskanal sich allmählig mit siedend heißem Wasser füllen. Mit Kanonenschüssen ähnlichem Getöse fängt der Boden nun zu beben an, das Wasser schäumt wild auf, und heftig aufsteigende Dampfmassen schleudern Wasserstrahlen mit Dampf und Steinen vermengt, bis in eine Höhe von 3 — 400 Fuß. Dieser Vorgang hat so lange Statt, bis das Wasser ausgeleert ist, worauf dann eine Zeitlang Ruhe eintritt, um von Neuem wiederholt zu werden. Es treten häufig in 24 Stunden 17 Ausbrüche ein, und es hat deren gegeben, die während ihrer Dauer von 10 Minuten 200 solcher schußähnlichen Ergießungen bis in eine Höhe von 360 Fuß hatten. Doch ist die Größe und Dauer des Phänomens zu verschiedenen Zeiten sehr verschieden. Die Erklärung des ganzen Phänomens ist folgende: die Höhle *C* werde durch die vulkanische Wirkung von unten erhitzt und allmählig mit Wasserdämpfen erfüllt. Diese condensiren sich an den Wänden zu Wasser, das sich auf dem Boden und im Ausflußkanal ansammelt und durch den Druck in das Becken bis *A* getrieben wird. Da hierdurch auf der Fläche *DE* der Druck

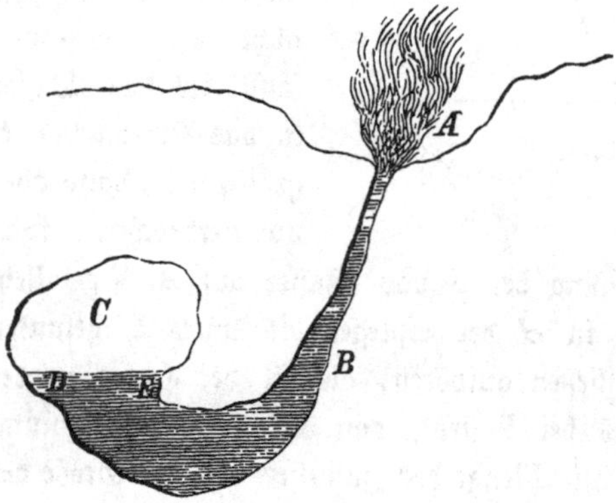

vermindert, so verdampft von derselben sehr schnell viel Wasser; dadurch wird nun die Expansivkraft wieder vergrößert und es erfolgen heftige Stöße, die das Wasser bei *A* ausschleudern, und theilweise Dampf entweichen lassen. So wiederholt sich die Erscheinung bis alles Wasser herausgeworfen ist, und beginnt alsdann von Neuem.

§. 65. Temperatur der Quellen.

Unter den Quellen hat man im Allgemeinen die sogenannten kalten und warmen Quellen unterschieden, ohne als Grenze einen bestimmten Wärmegrad festzusetzen. Natürlich gehen sie durch die verschiedensten Abstufungen allmählig in einander über, und werden unter letzteren im Allgemeinen diejenigen verstanden, deren Temperatur von der mittleren Temperatur der Atmosphäre bedeutend abweicht. Es ist bereits von denselben im ersten Theil bei den vulkanischen Wirkungen (§. 13.), in diesem Theil bei den Mineralwassern, insbesondere bei den Schwefelquellen (§. 62. 63.) und bei den intermittirenden Quellen (§. 64.) die Rede gewesen, und dadurch ist gleichzeitig ihr ausnahmsweises Vorkommen in allen Fällen erörtert und begründet worden. Es bleibt hier also noch die Betrachtung der Wärmeverhältnisse der gewöhnlichen sogenannten kalten Quellen zu erörtern.

Diese Quellen zeigen im Sommer stets eine niedrigere, im Winter eine höhere Temperatur, als die der umgebenden Luft an. Ihre Wärme ist nämlich von der des Bodens bedingt, durch welchen sie fließen, und es ist bei den Temperaturverhältnissen desselben bereits darauf aufmerksam gemacht, daß in einer gewissen Tiefe die Differenzen zwischen Sommer und Winter sich ausgleichen, und das Mittel zwischen beiden constant aufzutreten pflegt (§. 6.). Es verhält sich demgemäß analog mit den Quellen, die auch unabhängig von Witterungsverhältnissen und dem Wechsel der Jahreszeiten, fast genau dieselbe Temperatur beibehalten. (Nach längern Beobachtungsreihen zu Upsala, Berlin, Potsdam waren die Differenzen derselben noch nicht 1° R.). Bei der Vergleichung der Quellentemperatur mit der mittleren Jahrestemperatur der Atmosphäre stellte sich folgendes Gesetz dar:

In den Tropen ist erstere stets etwas geringer (in Cumana ist die Differenz 3° C.), während in den kalten und den nördlichen Theilen der gemäßigten Zone dieselbe stets größer ist, als die mittlere Jahrestemperatur (Lappland-Luft = 2°,28 R., Quelle = + 1°,36 R.). Die Größe dieser Differenzen nimmt gegen Süden immer mehr ab, so daß sie bei Basel 47°33′ N.B. = 0° ist, d. h. Quellen- und Lufttemperatur hier zusammenfallen*).

Außerdem nimmt die Wärme der Quellen mit der Erhebung über dem Boden zu, jedoch ist das allgemeine Gesetz in dieser Beziehung aus mangelnden Beobachtungen noch nicht entdeckt. Es scheint jedoch so viel gewiß zu sein, daß die Differenz zwischen Quellenwärme und mittlerer Jahrestemperatur auch hier ebenso wie in höheren Breiten wächst; sie betrug in den Alpen bei 4000′ 1°,9 R., bei 6600′ 3°,6 R., also eben so viel, als in Lappland.

Zweites Kapitel.

Von den Flüssen.

§. 66. Stromgebiet.

Die Quellen sind die Anfänge der Flüsse, die je nach ihrer Wasserfülle verschiedene Benennungen führen, ohne daß die damit verbundenen Begriffe in streng wissenschaftlichem Sinne zu sondern wären. Bäche, Flüsse, Ströme führen zur Unterscheidung Namen, von denen bei der Vereinigung zweier gewöhnlich der beibehalten wird, der am bedeutendsten ist, oder dessen Quellen am weitesten entfernt sind. Es giebt jedoch vielfache Ausnahmen davon. (Elbe und Moldau, Inn und Donau).

Strom- oder Flußgebiet nennt man den ganzen Flächenraum, aus welchem eine Hauptwasserader ihre Zuflüsse bezieht.

Den Weg, den diese selbst nimmt, nennt man den Thalweg. Aus der Betrachtung, daß die Quellen höher liegen müssen als die Mündung, giebt sich im Allgemeinen das Bild eines Flußgebiets als ein ausgehöhltes Becken zu erkennen, dessen tiefste Furche der Thalweg des Hauptarms einnimmt, dessen Seitenflächen von den Nebenflüssen und Bächen vielfach durchschnitten werden und ihre

*) Wenn genügende Beobachtungen vorhanden wären, müßte sich eine Linie ziehen lassen, in welcher dieses Verhältniß durchweg stattfände. Sie würde aber nicht mit 45° B. zusammenfallen können, sondern abhängig von der Inflexion der Iso- und Isogeothermen, auch durch manche locale Verhältnisse (Höhe u. s. w.) Beugungen erleiden.

höchsten Punkte in der Gegend der Quellen haben. Ein solches Bild würde aber vollkommen ausgebildet nur da vorkommen können, wo ein Flußgebiet rein auf dem Wege der Spülung entstanden wäre; aber schon in dem geologischen Theil, da wo von der Bildung der Erdrinde überhaupt die Rede war (§. 16.), so wie später bei der Besprechung der Thalformen (§. 37.) ist mehrfach auf den zusammengesetzten Gang der Ereignisse hingewiesen, und dabei dem Wasser nur ein kleinerer Theil der Bildungsphänomene zugemessen worden.

Es kann daher nicht auffallen, das oben gewählte Bild eines Flußgebietes in der Natur nicht ausgeführt zu finden; ja wenn frühere Geographen und Kartenzeichner nach dieser Vorstellung verfuhren und nach theoretischen Maximen Karten entwarfen, die des Vergleiches mit der Natur entbehrten, so ist eben nicht zu verwundern, wie verschieden dieselben von der wahren Beschaffenheit blieben. Da dieselbe in den nächsten §§. betrachtet wird, so folgt hier nur noch eine gedrängte Uebersicht der Größe der vorzüglichsten Stromgebiete, die dadurch um so interessanter wird, als sie Verhältnißzahlen für die resp. Stärke der Hauptströme giebt.

Amazonenstrom	88,300	geogr.	□Ml.
La Plata . . .	71,000	„	„
Ob	63,000	„	„
St. Lorenz . .	62,000	„	„
Mississippi . . .	53,600	„	„
Jenisei	47,000	„	„
Amur	38,000	„	„
Lena	36,000	„	„
Hoangho . . .	33,600	„	„
Nil	32,600	„	„
Wolga	30,100	„	„
Ganges . . .	20,000	„	„
Indus	19,000	„	„
Orinoco . . .	17,000	„	„
Donau	14,400	„	„
Rhein	4000	„	„

Elbe . . . . . . 2800 geogr. □Ml.
Oder . . . . . 2100 „ „

§. 67. Wasserscheiden, Trageplätze.

Denkt man sich die Quellen aller zu einem Stromgebiete gehörenden Bäche durch eine Linie verbunden, so nennt man dieselbe die Wasserscheide, da sie zwei angrenzende Gebiete von einander scheidet. Nach der vorhin erörterten theoretischen Ansicht müßte nun die Wasserscheide stets der höchste Punkt des Gebiets sein, sie also stets den Kämmen der Gebirge folgen; folgende Betrachtungen lehren aber, wie falsch diese Auffassung ist.

Es giebt viele Gebirge, die auf die Wasserscheiden fast gar keinen oder doch nur einen sehr unbedeutenden Einfluß im Verhältniß zu ihrer Höhe ausüben. So bildet der Harz keine Hauptwasserscheide, sondern sendet nur ganz unbedeutende Nebenflüsse mittelbar der Elbe und Weser zu; ja der Wassertheiler dieser kleinen Gewässer liegt sogar fast rechtwinklich von N.O. und S.W. auf seiner Hauptlängenerstreckung, die sich von N.W. nach S.O. ausdehnt. Ganz ähnlich verhält sich der Thüringer Wald, dessen Wasserscheide auch quer auf seiner Richtung von N.W. nach S.O. liegt und auf seinem Südabhange Werra von Main, auf seinem Nordabhange Werra von Saale trennt.

Es würden also, wollte man hier die höchsten Rücken auf die Wasserscheiden legen, der Natur ganz entgegengesetzte Bilder zum Vorschein kommen. Betrachtet man andererseits einmal die Gebirge als Ausgangspunkt, so giebt es solcher Anomalien eben so viele, z. B. die Alpen und die parallel damit laufende Jurakette bilden das großartigste Thal Europas, das die geognostisch auch ganz verschiedenen Gebirge vollständig trennt. Man müßte also erwarten, in diesem von der Natur ganz regelmäßig gebildeten Becken einen Strom der Länge nach durchfließen zu sehen, der von beiden Rändern seine Hauptzuflüsse erhält; nichts desto weniger finden wir ein ganz entgegengesetztes Verhältniß. Im östlichen Theil nimmt die Donau mit ihren Zuflüssen das Thal ein, das mehr in der Mitte quer vom Rhein, und im Südwesten von der Rhone durchflossen wird, ohne daß die drei Ströme innerhalb durch irgend wie bedeutendere Erhebungen getrennt wären. Es würde demnach auch hier die ältere Ansicht, die von der Gestaltung der Flüsse auf die Erhebungen schloß, ein ganz verändertes Bild der Natur entwerfen; und solcher Beispiele noch viele anzuführen, wäre leicht; es möge jedoch hier damit genügen. Andererseits giebt es großartige Länderstrecken auf der Erdoberfläche, wo die bedeutendsten Wasserscheiden ohne alle Gebirge auftreten. So ist die großartige Wasserscheide, welche die Zuflüsse des Eismeers von denen der Ostsee, des schwarzen und caspischen Meeres trennt. Die Wasserscheidungsgegend bildet ein ungeheures Sumpfland im Gouvernement Minsk und den nördlichen Theilen von Volhynien, welches möglich gemacht hat, Kanäle zur Verbindung des Niemen, der Weichsel und des Dnieper zu bauen, die ganz ohne Schleusen sind. Ein anderes Beispiel dieser Art ist die ganz offne Stelle zwischen der Wolga und dem Don im Gouvernement Saratow, die durch nicht die geringste Erhebung getrennt ist. Solche Stellen an denen Flüsse nahe an einander treten, oder dicht bei einander entspringen oder durch trennende Gebirgsglieder geschieden sind, werden gewöhnlich Trageplätze genannt. Es muß hier noch kurz an die schon näher berührte Thatsache der Flußdurchbrüche (§. 37.) erinnert werden, die klar genug gegen jene Ansicht spricht. Es giebt fast keinen größern Strom, der nicht einmal eine Gebirgskette quer auf ihrer Streichungslinie durchsetzte, und ebenso fast keine größere Gebirgskette, die nicht einmal wenigstens so durchbrochen wäre. (Elbe im Erzgebirge, Weser in der Porta westphalica, und die häufigen schon mehrfach erwähnten Durchbrüche des Rheins.)

§. 68. Gabelung der Flüsse.

Es ist bisher der verschiedenen Arten der Wasserscheiden gedacht, die sämmtlich von der Lage der Gebirge als ganz unabhängig gefunden wurden; es kommt jedoch auch vor, daß zwei ganz selbstständige Ströme durch gar keine Wasserscheide getrennt sind, so daß ein Zweig des einen sich in den andern ergießt. Dieser Fall kann dann eintreten, wenn die Hauptrinne eines größern Stromes nahe einer Wasserscheide liegt, also auf einer Seite sehr lange Zuflüsse hat, während die andere fast an die des benachbarten Stromes grenzt. Es kann sich dann ereignen, daß an einer tieferen Stelle der Wasserscheide ein Theil der Wassermasse über diese in das benachbarte Thal tritt, ohne wieder zurückzukehren, was um so häufiger geschehen wird, je größer der Strom und je weniger vollkommen er sein Bett ausgearbeitet hat. Der getrennte Arm wird sich alsdann in den, das andere Thal durchströmenden Hauptstrom ergießen.

Eins der großartigsten Beispiele dieser Gabelung der Flüsse bildet der Orinoco. Er entspringt im Thale des Amazonenstroms, und läuft in entgegengesetzter Richtung auf der Südseite der Gebirgskette Parime noch 32 Meilen fort, bis er dieselbe durchbrechend in sein benachbartes Thal tritt, das er alsdann in seiner ganzen Ausdehnung durchfließt. Vor diesem Durchbruch theilt er sich jedoch und ein bedeutender Theil seiner Wassermasse fließt in einer Länge von 60 Meilen dem Rio negro, einem Nebenfluß des Amazonenstromes zu. Es besteht hier also in der That keine Wasserscheide zwischen beiden genannten Hauptströmen. Ein näher liegendes Beispiel solcher Gabelungen möge hier noch eine Stelle finden. Die Hase zum Stromgebiet der Ems gehörig, entsendet einen Arm unter dem Namen Else in die westphälische Werra, die sich in die Weser ergießt, es sind also hier ebenfalls beide Flußgebiete ungeschieden.

Diese eben erwähnten Verhältnisse können jedoch mit der Zeit eine Aenderung erleiden; wenn sich nämlich das Strombett des einen Flusses allmählig so vertieft, daß sein Niveau unter die Höhe der Wasserscheide sinkt, so wird die Gabelung diesseits aufhören, und jenseits als ein selbstständiger Nebenfluß weiter fließen, wie es z. B. bei der Gabelung des Arno stattgefunden hat, der früher durch die Chiana der Tiber einen Theil seiner Wassermenge zusandte. Sein Bett hat sich später so vertieft, daß die Chiana jetzt einerseits dem Arno zufließt, also zwei getrennte Nebenflüsse bildet, auf deren Wasserscheide der See von Monte publicano liegt.

§. 69. Richtung des Flußlaufes.

Es haben ältere Naturforscher behauptet, alle Flüsse nähmen ihre Richtung von Ost nach West, übereinstimmend mit den Parallelkreisen; eine Behauptung, die sich jedoch sehr bald als falsch herausgestellt hat und deshalb hier nicht näher erörtert zu werden braucht. Eine spätere, von anderen aufgestellte Ansicht beruht darauf, daß der Fluß den Schichten des Gebirges parallel bleibe und dasselbe da durchschneide, wo er den geringsten Widerstand findet. Trifft er auf hartes Gestein, so wird er ausbiegen, und im aufgeschwemmten Lande seine Ecken in sanfte Wellenlinien verwandeln. Zur Unterstützung dieser Hypothese lassen sich viele Beispiele aufführen, und namentlich von solchen, die im Innern der Gebirge fließen (Rhone im Wallis, Inn im Engadin, Salzach im Pinczgau ꝛc.). Die Betten der Flüsse sind bei allen Scheidethälern (§. 37.) auf der Trennung der Schichten eingegraben und laufen diesen parallel; nichts desto weniger kann diese Hypothese nie auf irgend welche Allgemeinheit Anspruch machen. Es verlassen von allen Flüssen der Alpen nur zwei (Sau und Drau) dieselben in einer den Schichten parallelen Richtung; alle übrigen schneiden dieselbe fast rechtwinklich, und geben namentlich die mehrfach erwähnten Verhältnisse des Rheins (§. 37.) den besten Beweis, daß der Fluß seine Richtung fast gar nicht ändert, während die Schichten zu seinen Seiten es mehrfach thun, er also von denselben ganz unabhängig ist. Endlich ist noch die Ansicht ausgesprochen worden, daß die Richtung des Hauptbettes eines Flusses nach der Aufnahme eines Nebenflusses nach dem Parallelogramm der Kräfte gebildet werde, eine Ansicht, die eben so wenig in der Natur allgemein begründet ist; denn ziemlich häufig sieht man den Hauptfluß unverändert seine Richtung beibehalten, während ein Nebenfluß fast rechtwinklich einmündet, oder es tritt sogar der Fall ein, daß der Hauptfluß in der Richtung des Nebenflusses weiter fließt, wie Rhone und Saone oder Donau und Drau u. s. w. Es ergiebt sich also daraus, daß die Richtung der Flüsse keinem dieser Gesetze Folge leistet, sondern dem Laufe der Thäler folgt, welche die Flußbetten sich je nach ihrer Wassermasse am bequemsten wählen konnten, und die, wie leicht erweislich, sehr verschieden sein werden, je nachdem man das Wasserniveau sich erhöht oder vertieft denkt.

§ 70. Gestalt des Flußlaufes.

Man theilt die Flüsse in zwei größere Hauptgruppen, die oceanischen und die continentalen, je nachdem sie ihr Wasser dem Meere zuführen, oder auf ihrem Laufe durch aufgelockerten Boden aus Mangel an einer Thalfurche allmählig einsickern und verschwinden. Ihrer individuellen Ausbildung der Gestalt nach trennt man vollendete Bildungen von unvollendeten, und legt ersteren drei Hauptstufen der Entwickelung bei, den obern, mittlern und untern Lauf, die, mit ihren besonderen Eigenthümlichkeiten gemeinschaftlich auftretend, dem Strom den Character des Entwickelten beilegen. Alle übrigen Formen sind unvollendet, wie die der Küsten- und Steppenflüsse, die nur einzelne jener Stufen, aber nie alle gemeinsam haben. Die characteristische Form derselben ist in Kurzem folgende:

1) Oberer Lauf. Man versteht unter demselben hauptsächlich denjenigen Theil des Flusses, der sich vollständig im Gebirge befindet, aus dem er entspringt. Das Strombett ist hier characterisirt durch geringe Breite, indem die hohen und steilen Uferränder so nahe zusammentreten, daß zwischen ihnen und dem Wasser fast kein Raum bleibt. Es fällt hier das Flußthal mit dem Flußbett zusammen, und es ist den Wassern meistens nicht gestattet, sich in dasselbe mehr einzuwühlen, da der Thalboden aus nacktem Fels besteht und nicht selten in der Verlängerung der Uferränder spitz zuläuft; er hat stets eine große Neigung, so daß das Wasser schnell und reißend darüber hinstürzt. So bildet der ganze Einschnitt, in welchem das Wasser eines Gebirges seinen Weg nach außen nimmt, stets seiner Form nach nur eine enge Spalte, deren Höhen beträchtlich sind, wenn man erwägt, daß z. B. in den Alpen die äußersten Ketten der Nordseite sich schnell bis zu 6 und 8000 Fuß erheben und die aus ihnen hervortretenden Flüsse nur in einer Höhe von 1200—1500 Fuß erscheinen, und daß sich diese Verhältnißzahlen in allen Hochgebirgen ähnlich stellen. Diese Spalten, über deren Entstehung schon früher gesprochen (§. 37.), setzen gewöhnlich in gradlinigter Richtung fort, doch kommt es auch vor, daß sie zackenförmig aufreißen, so daß sie an ihren oberen Rändern meistens noch

zusammenzupassen scheinen (Thal von Aosta). Es setzt sich indeß diese einfache Form nicht durch das ganze Gebirge fort, sondern häufig entstehen stufenförmig über einander liegende Erweiterungen, auf deren Boden die zurückweichenden Wände dem Strom Gelegenheit geben, bei sanfterem Fall in sein Thal sich auch ein Bett zu bahnen. Es treten so in Terrassen übereinander zeitweise diese beiden Formen vereint vor, denn dazwischen liegen wieder spaltenförmige Risse, in denen der Strom, Cascaden bildend, jählings in die Tiefe stürzt und mit seinem Wasser den engen Raum fast vollständig einnimmt. Solche Weitungen bilden meist die größeren Querthäler (§. 37.), während andererseits auch die Längenthäler zu denselben Verhältnissen der Terrassenbildung Veranlassung geben (Salzach, Reuß).

2) Mittlerer Lauf. Während im oberen Lauf entweder vollständig oder doch stets zum größten Theil der Strom einen gezwungenen, ihm bestimmt vorgeschriebenen Weg verfolgt, so nimmt er in seinem mittleren Laufe, der von seinem Austritt aus dem Hochgebirgslande an beginnt, stets seinen selbstständigen Gang. Die Thal- und Bettenbildung ist hier getrennt, denn die zurücktretenden, sanft geneigten Uferränder lassen dem Strom einen Raum offen, in welchem er sich nach den günstigsten Umständen seinen Lauf wählen und sein Bett ausarbeiten kann. Seine Wassermenge, seine Geschwindigkeit und der auf größere Strecken sich gleich bleibende Fall werden modificirend auf seine Thätigkeiten im Allgemeinen einwirken. Entgegengesetzt seiner früheren Richtung wird der nun freie Strom häufig von der gradlinigten Form abweichen und durch mancherlei Bedingungen eine geschlängelte verrundete Gestalt annehmen. Stößt der Strom z. B. auf ein Hinderniß, durch das er nach und nach zur Seite gedrückt wird, so spült er sich in das ihm nunmehr gegenüberliegende Ufer allmählig ein, und höhlt dasselbe durch Fortspülen an dieser Stelle aus; ist diese Form nun erst bestimmt gebildet, so lenkt sie ihn nach der entgegengesetzten Seite ab, an welcher das Wasser nun diesen Proceß erneut, und so kann das erste Hinderniß Grund für mehrere hintereinander folgende Biegungen sein. Es verändert sich demnach auch das Strombett dauernd, und so lange der Mensch die Widerstandskraft der Ufer durch künstliche Bauten

nicht verstärkt, wird dieselbe verhältnißmäßig sehr gering sein, da meistens der ganze Thalboden aus einem, vom Strome selbst gebildeten Schuttlande besteht. Das Querprofil eines Stromes wird in dieser Periode seines Laufes bei gradlinigter Bewegung eine elliptisch verrundete Furche bilden, die hinreichend tief ist, um seine Wassermenge zu fassen.

Die beiden Ränder werden unter gleichen Winkeln geneigt sein, und der stärkste Stoß des Wassers in der Mitte liegen, hier also auch die größten Tiefen vorherrschen; man nennt diesen Theil auch die Stromrinne. Geht der Strom dagegen in Biegungen fort, so wird der größte Wasserandrang stets auf der concaven Seite des Ufers liegen, die Stromrinnen also auch nach dieser Seite hin ausweichen und die Ufer hier steiler werden, während nach der entgegengesetzten hin der Boden des Bettes sich allmählig verflachen und stets seichter sein wird. Das Querprofil bildet also ein stumpfwinkliges Dreieck, dessen Spitze der concaven Seite am nächsten liegt.

Nächstdem findet sich im mittleren Lauf die Erscheinung der stufenförmigen Absätze, wie im oberen häufig wiederholt, nur in größeren Dimensionen. Sie geben sich an den Thalrändern dadurch zu erkennen, daß sie erweitert, bedeutend vom Strome zurücktreten, so die Stelle der ehemaligen Seenbildung andeutend, und daß sie, sich verengend, die Stelle bezeichnen, wo der Durchbruch stattgefunden hat. Die Kraft der Gewässer hat hier aber durch die Bettenbildung die größeren Unterschiede verwischt, es zeigen sich keine Wasserfälle mehr; sondern nur auf dem Felsenboden stehengebliebene niedrige Stufen werden von dem Strom überschritten, und geben Veranlassung zu den Stromschnellen und Strudeln, mit deren letztem der Fluß nicht selten in seinen untern Lauf eintritt (Donau, Elbe, Rhein).

3) Der untere Lauf. Der untere Lauf, da beginnend wo die Herrschaft des Meeres anfängt einen Einfluß auszuüben, zeigt eine noch geringere Neigung der Bodenfläche, als der mittlere Lauf. Die den Strom hier noch begränzenden Uferränder hören gänzlich auf, und er tritt in eine ununterbrochene Ebene, die der willkührlichen Wahl seines Ganges kein Hinderniß mehr entgegensetzt. Selbst

ein Product seiner Thätigkeit, bleibt sie der Schauplatz stets neuer Veränderungen. Der Strom hört auf ein einfaches Rinnsal zu bilden, er gabelt und verästelt sich mannigfaltig, und nicht eingeschränkt von dem Nützlichkeitstrieb der Menschen, verändert er Zahl und Größe der Zweige oft, und geht so, schon einem Meeresarm süßen Wassers vergleichbar, langsam seinem Mündungsort zu. In der Zusammensetzung dieser drei Hauptformen hat die Natur die mannigfachsten Combinationen hervorgerufen. In den einzelnen Strömen sind die Uebergänge und Vermittelungen der einzelnen Gebiete der verschiedensten Art; nicht selten erscheinen Rückfälle aus einer Stufe in die andere, und die Verschiedenartigkeit der Formen ist eben so vielfältig als in der Oberflächengestaltung des Landes, bei der, ebenso wie hier, die Gesetzmäßigkeit scheinbar verschwindet, sowie die Anschauung in's Einzelne geht.

§. 71. Deltabildung

Die Ströme bilden häufig bei ihrem Austritt in das Meer einen eigenthümlichen, stets dem griechischen Buchstaben Δ ähnlich gestalteten Landstrich, der deshalb sein Deltaland genannt wird. Die Bildung desselben geht in folgender Weise vor sich. Der an seiner Mündung langsam fließende Strom hat nicht mehr die Kraft, seine bis hierher geführten, festen Bestandtheile weiter zu bewegen, und wird dieselben an den Stellen seines Bettes fallen lassen, an welchen durch geringere Tiefe die Geschwindigkeit verringert ist. Auf diese Weise wird sich eine Insel über den Wasserspiegel erheben, die den Strom zur Seite schiebt und nöthigt, sich in zwei Armen gabelförmig in's Meer zu gießen, die nun immer mehr sich ihre Rinnen ausspülen, dadurch das Ansehen zweier selbstständigen Ströme erlangen und bald nicht mehr im Stande sind, die zwischen ihnen gebildete Insel zu überschwemmen. Diese wächst an ihren Rändern indeß dammartig fort, da die durch die Gabelung vermehrte Lebhaftigkeit des Flusses seine Bestandtheile aus der Mitte zur Seite schiebt, und so die Mündungsdämme immer mehr dem Meere nähert. Ununterbrochen spülen die Meereswogen dagegen und verwaschen jene, indem sie die erdigen Massen derselben zur Seite führen und an den Küsten als parallele Untiefen absetzen, die sich nun um so mehr von dem Lande entfernen, je mehr die Mündungsdämme in's Meer hinausrücken. Die Fallthätigkeit des Stroms wird mit jedem Schritt geringer, und er dadurch bewogen, mehr und mehr seine Bestandtheile fallen zu lassen; hierdurch wird sein Bett versandet; es können sich vollständige Flußriegel bilden, die das Wasser anstauen, und, wenn auch anfangs noch einige Male durchbrochen, doch endlich den ganzen Strom zu erneuten Gabelungen nöthigen, deren Zahl und Größe von den einzelnen Umständen jeder besonderen Localität abhängt; die allmählig aus den Untiefen über den Wasserspiegel hervorgetretene dreieckige Insel wird wiederum mehrfach durchschnitten, und alle diese einzelnen Mündungen wiederholen nach einander die Erscheinungen der ersten. Die Gabelungsstelle verändert durch das unausgesetzte Andringen des Stromes dagegen ebenfalls ihre Stelle und rückt allmählig dem Meere zu, ebenso wie die Basis des Dreiecks, welche durch die mehrfachen Spaltungen zwar schmaler werden kann, dafür aber auch stets in's Meer weiter vorgebaut wird. Besitzt der Strom an einzelnen Stellen oder nur zu gewissen Zeiten eine größere Kraft, so wird er seine erdigen Theile weiter von der Küste ab erst im Meere fallen lassen, das, ganz ebenso wie vorher verfahrend, eine mit der Küste parallele Reihe Untiefen bildet, die allmählig bis zur Wasserfläche steigt, und durch die sich daran brechenden Wogen das aus der Tiefe aufgewühlte Material zur ferneren Erhöhung und Ausbildung erhält. Dabei helfen die Landwinde nicht selten mit, indem sie den mit sich geführten Sand wallartig aufhäufen und dadurch auch den Raum herstellen, auf dem eine Vegetation Wurzeln schlagen und zur Befestigung der Erdmasse beitragen kann. Solche Sanddämme heißen Dünen; hängen sie, durch die Entstehungsart dazu vorbereitet, mit der Küste an einer Seite zusammen, so heißen sie Nehrungen. Ebbe und Fluth treten allen diesen Bildungen hinderlich in den Weg, da sie dieselben theils zertrümmern, theils mit hinaus in's Meer nehmen, daher sind die ausgebildetesten Formen in der Ostsee und dem mittelländischen Meere, denen die Gezeiten fehlen. Besonders an der Weichsel und dem Nil sind alle berührten Verhältnisse vollkommen ausgebildet;

die Oder hat ein zu umfangreiches Deltaland gebildet und deshalb dasselbe nicht vollständig ausgefüllt; daher hier die beiden getrennten Inseln zwischen den gabelartig auseinandergehenden Mündungsarmen. Donau und Po zeigen bei der Deltabildung keine Nehrungen, da der Meeresstrom an beiden Stellen von der Küste abgerichtet ist, während nur ein, nach der Küste zu gerichteter Strom diese Bildung begünstigt. Münden Ströme in das offene Meer, das die Erscheinungen der Ebbe und Fluth hat, so werden sich meist regelmäßig geformte Inseln vor den Mündungen bilden, da lang zusammenhängende Dünenreihen zerrissen werden würden, wie Beispiele davon die Mündungen an den Nordseegestaden liefern. Treten Ebbe und Fluth gerade in die Mündung hinein und stauen dadurch die Wassermassen an, Erscheinungen, wie sie am Amazonenstrom beispielsweise erörtert sind (§. 56), so werden sie Veranlassung, daß sich weder Inseln, noch Deltas, noch Nehrungen bilden, es entsteht eine gabelförmige Erweiterung des Flusses, die sein negatives Delta genannt wird.

Der Grund zu dieser Erscheinung ist der, daß die aufgestauten Massen des Fluth- und des Flußwassers gemeinsam bei eintretender Ebbe mit großer Schnelligkeit und Kraft zum Meere strömen, also alle erdigen Bestandtheile weit in's Meer spülen und demselben dadurch nicht selten Gelegenheit geben, die sogenannten fliegenden Sandbänke, d. h. solche zu bilden, die ihre Lage, der fortdauernden Spülung wegen, öfters ändern, und dadurch der Schifffahrt besonders gefährlich werden. Negative Deltas haben von europäischen Strömen u. a. Elbe, Gironde, Tajo, Firth bei Edinburgh; außerdem noch die stark und viel Eis treibenden Ströme, bei denen dadurch die Anschwemmungen wieder vernichtet werden (Ob, Jenisei).

§. 72. Beschaffenheit des Flußwassers.

Das Flußwasser gehört in die Kategorie der sogenannten weichen Wasser und ist chemisch viel reiner, als das Quellwasser. Durch die größere Berührung mit der Luft und durch das Aufnehmen aller atmosphärischen Niederschläge scheiden sich die in den Quellen enthaltenen Bestandtheile theils ab, theils werden sie durch die große

Verdunstung fast nicht bemerkbar. Als Ausnahme von dieser sonst allgemein gültigen Regel sind nur die salzigen Flüsse der caspischen Steppe und die kleinen Essigströme am Vulkan von Purace bei Popayan bekannt, die einen nicht unbedeutenden Gehalt an Schwefel- und Salzsäure von ihrem Ursprungsort mit fortführen.

Dagegen führen die Ströme stets eine bedeutendere Menge von mechanisch beigemischten Unreinigkeiten mit, die in den verschiedenen Stromstufen sowohl materiell als formell von einander unterschieden sind. Als wilder Gebirgsbach hoch über steile Felsenabhänge wegstürzend, hat der Strom eine große Gewalt und reißt mächtige Stücken seiner felsigen Ufer mit fort, deren bedeutendste (manchmal im Durchmesser 6 Fuß) da liegen bleiben, wo die treibende Kraft durch Abnahme der Neigung sich zu mildern anfängt.

Diese Anhäufung der größeren Bruchstücke, Geröll oder Geschiebe genannt, wird durch die folgenden kleineren, die der Strom noch fortzuführen im Stande ist, und durch die dem Wasser eigne auflösende Kraft, allmählig verringert, abgeschliffen und so zerstört, daß der Strom abermals im Stande ist die Trümmer davon weiter zu tragen, während in die Stelle der eben fortgeschwemmten bald auf dieselbe Weise andere abgelagert werden. Die kleineren Theile werden nun während ihres Laufes beständig abgeschliffen und erhalten durch stete Verrundung der Ecken eine fast regelmäßig ovale Gestalt. Mit allmählig geringerer Kraft wird der Strom auch bald nicht mehr im Stande sein, diese Theile weiter zu treiben, und läßt sie als den sogenannten Grand oder Kies fallen, um aus ihm den Boden seines Bettes im mittleren Lauf zu bilden. Stets neue Theile daran vorbeistreifend, arbeitet der Strom den Grand endlich in Sand um, den er wieder weiter mit sich fortführt, und durch denselben Hergang stets feiner und feiner darzustellen sucht, bis er ihn als Triebsand an seiner Mündung absetzt. Während seines ganzen Laufes übt der Strom auf seinen Grund und seine Ufer einen mehr oder weniger zerstörenden Einfluß aus, je nachdem seine Geschwindigkeit größer oder kleiner ist. Er wird deshalb, auch außer seinen von der Quelle mitgebrachten Bestandtheilen, auf seinem Wege deren mitnehmen, und dieselben ganz in der erwähnten Weise stets verkleinernd dem Meere zuführen. Die Eigenschaft des Stromes, seine mitgeführten fremden Bestandtheile da abzusetzen, wo entweder seine Geschwindigkeit nachläßt oder er auf besondere Widerstände trifft, ist ein wichtiges Moment zur Stromregulirung. Die sogenannten „Stromregulirungsbauten“ von verschiedener Art und Namen haben alle den Zweck, an bestimmten Stellen Versandungen herbeizuführen, wodurch neue Ufer von bestimmter regelmäßiger Form entstehen. Die Regelmäßigkeit der Ufer bewirkt dann von selbst eine Regelmäßigkeit des Bettes und Gefälles. Wird dieser fein vertheilte Sand mit großen Quantitäten verfaulter vegetabilischer und animalischer Reste vermischt, so heißt er Schlamm, der häufig von den Flüssen bis ins Meer geführt, mit diesem jedoch verbunden, durch die Wogen ans Ufer zurückgeworfen wird. Er erhält dadurch eine eigenthümliche Beschaffenheit und wird, für den Boden besonders fruchtbar, das unter dem Namen Schlick bekannte Material der Marschgegenden, das ihnen ihre Vegetationskraft verleiht.

§. 73. Bildungen des Flusses während seines Laufes.

Diese von allen Flüssen mehr oder weniger mitgeführten festen Bestandtheile geben Veranlassung zur Bildung von Werdern, Sandbänken und Inseln während seines Laufes, deren Größe und Zahl bedingt ist von der Wassermasse, die der Fluß bewegt, von der Geschwindigkeit, mit welcher dies geschieht, und endlich von der größeren oder geringeren Menge Geschiebe, die in demselben enthalten sind. Veranlassung zur jedesmaligen Bildung können verschiedene Ursachen geben. Im Allgemeinen entstehen sie da, wo die Geschwindigkeit des Stromes plötzlich abnimmt, und er deshalb seine festen Bestandtheile fallen läßt, daher also bei Biegungen der Flüsse an der converen Seite des Ufers, bei plötzlichen Erweiterungen des Stroms, und endlich auch unterhalb der Stelle, wo Nebenflüsse einmünden. Die Geschiebe werden hier plötzlich vermehrt und der Strom läßt einen Theil fallen. In Gegenden, in denen der Strom groß, träge und mit vielem Sande belastet ist, geht in seinem unteren Theile, seinem eigentlichen Deltalande, die Inselbildung mit unglaublicher Schnelligkeit vor sich. Ein steckengebliebener Baumstamm oder ein untergegangenes Boot reicht oft im Ganges hin, in Kurzem eine Sandbank zu erzeugen, die bald über den Spiegel des Wassers tritt; bei einer Fluth mit Schlamm bedeckt, giebt es auch sogleich der Vegetation Gelegenheit, sich auf ihr auszubreiten, und der Mensch säumt nicht, sie baldigst nutzbar zu machen. Die gewöhnlichste Form einer so gebildeten Insel ist eine längliche, stets der Stromrichtung eine kreisförmige Abrundung entgegenstellend, da diese dem Wasserandrange den größten Widerstand zu leisten im Stande ist, während das andere Ende unterhalb stets in eine mehr oder weniger scharfe Spitze zuläuft. Außer auf die oben beschriebene Weise entstehen auch Inseln durch das Gabeln der Ströme; wenn nämlich die sich trennende Wassermasse nicht in ein anderes Stromgebiet übergeht, sondern nach einer gewissen Zeit zum Hauptstrom zurückkehrt. Dasselbe gilt bei scharfen und sehr weit ausgedehnten Biegungen, die in einer nicht zu großen Entfernung in ihre Hauptrichtung zurückkehren. Bei großer Fluth kann das eine Biegung veranlassende Hinderniß vielleicht überschritten werden, der Strom sucht sich einen directen Weg, schneidet so die den Umweg verursachende Landzunge ab, und verwandelt sie in eine Insel.

§ 74 Bewegungen des Wassers im Flusse.

Was die Geschwindigkeit der Bewegung des Flußwassers betrifft, so hängt dieselbe von den mannigfachsten Ursachen nach sehr verwickelten Gesetzen ab; es ist hier nicht der Ort, dieselben genauer anzuführen, und soll daher nur Einiges kurz angedeutet werden. Soll in einem offenen Kanal eine Bewegung eintreten, d. h. das Fließen anfangen, so muß Gefälle da sein, oder mit andern Worten, die Oberfläche muß eine geneigte Fläche zum Horizont bilden; ist diese Fläche horizontal, so erleiden die Theilchen alle denselben Druck und ein Fließen ist nicht möglich. Daraus geht hervor, daß die Neigung des Bodens von keinem Einfluß ist, denn derselbe kann horizontal, ab- oder aufwärts geneigt sein, und dabei ein Fließen oder ein Stillstand vorhanden sein. Die Gesetze sind nun nicht, wie man glauben könnte, diejenigen des Falles auf einer schiefen Ebene, hier durch die Oberfläche des Wassers dargestellt; denn in diesem Falle müßte die Geschwindigkeit eine beschleunigte sein, was, wie bekannt, nicht der Fall ist. Der Druck des nachfolgenden Wassers, der Widerstand des vorhergehenden, die Reibung an den Ufern und auf dem Grunde, die Ausbreitung und Verengung des Bettes bedingen die verschiedene Geschwindigkeit des Flusses. Beharrungszustand eines Stromes nennt man den Zustand desselben in einer gewissen Zeit, in welcher seine Höhe in allen Theilen dieselbe bleibt. In diesem Zustande fließen in gleichen Zeiten durch alle Querschnitte gleiche Wassermengen; haben diese Querschnitte eine gleiche Größe, so ist auch die mittlere Geschwindigkeit dieselbe. Man hat stets nur diese ins Auge zu fassen, denn in ein und demselben Querschnitt ist sie an allen Punkten nicht gleich. An den tieferen Stellen ist sie gewöhnlich größer, als an den flacheren, und auf der Oberfläche größer, als an dem Boden, daher ist stets bei allen Messungen erst die mittlere Geschwindigkeit zu ermitteln. Eine gleichmäßige mittlere Geschwindigkeit findet aber auch in dem Beharrungszustand nur auf sehr kurze Strecken statt, weil die Querschnitte in einem Fluß sehr schnell ihre Größe wechseln. Wird der Querschnitt kleiner, so nimmt die Geschwindigkeit zu; wird jener größer, so nimmt diese ab, daher auch die allgemeine Erscheinung, daß die Geschwindigkeit im unteren Laufe stets kleiner ist, als im mittleren und oberen. Außerdem haben auch noch die mannigfachen Widerstände, die das Wasser in seinem Laufe im Bette erfährt, einen bedeutenden Einfluß auf die Geschwindigkeit; die Beschaffenheit des Bodens und der Ufer, sowie die Menge und Art des mitfortgeführten Materials, die größere oder geringere Tiefe u. m. a. bedingen jene Widerstände. Alle diese Zustände werden dadurch um so verwickelter, als ein Fluß nie längere Zeit im Beharrungszustand bleibt, sondern periodisch oder unregelmäßig seinen Wasserstand wechselt, bald sinkt, bald steigt. Die Veranlassung zu solchem Steigen des Wasserstandes oder gar zu Ueberschwemmungen liegen theilweise in den augenblicklich fallenden Niederschlägen, theils in dem Schmelzen der Schnee- und Eismassen auf hohen Gebirgen.

In den mittleren und höheren Breiten sind, wie später näher gezeigt wird (§. 118.), die Regenmengen durch das ganze Jahr fast gleichmäßig vertheilt, daher wird ein Steigen und Fallen des Flusses das Product der zufälligen Vermehrung der Niederschläge sein, und weder die Zeit des Eintreffens, noch die Dauer wird regelmäßig wiederkehren. Ueberschwemmungen werden überhaupt nur dann stattfinden, wenn die wassermehrenden Ursachen sehr schnell eintreten, also überall gleichzeitig und plötzlich der Schnee der Gebirge stark schmilzt, oder auch in der heißen Jahreszeit, wenn ein Wolkenbruch plötzlich auf einen verhältnißmäßig beschränkten Raum sich ergießt, so daß das Wasser im Verhältniß der Zunahme nicht rasch genug abfließen kann. Anders gestalten sich jedoch die Verhältnisse im Tropenklima. Hier herrschen nur zwei Jahreszeiten; und zwar regnet es in der einen niemals oder doch nur höchst selten, in der andern dagegen täglich und sehr reichlich; man nennt sie daher die trockene und die nasse Jahreszeit (siehe §§. 118. 119. 120). Es werden daher, diesem Verhältniß entsprechend, die Flüsse jener Länder periodisch und regelmäßig wiederkehrend das Phänomen des Steigens und Fallens zeigen. Es wird bei jedem einzelnen nach der Vertheilung des Wechsels der Jahreszeiten in bestimmten Zeiten, und dann auch stets nahe in derselben Höhe ein Austreten bedingen, das um so mehr Wichtigkeit für die Kultur des Landes gewinnt, und Gegenstand der besonderen Beachtung der Anwohner werden muß, als es durch seine Regelmäßigkeit aus der Reihe der rein zufälligen in die der gesetzmäßigen Ereignisse tritt.

Beispiele dazu geben besonders der Ganges, Euphrat und Tigris, die Ströme von China, Amazonenstrom, Orinoco und ein vor allen schönes, der Nil. Hier hat sich die wichtige Thatsache ergeben, daß man aus seinen Absätzen von Schlamm bei seinen Ueberschwemmungen, das Alter der an seinen Ufern erbauten Denkmäler schätzen kann. Er erhöht das ganze Thal Aegyptens, so wie sein Bett in 100 Jahren um 4,65 Zoll und giebt demselben durch seine Ueberschwemmungen allein die Möglichkeit, eine Vegetation zu erzeugen, da es das ganze Jahr hier nicht regnet. So ernährt dieser Strom noch heute das Land, das ausschließlich als ein Product seiner Thätigkeit angesehen werden muß.

§. 75. Frieren der Flüsse. Eisgang.

Das Wasser hat, wie bereits erwähnt, bei einer Temperatur von + 4° C. sein Dichtigkeitsmaximum. Sinkt nun die Temperatur der Luft mehr, so geht daraus hervor, daß, ehe eine Verringerung der Wassertemperatur eintreten kann, die ganze Masse bis + 4° erkältet sein muß, da stets die durch die Abkühlung dichter gewordenen Wassertheilchen nach der Tiefe sinken und unten durch wärmere ersetzt werden. Ist nun die Abkühlung bis auf den Grund erfolgt, und wird oben noch vermehrt, so wird das Wasser dadurch leichter, kann also nicht mehr sinken, und gefriert mithin an der Oberfläche zuerst, während es nach unten hin noch flüssig bleibt. Diesem Umstande hat man es zu danken, daß nicht mit jedem Eisschmelzen die furchtbarsten Verwüstungen eintreten, denn würde das Wasser mit zunehmender Kälte bis 0° gleichmäßig dichter, so würden alle Ströme vom Boden auf gefrieren, während des Winters eine feststehende Masse bilden, und bei dem Eintritt der Schmelze alle Umgebungen auf's fürchterlichste verheeren. Dennoch ereignen sich solche Unglücksfälle noch oft, aber aus andern Ursachen. Stärkere Ströme frieren im Allgemeinen selten ganz zu, sondern bedecken nur an den Ufern ihre Oberfläche mit einer stehenden Eisdecke, ihre Stromrinne offen haltend.

Tritt nun durch eintretende Wärme eine Wasserzunahme ein, so wird das Eis an den Uferrändern losgerissen, oder, hatte sich über den ganzen Fluß eine Decke gebildet, dieselbe durch Zunahme des darunter fließenden Wassers gehoben und zerrissen, und es werden die Eisschollen den Strom hinabgetrieben. Durch Biegungen, Inseln, Verengungen u. s. w. werden die vordersten aufgehalten und oft von den folgenden ereilt, die sich nun mit Gewalt darüber hinwegschieben, so einen Damm bilden, der bald bis zum Boden zunimmt, zu stehen kommt und dadurch ein Stauen der nachdringenden Wassermassen verursacht, das auf's Aeußerste gefährlich werden kann. Die mit Eisschollen noch beschwerten Wogen erheben sich über die Ufer, rings um dieselben die größten Verheerungen anrichtend, bis sich der vorgelegte Damm allmählig in Bewegung setzt, und den aufgeregten Wassern die Möglichkeit des Abflusses giebt.

Drittes Kapitel.

Von den Landseen.

§. 76. Vorkommen der Seen.

Jede Wasserfläche die in einem weiten Becken zusammengelaufen und ringsum von Land umgeben ist, nennt man einen See. Die Vertheilung der Seen über die Erdoberfläche ist sehr verschiedenartig. Besonders reich an Seen ist das ganze Gebiet der Ostsee, sowohl an ihren nördlichen wie südlichen Gestaden; ferner in Europa der nördliche so wie der südliche Fuß des Alpengebirges, der ganze Theil Nordamericas nördlich von 40° B. ein Gebiet mit einer zahllosen Menge von Seen bedeckt, und endlich ganz Inner-Asien mit den nördlich daran grenzenden Theilen Sibiriens. Dagegen als besonders arm ist ganz Africa zu nennen, in welchem Erdtheil überhaupt nur zwei bedeutendere Seen (Dembea- und Tschad-See) bekannt sind, sowie aus der gegebenen Vertheilung überhaupt hervorgeht, daß fast alle Seen auf der nördlichen Halbkugel liegen, und die südliche nur den bedeutenden Titicaca-See aufzuweisen hat.

Was die Vertheilung der Seen in verticaler Erhebung betrifft, so unterscheidet man Gebirgsseen und Seen des ebenen Landes. Unter ersteren erreicht der eben genannte Titicaca-See die bedeutende Höhe von 2000 Toisen, während unter den Alpenseen der Trüb-See im Kanton Unterwalden noch 1100 Toisen, der Walchen-See 400 Toisen, der Bodensee 200 Toisen über dem Meeresspiegel liegt. Unter den Seen des ebenen Landes tritt der besonders merkwürdige Fall einigemal auf, daß einzelne Seen unter den Spiegel des Meeres hinabsinken. So haben vielfache Messungen trotz der auffallendsten Widersprüche von einigen Seiten*) hinlänglich erwiesen,

*) 1811 hat der jüngere Parrot ein Barometer-Nivellement vom Kaspischen See nach dem schwarzen Meer ausgeführt und im Durchschnitt eine Depression von 50 Toisen gefunden, dieses Resultat aber nach einem andern Nivellement, das er im Jahre 1830 unternahm, widerrufen. Es sprechen aber noch folgende Berechnungen dafür: Chappe d'Anteroche aus Barometerbeobachtungen 51 Toisen. Petersburger Akademie berechnet Astrachan 54 Toisen niedriger als Petersburg. Lotkin 39 Toisen Wolga tiefer als atlantischer Ocean. Wisniewsky Kaspischer See 43 Toisen tiefer als schwarzes Meer. Erman setzt diese Tiefe = 42 Toisen.

daß der Kaspische See nahe an 50 Toisen unter dem Spiegel des schwarzen Meeres liegt, während das todte Meer und der See von Tiberias ebenfalls diese Eigenschaft theilen, aber erstgenanntem bedeutend an Umfang nachstehen.

§. 77. Arten der Landseen.

Man hat besonders zwei Arten von Seen zu unterscheiden, solche nämlich die keinen Abfluß für ihre Wasser haben, von solchen, bei denen ein Abfluß stattfindet, da bei beiden verschiedene Erscheinungen eintreten.

1. Seen ohne Abfluß. Die Art, wie die Ansammlung des Wassers erfolgt ist, kann verschieden sein: entweder direct durch einen einströmenden Fluß, oder durch Quellen, die sich auf seinem Boden befinden, permanent, oder endlich durch Schmelzen des Schnees und Ansammlung des atmosphärischen Niederschlags, periodisch. Es leuchtet ein, daß bei dieser Klasse von Seen die einzige Verausgabung an Wasser durch Verdunstung stattfindet, und daß, da fast bei allen ein constantes Niveauverhältniß gefunden wird, die Wassereinnahme mit der Wasserausgabe übereinstimmen muß, mag die erstere auf die eine oder andere Weise erfolgen. Denkt man an den Hergang der Seenbildung, so ist es auch natürlich, daß dieser Zustand bald eintreten mußte. Um den See überhaupt hervorbringen zu können, muß anfangs der Zufluß größer als die Verdunstung gewesen sein. Das Wasser stieg in den es einschließenden Wänden in die Höhe, wodurch die Oberfläche vergrößert und die Verdunstung mit ihr vermehrt wurde, ein Verhältniß, das so lange wuchs, bis sich der noch bestehende Zustand einstellte.

Werden gleichzeitig mit dem Wasser feste Bestandtheile in den See geführt, so wird er anfänglich mehr steigen, als unter den vorhin angegebenen Umständen, und die Zunahme an Höhe jährlich so lange kleiner werden bis die Verdunstung nicht nur das direct empfangene Wasser, sondern auch so viel zu verausgaben im Stande ist, als durch die Einführung der Geschiebe der Spiegel wächst, bis also wieder ein constantes Niveauverhältniß eingetreten ist. Die Zeit ehe dieses eintritt, ist um so geringer, je flacher die Uferränder des Sees waren, je mehr er also jährlich seine Oberfläche durch verhältnißmäßig geringes Steigen vergrößerte. Die festen Bestandtheile werden im See abgelagert und bilden in ihm eine Sandbank oder Insel, oder wenn die früher schon angegebenen und hier nur mit wenigen Modificationen noch gültigen Bedingungen zu einer solchen Bildung nicht vorhanden sind, entsteht eine allmählige und gleichmäßig fortschreitende Erhöhung des Seebodens.

2. Seen mit einem Abfluß. Der Abfluß des Sees kann auf verschiedene Art gebildet worden sein. Ist er älter als der See selbst, so nimmt man letzteren als durch das theilweise Einstürzen eines ehemaligen Flußbettes gebildet an, das von dem zufließenden Wasser nun erst wieder gefüllt werden mußte, ehe der fernere Abfluß erfolgen konnte.

Ist der See älter als die, den Ausfluß seiner Wasser gestattende Oeffnung, so ist dieselbe entweder ein Product des Sees selbst, dessen einschließende Wände an einer Seite dem Seitendruck nachgegeben und einen Durchbruch der Wasser möglich gemacht haben, oder es ist diese Oeffnung durch gewaltsame Zerreißung der Felswande bei irgend einem Erdbeben entstanden, wodurch den Wassern ein plötzlicher Abfluß gestattet worden ist. Geologische Untersuchungen werden letzteren Fall häufig bestimmt nachzuweisen im Stande sein, da die Spuren, die der früher höher liegende Wasserspiegel an seinen Ufern zurückgelassen hat, noch oft zu erkennen sein werden. (§. 37.). Endlich kann noch der See mit dem Ausfluß gleichzeitig bei der Bildung der sie begrenzenden Uferränder entstanden sein. Der Zu- und Abfluß eines Sees finden sich entweder an den gegenüberstehenden Enden (Genfer-, Bodensee), oder an den gegenüberstehenden Seiten (Baikalsee), oder an einem Ende und einer Seite (Nor Saisan) oder endlich an einer Seite oder einem Ende zugleich (Ladoga-, Onega-, Ilmensee.) Diese relative Stellung des Zu- und Abflusses zu einander ist von Einfluß auf die im See entstehenden Strömungen, die um so entschiedener sich aussprechen werden, wenn einer der beiden erstgenannten Fälle eintritt. Es giebt sich dann über den ganzen Spiegel des Sees ein Gefälle kund, das bei dem Genfersee 10′, bei dem Lago maggiore über 8 Toisen beträgt, woraus hervorgeht, daß solche Seen schon mehr die Eigenschaft des fließenden Wassers annehmen, indem ihre Oberfläche nicht mehr eine horizontale Ebene bildet; da das Niveau auch bei dieser Klasse von Seen constant zu bleiben pflegt, so muß natürlich die Ausgabe an Wasser durch Verdunstung und der Abfluß gleich der Einnahme sein, wenn das zufließende Wasser klar ist, oder, wenn letzteres Geschiebe mit in den See führt, um so viel mehr betragen, als der Spiegel dadurch veranlaßt würde zu steigen. Nehmen die Zuflüsse an Wassermenge zu, so steigt der See, und entladet auch durch den größeren Querschnitt seines Abflusses mehr Wasser, es wird also bald wieder das constante Verhältniß eingetreten sein; nehmen die Zuflüsse aber ab, so kann es geschehen, daß die Oberfläche unter das Niveau der Ausflußöffnung sinkt und diese muß alsdann zu fließen aufhören. Dies letzte Resultat kann aber auch dadurch hervorgebracht werden, daß durch locale Aenderung in den klimatischen Verhältnissen der Gegend eines Theils die Verdunstung vermehrt, andern Theils die Wasserzunahme durch den atmosphärischen Niederschlag verringert wird, und deshalb das Niveau ebenfalls zu sinken anfängt. Dies scheint z. B. der Fall zu sein beim Platten- und Neusiedlersee, deren Abflußkanäle nach der Donau hin versumpft sind, und die deutliche Spuren einer ehemaligen größeren Ausdehnung zeigen.

§. 78. Temperatur der Landseen.

Schon aus früher Gesagtem (§. 54.) geht hervor, daß Seen ihre Temperatur viel langsamer verändern, als die Luft, durch welche diese Temperatur verändert ist. War Wasser unter + 4° C. abgekühlt, und es tritt eine Zunahme der Wärme ein, so werden die an der Oberfläche befindlichen Schichten durch die größere Erwärmung schwerer, und sinken zu Boden, es tritt also erst eine zeitraubende Bewegung in senkrechter Richtung ein, durch welche die ganze Wassermasse bis auf + 4° C. erwärmt wird. Nimmt die Temperatur mehr zu, so bleiben die dadurch erwärmten Schichten oben und die schlechte Leitungsfähigkeit des Wassers verhindert ein baldiges Eindringen der Wärme in tiefere Stellen; daher entsteht eine große Differenz in der Wärme zwischen den oberen und unteren Schichten, die bis 12° und darüber gefunden worden ist; eine Differenz, die in den kalten Jahreszeiten viel weniger auftreten kann, da eine schnellere Ausgleichung durch Bewegung von oben nach unten stattfindet. Das Wasser ist aus denselben Gründen während der Tageszeiten durch den Gang der Sonne viel weniger afficirbar und im Sommer daher stets wärmer als die Nachttemperatur der Luft, und im Winter kälter als die Mittagstemperatur der Luft. Diese einfachen Verhältnisse werden aber dadurch sehr modificirt und zu gleicher Zeit complicirt, daß die Seen Zu- und Abflüsse haben. Beide können nun an der Oberfläche, oder auf dem Grunde des Sees ein- und ausmünden, und die Temperatur muß im Allgemeinen erniedrigt werden, wenn die Zuflüsse kurze Gebirgsbäche oder direct auf dem Boden des Beckens mündende Quellen sind, und wenn der Abfluß an der Oberfläche liegt also die oberen warmen Wasserschichten wegführt, — und erhöht, wenn die umgekehrten Verhältnisse statt finden. Das Frieren eines Sees kann aus den mehrfach erörterten Gründen nicht eher beginnen, als bis die ganze Wassermasse auf + 4° abgekühlt ist, und geschieht dann von der Oberfläche abwärts. Es ist daher die allgemein bekannte Thatsache leicht erklärlich, warum ein tieferer See schwerer friert, als ein seichter. Es gehört nämlich vor Allem eine längere Zeit dazu, die bei weitem größere Wassermasse bis auf den Grund abzukühlen, außerdem ist die Mitteltemperatur eines tiefen Sees deshalb gewöhnlich etwas höher, weil der erwärmende Einfluß des Bodens in großerer Tiefe bedeutender sein muß (§. 6.). Ein Beispiel auffallender Art bietet der kleine aber unergründliche See bei Loch Neß in Schottland, der nie friert, während 17 Meilen davon der grüne See fast immer mit Eis bedeckt ist.

§. 79. Farbe, Durchsichtigkeit der Seen.

Das von der Farbe des Meerwassers Gesagte gilt im Allgemeinen auch hier. Die Farbe hängt ab von der Durchsichtigkeit, von der Tiefe und Beschaffenheit des Bodens und wird durch zufällige Beimischungen fremder Substanzen, durch die Bewegung der Oberfläche 2c. modificirt. Ist der See bei vollkommener Durchsichtigkeit so tief, daß die Lichtstrahlen nicht bis zum Boden gelangen können, so bietet er einen vollkommenen Spiegel dar; ist er seichter, so nimmt er die Farbe des Grundes (unter Umständen etwas modificirt) an und läßt gewöhnlich alle Gegenstände auf demselben deutlich erblicken.

Verschiedenartige Färbung auf einem See hängt oft von localen Ursachen ab. Erhebungen des Seebodens von verschiedenartiger Beschaffenheit, einmündende Flüsse und dadurch erzeugte Strömungen, die einen großen Theil fester Bestandtheile nachtragen, geben oft einzelnen Stellen eine abweichende Farbe, die noch durch die vom Winde herbeigeführten Wellen, wie durch die längeren oder kürzeren Schatten der umliegenden Berge sehr modificirt werden.

§. 80. Beschaffenheit des Wassers in den Seen.

Die Beschaffenheit des Seenwassers hängt von der größeren oder geringeren Reinheit der Zuflüsse und von der Beschaffenheit des Bodens selbst ab. Es wird der See einleuchtender Weise von den verunreinigenden Einflüssen beider um so mehr selbst verändert werden, je größer das Quantum der eingeführten fremden Stoffe im Verhältniß zum See selbst und zu der Menge reinen Wassers ist, das er aus anderen Quellen empfängt; ein Verhältniß, das dann noch bedeutend steigt, wenn der See keinen Abfluß hat, also nur reines Wasser durch die Verdunstung verausgabt. Der am häufigsten vorkommende große Salzgehalt der deshalb sogenannten Salzseen wird außer den oben angeführten Ursachen noch dem Umstande zugeschrieben, daß diese Seen Reste des ehemals die ganze Erde bedeckenden Oceans sein sollen, oder daß ihr Boden theilweise aus bloßgelegten Salzlagern bestehe, den die Wasser nun auslaugten. Beide Ursachen können bei den so sehr ausgebreiteten Salzseedistricten Sibiriens, der Mongolei und Tartarei mitgewirkt haben (Caspische See, Elton-See, todtes Meer, Neusiedler See).

Außer diesen sind die Natronseen Aegyptens und Ungarns von Bedeutung, die ihren Gehalt an Natron durch Zersetzung des Kochsalzes mittelst der kohlensauren Kalkerde erhalten sollen, da sich dieselbe ebenfalls häufig hier vorfindet. Die Eigenschaft des Incrustirens hineingeworfener Körper theilen mit vielen Quellen auch einige

Seen, die, wie jene, Tuff und Sinter bilden (Lough Neagh in Irland und wahrscheinlich auch Deria Schahi in Persien).

§. 81. Eigenthümliche Erscheinungen der Landseen.

1) Der Caspische See hat die merkwürdige Erscheinung dargeboten, daß das Niveau von 1685—1745 etwa 10′ gestiegen, sich bis 1816 so gehalten, und dann bis 1830 etwa um eben so viel gefallen ist. Da das Steigen des Sees mit feuchten und kalten Jahren, das Fallen mit trockenen und heißeren (im Sommer) Jahren zusammengefallen, so ist die naturgemäße Ansicht entstanden, es sei ersteres durch das größere Zuführen atmosphärischer Niederschläge und die von der feuchten Atmosphäre herrührende geringere Verdunstung entstanden, während letzteres durch das umgekehrte Verhältniß erzeugt wurde. Eine Ansicht, die um so mehr an Wahrscheinlichkeit gewinnt, als seine Stromgebiete einen Raum von 45,000 □Meilen einnehmen, also solche Veränderungen sehr einflußreich werden müssen. Eine andere Ansicht besteht darin, daß ein Sinken des Seebodens (wahrscheinlich durch die vulcanische Natur jenes Landes, deren Kräfte in früheren Epochen bedeutend waren) das Fallen des Niveaus hervorgebracht habe, und die dadurch bedingte Abnahme der Oberfläche Ursache einer geringeren Verdunstung, also auch eines späteren Steigens sei.

2) Es zeigt sich am Zirknitzer See im Herzogthum Krain, unweit Adelsberg, eine Intermittenz gleich der, welche (§. 64.) bei den Quellen näher besprochen ist. Sie besteht hier in einem vollständigen Ablaufen und wieder Füllen des Sees, zu Zeiten, die jedoch keiner regelmäßigen Periode unterworfen sind. Der vielfach geklüftete und unterhöhlte Kalkboden ist die Ursache dieser Erscheinung.

3) Die Seiches des Genfer Sees bestehen in dem Steigen und Fallen des Seeniveaus, das plötzlich und regellos eintritt, ohne mit dem regelmäßigen Wachsen des Wassers durch Schneeschmelzen u. s. w. zusammenzutreffen. Sie sind im Genfer See 3—5 Fuß hoch, und obgleich in vielen anderen Seen ebenfalls beobachtet, erreichen sie doch niemals die Ausdehnung wie hier, und betragen beispielsweise im Bodensee 4—5 Zoll, Züricher See 1½ Zoll, Neuf-

chateller See und Lago maggiore nur wenige Linien. Es wird diese Erscheinung dem vermehrten oder verminderten Luftdruck zugeschrieben, der wie neuerdings nachgewiesen worden, auch einen Einfluß auf das mittlere Niveau des Meeres ausübt.

§. 82. Teiche, Sümpfe, Moräste.

Eine natürliche Wasseransammlung an tieferen Stellen der Oberfläche von geringeren Ausdehnungen nennt man im Allgemeinen einen Pfuhl, während man unter Teich gewöhnlich eine künstliche Wasseransammlung von geringer Ausdehnung versteht. Bei letzterem ist daher stets für Zu- und Abfluß gesorgt, daher er immer mit gutem Wasser versehen sein wird, während das Wasser eines Pfuhls, durch Mangel daran wie überhaupt an Bewegung, zum Stagniren kommt, und durch die dabei eintretende Fäulniß Menschen und Thieren schädlich werden kann.

Unter Sümpfen und Morästen versteht man Ansammlungen von Wassern, die einen größeren oder geringeren Theil ihrer flüssigen Beschaffenheit verloren haben, indem sie mit einem großen Theil erdiger und vegetabilischer Materien vermischt und theilweise verwachsen sind. Sie entstehen an solchen Stellen, wo die Natur den entspringenden Quellen ein vollständiges Ablaufen nicht gestattet, oder wo atmosphärisches Wasser sich ansammelt und nur theilweise einzuziehen im Stande ist, entweder weil ebenfalls ein Ablaufen nicht möglich, oder weil durch bedeutende Waldungen die Luftwärme verhindert wird ganz durchzudringen, und dadurch die Verdunstung wesentlich beeinträchtigt wird.

Sie bilden die Heimath der neueren Torfmoore, von denen in der Geologie (§. 31.) bereits gesprochen worden.

Dritter Theil.

Lehre von der elastisch flüssigen Umhüllung des Erdkörpers.

Meteorologie.

§. 83. Begriffsbestimmungen.

In der gasförmigen Hülle, Atmosphäre genannt, die unsern Erdkörper umgiebt, sind mit Leichtigkeit täglich vielfache Veränderungen zu bemerken, die sich ohne besondere Instrumente schon dem Gefühl zu erkennen geben. Alle diese Erscheinungen in ihrem Verlauf, ihrer Vertheilung auf der Erdoberfläche, ihren Ursachen und Wirkungen näher zu erforschen, bildet einen wichtigen Zweig der Naturlehre, und speciell der physikalischen Geographie, weil grade durch diese Vorgänge der Character eines jeden Ortes auf der Erde wesentlich bedingt wird.

Die sich ausschließlich mit diesen Erscheinungen beschäftigende Wissenschaft heißt Atmosphärologie, in sofern sie die Eigenthümlichkeiten der Atmosphäre bespricht; da aber alle Veränderungen, die in der Luftumhüllung entstehen, Meteore heißen, so wird die Lehre derselben auch Meteorologie genannt. Beide Ausdrücke, ihrer Abstammung nach verschieden, umfassen ihrem Wesen nach ganz dieselben Erscheinungen, sind also völlig gleichbedeutend. Als eine besondere Unterabtheilung dieser Wissenschaft wird die recht eigentlich rein in das Gebiet der physikalischen Geographie gehörende Klimatologie betrachtet, die sich ausschließlich mit der geographischen Vertheilung der Meteore über die Erdoberfläche beschäftigt und allerdings die Lehren der eigentlichen Meteorologie voraussetzt. Es würde aber schwer sein, diese Trennung streng durchzuführen, da manche Theile der Meteorologie zur vollständigen Erklärung der Klimatologie bedürfen; es werden hier demgemäß die eigentlich meteorologischen Gegenstände von ihrer geographischen Vertheilung nicht gesondert und die Klimatologie in die Lehren der Meteorologie mit verwebt werden.

§. 84. Ausdehnung der Atmosphäre.

Die Gestalt der Atmosphäre, die als luftförmige Hülle den Erdkörper rings umgiebt, müßte aus theoretischen Gründen eine Kugel sein, die durch die Umdrehung um die kleine Achse einer Ellipse entstanden ist. Unmittelbare Beobachtungen fehlen hier natürlich ganz, denn es ist dem gleichsam auf dem niederen Boden oder den Untiefen (Hochebenen und Bergen) dieses Luftmeeres lebenden Menschen nicht gestattet, sich bis an dessen oberste Grenze zu erheben. Mehrere Gründe berechtigen aber zu dem Schluß, daß die Atmosphäre ebenfalls wie die Erde abgeplattet sei und zwar nahe um gleichviel. Was die Höhe derselben betrifft, in welcher sie sich erhebt, so ist dieselbe ebenfalls äußerst schwierig anzugeben. Durch die Zusammendrückbarkeit einer elastischen Flüssigkeit ist die Luft, ihrer Beschaffenheit nach, unten viel dichter als oben, und zwar nimmt dieses Verhältniß mit der Höhe stets zu, so daß eine bestimmte Grenze der stets mehr verdünnten Luft sich auch durch Rechnung fast gar nicht angeben läßt. Diejenige Höhe als Grenze angenommen, in welcher die Luft die Eigenschaft verliert, das Licht zu reflectiren, hat man aus dem bekannten Winkel des Dämmerungskreises am Horizont (§. 145.) und dem Erdhalbmesser, diese Höhe zu 38015 Toisen oder circa 10 deutsche Meilen berechnet. Es ist dieselbe jedoch von Andern nach denselben Daten bedeutend anders gefunden worden, wie es bei den unzureichenden Hülfsmitteln nicht anders möglich ist. Man hat ferner die Grenze der Atmosphäre da bestimmt, wo die Elasticität der Luft mit der Schwere ins Gleichgewicht kommt, und aus diesen Angaben die Höhe zu 27 deutschen Meilen berechnet, ein Resultat, das aber ebenfalls auf unsichern Annahmen beruht, da das Gesetz der Wärmeabnahme bei wachsender Höhe, also auch die dadurch bedingte Ausdehnung nicht genügend bekannt ist. Somit können die beiden gegebenen Werthe nur sehr annäherungsweise Gültigkeit haben.

§ 85. Bestandtheile der Atmosphäre.

Die Luft ist nicht, wie so lange angenommen wurde, ein einfacher Körper, sondern es ist der Chemie gelungen, dieselbe in ihre Bestandtheile zu zerlegen und zwar geschieht dies auf zwei wesentlich verschiedenen Wegen. Der erste gewöhnlich angewandte besteht darin, daß man auf eine bestimmte Luftmenge gewisse Reagentien einwirken läßt, durch welche dieselbe zerlegt wird. Es wird dies Verfahren die Eudiometrie*) genannt, hat aber den Nachtheil, daß mit nur sehr geringen Mengen operirt werden kann, also diejenigen Bestandtheile, die in nur kleiner Quantität vorhanden sind, leicht übersehen werden. Das zweite Mittel giebt auch die Möglichkeit, die kleineren Quantitäten zu entdecken die, wie z. B. Dämpfe, so verbreitet sind, daß ihre Gegenwart nur in größeren Massen entdeckt wird. Man setzt eine Flüssigkeit, auf welche sie eine starke Einwirkung äußern, der Atmosphäre aus, so wird die Veränderung in derselben den Dampfgehalt angeben. Nach diesen Analysen besteht die Luft aus permanenten Gasen, dem Sauerstoff, Stickstoff und der Kohlensäure, denen einestheils Wasserdämpfe, anderntheils von der Erde in die Höhe gerissene Bestandtheile verschiedener Art beigemengt sind. Das Verhältniß der permanenten Gase ist untereinander ein constantes, es beträgt

---

*) Es giebt fünf verschiedene eudiometrische Analysen, die alle darin übereinkommen, daß man in genau kalibrirten Glasröhren ein bestimmtes Volumen atmosphärischer Luft abschließt, und dieser nun den Sauerstoffgehalt entzieht. Man hat also nur den Rückstand, oder die entzogene Menge Sauerstoff zu bestimmen, um jedesmal den andern Bestandtheil zu wissen. Die fünf verschiedenen Analysen unterscheiden sich dann nur durch die Art und Weise, wie die Entziehung des Sauerstoffs geschieht; indem man verschiedene leicht oxydirbare Körper in Verbindung mit der abgesperrten atmosphärischen Luft bringt, ziehen dieselben leicht den Sauerstoff an sich und lassen die übrigen Bestandtheile zurück. Die dazu verwandten Körper sind Wasserstoffgas, Phosphor, Schwefelkalium, fein vertheiltes Eisen, Kupfer und andre.

in 100 Volumentheilen Luft.		in 100 Gewichtstheilen Luft.		Denn es ist das spec. Gewicht.
21	Theile Sauerstoff	23,012	Theile Sauerstoff	des Sauerstoffs = 1,10394
78,95	„ Stickstoff	76,913	„ Stickstoff	des Stickstoffs = 0,97257
0,05	„ Kohlensäure	0,075	„ Kohlensäure	der Kohlensäure = 1,5235

Das Verhältniß des Sauerstoffs zum Stickstoff ändert sich weder mit den Tages- und Jahreszeiten, noch mit den Höhen, noch mit den Welttheilen, dagegen zeigt die Kohlensäure in engen Grenzen durch locale Ursachen hervorgebrachte Verschiedenheiten. Es zeigt sich bei genauen Analysen,*) daß Tages- und Jahreszeiten einen Unterschied in ihren Mengungsverhältnissen hervorbringen, und da sie durch Respiration, Gährung und andere Prozesse erzeugt wird, so findet sie sich auch an solchen Orten häufiger, wo jene in größerer Menge vor sich gehen (Sauerbrunnen, Orte, wo viele Menschen versammelt sind, oder Wein oder Bier gährt u. s. w.), während das stets bewegte Meerwasser Kohlensäure absorbirt und hier dieselbe nicht in so großer Menge angetroffen wird.

Außer diesen Bestandtheilen enthält die Atmosphäre geringeren Gehalt an Wasserdampf, der verschieden an andern Orten und zu andern Zeiten ist; am Meere und in der Nähe von Salzsoolen u. s. w. enthält sie Spuren von Salzsäure; so wie aus genauen Analysen des Rückstandes sorgfältig abgedampften Regenwassers eine große Menge verschiedener Bestandtheile**), die man wohl noch unterscheiden, aber nicht mehr wiegen konnte. Es sind dieselben wahrscheinlich mechanisch in die Höhe gerissen worden, wie dies bei dem auf den capverdischen Inseln niederfallenden Staub erwiesen ist, der aus zahllosen Mengen kieselgepanzerter Infusorien besteht; während andere,

*) Der Gehalt an Kohlensäure wird vermittelst des Anthrakometers bestimmt, das in einem abgeschlossenen Gefäß besteht, in dem man atmosphärische Luft auf Kalk- oder Barytwasser einwirken läßt. Der Gehalt an Kohlensäure wird nun entweder aus dem Gewicht des sich bildenden Niederschlages (kohlensaurer Kalk, resp. Baryt), oder aus der Volumenverminderung hergeleitet.

**) Brandes fand im Rückstand von Regenwasser Harz, Pyrrhin, salz-, schwefel- und kohlensaure Bittererde, salzsaures Natron, salzsaures Kali, schwefel- und kohlensauren Kalk, Eisenoxyd, Manganoxyd, und ein Ammoniaksalz, wahrscheinlich salpetersaures Ammonium.

wie z. B. das Ammonium, durch Zersetzung thierischer Körper gebildet sein mögen.

Endlich sind die nur in ihrer Wirkung erkennbaren Substanzen darin enthalten, die man Miasmen nennt, und die in den durch keine Analyse nachweisbaren Verunreinigungen bestehen. Hohe Temperatur, feuchte Luft und Mangel an Strömungen in derselben erzeugen Verwesungsprozesse von Thier- und Pflanzenstoffen, welche der Gesundheit des Menschen im höchsten Grade verderblich sind.

Ob alle diese Bestandtheile, die in der Luft durch ein constantes Auftreten sich auszeichnen, chemisch mit einander verbunden, oder blos mechanisch gemengt sind, wie erweislich ein großer Theil der blos local und veränderlich vorkommenden, ist durch unwiderlegliche Gründe noch nicht entschieden; es neigt sich ein Theil der Naturforscher der einen, ein anderer Theil der andern Ansicht zu, ohne daß eine von beiden über jeden Zweifel erhaben festgestellt wäre.

Erstes Kapitel.

Vom atmosphärischen Druck.

§ 86. Elasticität und Schwere der Luft.

Die Luft hat das stete Bestreben sich auszudehnen, und übt daher, wenn sie durch einschließende Wände daran gehindert wird, einen Druck auf dieselben aus, den man ihre Elasticität oder Expansivkraft nennt. Es wirkt dieselbe bis ins Unendliche fort, d. h. es ist die Grenze unbekannt, in welcher ein eingeschlossenes Luftquantum aufhören würde, den ganzen Raum auszufüllen. Demzufolge ist die Luft auch zusammendrückbar, und da sie schwer ist, werden diejenigen Luftschichten der Atmosphäre, die der Erde zunächst liegen, durch die darüber ruhende Luft stärker zusammengedrückt sein, als die in größeren Höhen befindlichen, die nur eine geringere Masse zu tragen haben. Die Schwere der Luft ist durch Toricelli zuerst erwiesen worden, indem er zeigte, daß dieselbe einer Quecksilbersäule von 28 Zoll das Gleichgewicht zu halten im Stande sei. Es wurde dadurch gleichzeitig die früher bekannte Thatsache erklärt, daß das Wasser in Pumpenröhren nicht höher als 32 Fuß stieg, denn da dasselbe 14 mal leichter als Quecksilber ist, so ist die Luft auch nur im Stande, einer Wasserhöhe von 32 Fuß das Gleichgewicht zu halten. Um von der Größe des Drucks sich eine Vorstellung zu machen, reicht folgende einfache Rechnung hin. Eine Quecksilbersäule von 1 Quadrat-Centimeter Grundfläche und 28 Zoll Höhe wiegt 1,033 Kilogramm, (1 Kubik Centimeter = 13,59 Gramm.) d. h. der Druck auf einen Quadrat-Centimeter Grundfläche ist gleich 1,033 Kilogramm, also hat jeder Quadratzoll zu tragen (1 Quadratzoll = 6,8405 Quadrat-Centimeter) 7,066 Kilogramm oder 15,11 preußische Pfund. Es erscheint dieser Druck als ein enorm großer, wenn man denselben z. B. auf die ganze Oberfläche des Menschen, dieselbe zu 15 Quadratfuß angenommen, summirt und ihn auf 32637 Pfund wachsen sieht. Daß dieser Druck durchaus unbemerkt bleibt, daß kein Theil des menschlichen Körpers, auch nicht das kleinste Gefäß davon afficirt wird, hat seinen Grund darin, daß auch von Innen nach Außen derselbe thätig ist, sich also aufhebt; es ist also von einem „Tragen" dieser Gewichtsmasse um so weniger die Rede, als dieser Ausdruck nur auf einen einseitlichen Druck angewendet werden kann. Ein Zerquetschen der feinen Gefäße ist aber auch schon deshalb nicht möglich, weil auf sie ein ihrer kleinen Oberfläche entsprechendes kleines Gewicht drückt.

§. 87. Barometer. Mariottesches Gesetz.

Das zum Messen des Luftdrucks allgemein gebrauchte Instrument ist das **Barometer**, dessen Einrichtung zu den verschiedenen Zwecken sehr verschieden ist. Die specielle Anordnung im Allgemeinen vorausgesetzt, muß hier nur erwähnt werden, daß von einem für meteorologische Beobachtungen bestimmten Barometer verlangt wird, daß dasselbe mit besonderer Genauigkeit angefertigt sein muß. Das Quecksilber muß vollständig rein und die Einrichtung an der Skala so gewählt sein, daß die Quecksilberhöhe genau abgelesen werden kann, d. h. daß man mittelst eines Nonius noch Bruchtheile einer Linie zu bestimmen im Stande ist. Der Nullpunkt der Skala muß ferner genau mit der Oberfläche des Quecksilbers im Gefäß übereinstimmen, und daher der ganze Maaßstab verschiebbar sein, wie beim Gay-Lussacschen Heber-Barometer, oder, wenn derselbe fest ist, das Quecksilber-Niveau im Gefäß stets bis auf den Nullpunkt zu stellen sein, wie bei dem Fortinschen Gefäß-Barometer. Es muß endlich über dem Quecksilber sich ein durchaus luftleerer Raum befinden und bei den Beobachtungen mit der größten Sorgfalt verfahren werden, um dabei keine Fehler von Einfluß hervorzubringen.

Das Verhältniß, in welchem der Druck einer mehr oder weniger zusammengedrückten Luftsäule zu dem Volumen derselben steht, drückt das von Mariotte erfundene Gesetz aus. Es ist ursprünglich so ausgedrückt:

Die Volumina einer eingeschlossenen Luftmasse verhalten sich umgekehrt, wie der Druck, dem sie ausgesetzt sind, und ist dasselbe durch äußerst sinnreiche Versuche*) bis auf 27 Atmosphären Druck bestätigt gefunden worden. Da aber bei gleichen Mengen sich die Dichtigkeit auch umgekehrt wie der Raum verhält, so geht daraus hervor, daß sich die Dichtigkeit der Luft grade wie der Druck verhält, dem sie ausgesetzt ist, d. h. mit andern Worten, sich wie die Höhe der Quecksilbersäule eines Barometers verhält.

Durch dieses Gesetz ist das Barometer ein Höhenmesser geworden.

§. 88. Barometrisches Höhenmessen.

Wäre die Luft nicht elastisch, sondern verhielte sich z. B. wie Wasser, so wäre die Messung der Höhen mittelst des Barometers sehr einfach. Denn alle Schichten wären gleich dicht, und wenn daher in einer Erhebung von 72 Fuß das Quecksilber z. B. um eine Linie fiele, so würde die jedesmal gemessene Höhe so oft 72 Fuß

*) Arago und Dulong haben diese Versuche in einem Thurm des Collège Henri IV. angestellt. Ohne auf irgend welche Einzelheiten einzugehen, wurde der Versuch im Allgemeinen folgendermaßen angestellt. In zwei communicirenden Röhren, deren eine sehr lang war, wurde durch Quecksilber die Luft in der kürzeren und oben zugeschlossenen Röhre abgesperrt, und nun durch Erhöhen der andern Quecksilbersäule verdichtet. Das genau bekannte Volumen der Luft verminderte sich stets im Verhältniß des zunehmenden Drucks, der dadurch leicht bestimmt werden konnte, da 28 Zoll Quecksilberhohe einer Atmosphäre entsprach. Bei 27 Atmosphären, bis wohin der Versuch ausgedehnt wurde, war also das Volumen $\frac{1}{27}$ des ursprünglichen.

sein, als das Barometer Linien gefallen ist. Die Luft ist aber elastisch und je höher man steigt, um so geringer ist der Druck, also auch um so geringer die Dichtigkeit der Luft. Das Gesetz, nach welchem diese Abnahme stattfindet, läßt sich nun folgendermaßen entwickeln.

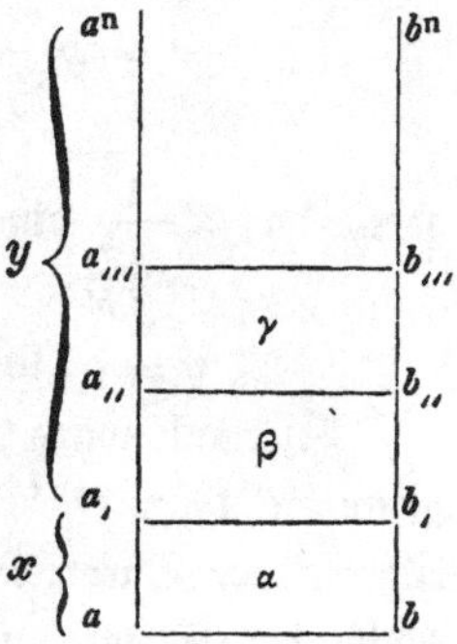

Denkt man sich eine Luftsäule in viele Schichten getheilt, die gleich groß und so niedrig sind, daß man sie ohne großen Fehler als überall gleich dicht annehmen kann und bezeichnet a die Höhe der Säule und a', a'', a'''.... die Höhe der über dem betreffenden Beobachtungsort noch schwebenden Luftschicht, so bilden die Größen a, a', a'', a'''.... eine arithmetische Progression. Bezeichnet nun b das Gewicht der Säule, b', b'', b'''... das der, über den folgenden Beobachtungsreihen liegenden Luftschichten a', a'', a'''; und α, β, γ, die Dichtigkeiten der einzelnen Luftschichten, so werden deren Gewichte offenbar $b' - b$, $b'' - b'$, $b''' - b''$..... sein, und da die Dichtigkeiten sich verhalten, wie die sie zusammendrückenden Gewichte, so ergiebt sich

$$\alpha : \beta = b' : b'' \quad (1)$$

Da ferner bei gleichen Volumen sich die Dichtigkeiten verhalten wie die Gewichte, so ergiebt sich

$$\alpha : \beta = (b' - b) : (b'' - b') \quad (2)$$

also $\quad b' : b'' = (b' - b) : (b'' - b')$

oder $\quad b' (b'' - b') = b'' (b' - b.)$

$$b : b' = b'' : b$$

d. h. $\quad b : b' = b' : b''$

Daraus geht also hervor, daß während die Höhen in arithmetischer Progression abnehmen, die Gewichte der entsprechenden Luftsäulen, oder, was dasselbe ist, die Barometerstände eine geometrische Progression bilden. Aus der Arithmetik ist jedoch bekannt, daß die Glieder einer arithmetischen Progression nichts sind, als die Logarithmen der entsprechenden Glieder einer geometrischen, d. h. in unserem Fall

$$a = \log b, \quad a' = \log b' \quad \text{und} \quad a'' = \log b'' \ldots\ldots$$

Die Höhe der einzelnen Schichten ist aber $a - a'$, $a' - a''$..... und z. B. die ganze Höhe der Schicht $y = a' - a^n$

Dann verhält sich:

$$x : y = (\log b - \log b') : (\log b' - \log b^n)$$

$$y = x\,(\log b' - b^n)\,.\,\frac{1}{\log b - \log b'}$$

$$y = x\,\frac{1}{\log\frac{b}{b}}\,.\,\log\frac{b'}{b^n},$$

oder, da $x\frac{1}{\log\frac{b}{b'}}$ eine constante Größe ist,

$$y = c\,(\log b' - \log b^n).$$

Hiernach wäre das Gesetz für das barometrische Höhenmessen gefunden, denn es bedarf weiter nichts, als die Differenz der Logarithmen der Barometerstände auf den einzelnen Stationen mit einem constanten Factor zu multipliciren, der hier noch gleich bestimmt werden soll. Es ist nämlich durch directe Messungen bekannt, daß wenn das Barometer z. B. auf 336 Linien ($= b$) steht, und man sich damit um 72,75 Fuß ($= x$) erhebt, so fällt das Barometer um eine Linie, steht also auf 335 Linien ($= b'$)*. Daraus ergiebt sich der constante Factor

$$c = x\,.\,\frac{1}{\log\frac{b}{b'}} = 73{,}07\,.\,\frac{1}{\log\frac{336}{335}} = \frac{73{,}07}{0{,}0012945} = 56446{,}3 \text{ Fuß}.$$

Es ist also $y = 56446{,}3\,.\,\log\,(\frac{b}{b^n})$ in Fußen, wobei die Barometerstände in Linien gegeben sind. Bei dieser Berechnung ist noch vorausgesetzt, daß die Wärme auf beiden Stationen gleich und die Messung unter Lat. 45° ausgeführt worden.

---

*) Es läßt sich dies mit andern Worten auch so ausdrücken. Eine Linie Barometerhöhe entspricht einer Luftsäule von $72\frac{3}{4}$ Fuß, natürlich bei vorausgesetzter gleichförmiger Dichtigkeit. Es ist nämlich das Quecksilber 10475,68 mal schwerer als die Luft unter einem Drucke, der 336 Linien Barometerhöhe entspricht, und bei einer Temperatur von 0°, demnach muß bei gleicher Dichtigkeit die Luftsaule 10475,68 mal $2\frac{1}{3}$ Fuß = 24,443 Fuß hoch sein, und die einer Linie Quecksilberhöhe entsprechende Höhe der Luftsäule = 72,75 Fuß betragen Durch Messungen ist diese Zahl auf 73,07 bestimmt.

Da beide Voraussetzungen nicht eintreffen, wenn es darauf ankommt, wirkliche Messungen auszuführen, so müssen in obiger Formel noch Correcturen vorgenommen werden, die in Gestalt von Factoren hinzutreten, und dieselben sehr complicirt machen. Man hat daher für die vorzunehmenden Correctionen Tafeln berechnet, mit Hülfe derer dies Verfahren sehr vereinfacht wird.

§. 89. Tägliche Variationen des Barometerstandes.

Die Höhe der Barometersäule ist durch die mannigfachsten, das Gewicht der Luftschichten verändernden Ursachen bedingt, die in der Atmosphäre entstehen, und in den beständigen Luftströmungen, dem Wechsel der Temperatur und des Feuchtigkeitsgehalts bestehen. Bei diesen Veränderungen des Barometerstandes unterscheidet man die

---

Anmerkung. Es mögen hier die vorzüglichsten Correctionen kurz angedeutet werden, ohne die Formeln dafür näher zu erörtern. Da durch die Wärme das Quecksilber ausgedehnt wird, so reducirt man stets die Quecksilberhöhe auf die Temperatur 0°, was dadurch geschieht, daß man die beobachtete Höhe durch $(1 + \frac{1}{4440} T.)$ dividirt, wobei T die Temperatur bei der Beobachtung bedeutet. Da das Messing, auf dem die Skala angebracht ist, dem Einfluß der Wärme ebenfalls unterworfen ist, so muß auch dafür eine entsprechende Correctur angebracht werden, wodurch obige Formel eine Abänderung erleidet. Beide Einflüsse werden sogleich durch die entsprechenden Tafeln auf die Barometerstände direct übertragen. Die Feuchtigkeit der Atmosphäre bringt eine Veränderung in der Ausdehnung hervor, die durch den Factor $1 + \frac{t + t'}{500}$ corrigirt wird, indem t und t' die beiden auf den Stationen beobachteten Temperaturen sind. Da die Schwere mit der geographischen Breite verschieden ist, und der barometrische Coefficient für 45° berechnet worden, so wird derselbe durch den Factor $1 + 0{,}002837 \cos. 2p$ corrigirt, indem p die mittlere geographische Breite zwischen beiden Stationen bedeutet. Endlich muß noch die Abnahme der Schwere mit der Höhe berücksichtigt werden, was durch den Ausdruck

$$\left(1 + \frac{h}{a}\right) \log \frac{b}{b^n} + 0{,}868589 \frac{h}{a} \text{ geschieht,}$$

wobei a den Erdhalbmesser, und h die genäherte absolute Höhe bedeutet. Es leuchtet ein, daß durch die Correcturen die Formel sehr complicirt werden würde, wenn dazu nicht Hülfstafeln benutzt würden, aus denen man den jedesmaligen Werth der einzelnen Factoren direct entnehmen kann. Es müssen sogar, wie aus späteren Erörterungen hervorgehen wird, die Richtung des Windes und Tages- und Jahreszeiten mit berücksichtigt werden. In obigem bin ich im Wesentlichen der Darstellungsweise von Berghaus gefolgt.

regelmäßigen, periodischen Schwankungen desselben von den unregelmäßigen oder zufälligen; und bei ersteren die täglichen und jährlichen Variationen des Barometers.

Die täglichen Veränderungen im Barometerstande sind in allen Gegenden der Erde wahrnehmbar, vom Pol bis zum Aequator, von der Oberfläche des Meeres bis zu bedeutenden Höhen. Sie bestehen in zwei auf- und zwei niedergehenden Bewegungen, und wenn dieselben auch nicht von gleicher Länge sind, so ist man doch der Analogie wegen veranlaßt gewesen, sie atmosphärische Ebbe und Fluth zu nennen.

Die Zeit, wenn die Oscillationen das Maximum und Minimum erreichen, ist nicht durchgängig dieselbe, und ändert sich sowohl mit der Breite, als mit den Jahreszeiten.

Für die heiße Zone treten die Wendestunden um folgende Zeit ein:

Maximum	Minimum	Maximum	Minimum
9¼ Uhr Morgens.	3½ Uhr Mittags.	10½ Uhr Abends.	4 Uhr Morgens.

für die gemäßigte Zone:

Maximum	Minimum	Maximum	Minimum
8½ Uhr Morgens.	3½ Uhr Mittags.	9½ Uhr Abends.	5 Uhr Morgens.

In der heißen Zone ist die Größe der Oscillationen so bedeutend, und tritt täglich so regelmäßig wieder ein, daß die Beobachtungen weniger Tage hinreichen, dieselben zu ermitteln, und die Wendestunden zu bestimmen.

In der gemäßigten Zone werden dagegen die geringeren Oscillationen durch größere zufällige Störungen versteckt, und es gehören daher in derselben längere Beobachtungsreihen dazu, um das Gesetz derselben zu entdecken. Vergleicht man die Mittelzahlen der Wendestunden während der verschiedenen Monate, so ergiebt sich, daß im Winter das Maximum des Morgens und das Minimum des Mittags 1 bis 2 Stunden näher der Culmination der Sonne liegt, als im Sommer, doch gilt dies nur für die gemäßigte Zone.

Die Größe der Oscillationen nimmt, wie bereits erwähnt, mit zunehmender Breite ab, ist also in der heißen Zone bedeutender als in der gemäßigten, und nimmt in beiden mit den verschiedenen Jahreszeiten eine verschiedene Größe an. In der Regenzeit der Tropen, und in dem Winter der gemäßigten Zone ist sie bedeutend geringer, als in den übrigen Jahreszeiten.

§. 90. Jährliche Variationen des Barometerstandes.

Bestimmt man die mittleren Barometerstände der einzelnen Monate, so giebt sich unter denselben auch sehr bald eine Verschiedenartigkeit zu erkennen, die in einem regelmäßigen Sinken und Steigen besteht und als die jährliche Periode der Schwankungen bezeichnet wird. Die Größe dieser jährlichen Oscillation nimmt ebenfalls vom Aequator nach den Polen hin ab, und ist in den heißen Zonen äußerst regelmäßig. In Calcutta z. B. ist der Barometerstand im Januar, also im Winter, am höchsten und fällt constant bis zu seinem Minimum im Juli, von wo ab er ebenso regelmäßig bis Januar wieder steigt. In höheren Breiten spricht sich diese Oscillation nicht so gesetzmäßig aus; das Barometer erreicht im Winter zwar auch sein Maximum, es ist aber in den übrigen Jahreszeiten sein periodischer Gang nicht so regelmäßig.

Es geht aus dem Gesagten genügend hervor, wie wesentlich es ist die regelmäßigen Schwankungen genau zu kennen; schon die Benutzung des Barometers zu einem Höhen messenden Instrument, würde den größten Fehlern unterliegen, wenn man nicht die Größe der Oscillationen und den mittleren Barometerstand am Orte der Messung in Rechnung zöge, und demnach den Barometerstand corrigirte.

§. 91. Unregelmäßige Schwankungen des Barometers.

Wie schon erwähnt, haben nicht nur die bereits erörterten periodischen Schwankungen im Barometer statt, sondern es werden dieselben durch zufällige und locale Störungen begleitet. Man bezeichnet unter Größe der unregelmäßigen Oscillationen den Unterschied zwischen dem höchsten und tiefsten Stande während eines Monats, und berechnet aus diesen monatlichen Schwankungen die Größe der jährlichen Oscillation. Im Allgemeinen zeigen dieselben eine große Abhängigkeit von dem Gang der Wärme, und sind daher größer in den gemäßigten und kalten Erdstrichen, als unter den Tropen, größer im Winter als im Sommer. Lange Zeit hat man geglaubt, daß unter dem Aequator sie gar nicht stattfänden, jedoch zeigen die Beobachtungen in den dortigen Gegenden keineswegs einen so regelmäßigen Gang als unter dieser Voraussetzung der Fall sein müßte. Man hat diejenigen Orte durch Linien verbunden, deren mittlere monatliche Barometerschwankungen einerlei Größe haben, und dieselben Isobarometrische Linien genannt. Ohne ihren Lauf näher zu untersuchen, ergiebt derselbe doch, daß die zufälligen Schwankungen des Barometers an der Westküste Europas kleiner sind, als an der Ostküste Americas, und am Meere im Allgemeinen größer, als im Innern der Continente; die Kurven steigen also fast continuirlich von der Ostküste Nordamericas nach dem Continent der alten Welt. Außer dem bezeichneten Einfluß des Ganges der Wärme auf diese unregelmäßigen Oscillationen sind die Winde ebenfalls Ursache großer Veränderungen des Barometerstandes, die jedoch erst näher erläutert werden können, wenn von denselben ausführlicher die Rede sein wird (siehe §. 129.).

§. 92. Mittlerer Barometerstand im Niveau des Meeres.

Da der Ocean in seiner Oberfläche, wie bereits früher erwähnt, eine gleichmäßige Krümmung vom Pol zum Aequator zeigt und bei unbegrenzter Ausdehnung als ein vollkommenes Sphäroid angesehen werden könnte, da ferner Alles zu dem Schluß berechtigt, daß die Lufthülle über allen Punkten der Erdoberfläche im Zustande des Gleichgewichts gleich hoch ist, so mußte man glauben, daß auch das Barometer in allen Punkten im Niveau des Oceans gleich hoch stände. Die bisjetzt darüber angestellten Beobachtungen zeigen jedoch, daß dies nicht der Fall ist, und, wenn dieselben auch noch nicht ausreichen, das Gesetz, das diese Abweichungen angiebt, genau zu bestimmen, so ergeben sie doch folgendes allgemeine Resultat. Es steigen die Barometerstände langsam vom Aequator bis 30° N., und fallen bis 65° N., um dann wieder allmählig zu steigen; sie haben also ein Maximum und ein Minimum. Es ist auch die Behauptung aufgestellt worden, daß die Länge einen bestimmten Einfluß auf den mittleren Barometerstand im Niveau des Meeres ausübe. Bisjetzt ist jedoch eine zu geringe Zahl Beobachtungen vorhanden, um denselben bestimmt nachzuweisen. Da bei Höhenmessungen mit dem Barometer, wie bereits erörtert, dieselben stets auf die Meeresoberfläche bezogen werden, so ist der jedesmalige Werth der Barometerhöhe in der entsprechenden Breite in Rechnung zu ziehen, und wenn dieser in den vorhandenen Beobachtungen mangelt, so muß wenigstens durch Interpolation ein annähernder Mittelwerth aus den bekannten Barometerständen der zunächst liegenden Breiten zu Grunde gelegt werden.

Daß die Höhe des Barometerstandes im Niveau des Meeres mit der Höhe der Atmosphäre in relativer Beziehung steht, ergiebt sich aus dem früher Gesagten von selbst, ebenso, daß die eine wie die andre bis jetzt noch nicht genügend ergründet worden ist.

§. 93. Ursachen der Barometer-Schwankungen.

Im Allgemeinen ist bereits erwähnt, wie die Wärme auch einen großen Einfluß auf das Barometer ausübt und dessen regelmäßige Schwankungen mit dem täglichen Gang der Temperatur zusammenhängen. Wenngleich dieser bisjetzt noch nicht näher entwickelt ist (siehe §. 99.), so läßt sich die darauf gegründete Hypothese zur Erklärung der täglichen Barometer-Oscillationen hier ohne Schwierigkeiten schon jetzt geben. Was dagegen die Erläuterungen zu den unregelmäßigen Schwankungen des Barometers betrifft, so können dieselben erst nach näherer Erläuterung der Winde und der Feuchtigkeitsverhältnisse gegeben werden, da sie von diesen wesentlich bedingt sind (siehe §. 129. 132.). Zur Erklärung der beiden Tagesmaxima und der Tages- und Nachtminima ist nun folgende Hypothese aufgestellt.

Denkt man sich nämlich die Sonne in dem Meridian irgend eines Ortes stehen, so wird sie den Theil der Oberfläche vorzugsweise erwärmen, der zwischen den Meridianen liegt, in welchen es zur Zeit 9 Uhr Morgens und 3 Uhr Nachmittags ist. Die Atmosphäre wird in diesem Raum mehr ausgedehnt, erreicht eine größere Höhe und ein Theil der Luft fließt also zu beiden Seiten in die niedrigeren Theile ab. Das Barometer sinkt also in dem Raum von

9 Uhr Morgens bis 3 Uhr Nachmittags. Dagegen steigt das Barometer durch die hinzugekommenen Luftmassen in den Räumen zwischen den Meridianen von 4 und 9 Uhr Morgens und 3 und 9 Uhr Abends. In dem einen Raum ist die Luft von der Nacht her noch kalt, in dem andern hat sie bereits angefangen wieder zu erkalten; sie hat also in beiden eine geringere Höhe, und gestattet um so leichter ein Zufließen der benachbarten Luftmasse. Von 9 Uhr Abends bis 4 Uhr Morgens sinkt dann das Barometer, weil sich diese Bewegung in der angegebenen Weise aus einer Gegend in die benachbarte verbreitet und dadurch den Theilen mitgetheilt wird, die von dem ursprünglichen Meridian aus in den Nachtkreisen liegen. Die Atmosphäre hat also durch Verminderung der Kälte während der Nacht an Dichtigkeit, und durch den Antheil, den ihre oberen Schichten den benachbarten Regionen gegeben haben, an Höhe verloren. Um 4 Uhr Morgens tritt das Minimum des Barometerstandes deshalb ein, weil um diese Zeit östlich von dem Orte das Minimum der Temperatur eintritt, die Atmosphäre dort also die geringste Höhe hat, und deshalb auch ein Theil der Luftmasse von hier dahin abfließt, das Barometer also um so mehr zum Sinken gebracht wird.

§. 94[a] Siedepunkt in verschiedenen Höhen.

Schon im zweiten Theil (§. 42.) ist die Erklärung vom „Kochen" gegeben worden, aus der hervorgeht, daß eine Flüssigkeit um so eher kocht, je geringer der über derselben ruhende Luftdruck ist, d. h. mit andern Worten, daß eine um so niedrigere Temperatur erforderlich ist, je geringer der Luftdruck ist. Wenn an dem erwähnten Orte angegeben wurde, daß dieser Moment stets bei 100°, also bei constanter Temperatur eintritt, so muß hinzugefügt werden, daß dabei ein constanter Luftdruck, oder der nur um wenige Linien differirende Barometerstand im Meeresniveau vorausgesetzt war. Steigt man aber in die Höhe, so nimmt (wie §. 88 zeigt) der Luftdruck ab, das Wasser wird also bei einer niedrigeren Temperatur zu kochen anfangen, und es wird diese Eigenschaft desselben also ebenfalls ein Mittel bieten, um Höhen zu messen. Denn, weiß man z. B. daß bei einem, der Barometerhöhe von 319,03 Linien entsprechenden Luftdruck, das Wasser bei 97°,1 C. kocht, so kennt man gleichzeitig die Höhe, in welcher dies geschieht (1000 Meter.), und man hat daher die, den verschiedenen Temperaturen des Siedepunktes entsprechenden Barometerhöhen nur zu berechnen, um aus ersteren auch die Höhen zu finden, in welchen dies stattfindet. So kocht Wasser z. B. in einer Höhe von 7000 Meter, bei 77° C. dem Luftdruck von 142,61 Linien entsprechend. Da man, wie bekannt, bei der Construction der hunderttheiligen Thermometer (§. 96.) den Punkt mit 100° bezeichnet, an welchem das Quecksilber bei der Siedehitze des Wassers steht, so geht für die Richtigkeit dieser Instrumente die Bedingung hervor, daß stets ein gleicher Barometerstand bei der Anfertigung vorhanden gewesen sein muß, eine Bedingung die allerdings bei den zu wissenschaftlichen Beobachtungen bestimmten auch stets erfüllt ist.

Zweites Kapitel.

Temperatur der Atmosphäre.

§. 95. Die Sonne ist die Wärmequelle der Erde.

Die von der Sonne ausstrahlende Wärme bedingt die Temperatur der Erdoberfläche und der sie umgebenden Atmosphäre, wobei unter Temperatur der größere oder geringere Grad der mitgetheilten Wärme verstanden ist. Jeder Körper hat die Eigenschaft, eigene oder empfangene Wärme auszustrahlen, d. h. sie auf andere Körper, die mehr oder weniger entfernt sind, fortzupflanzen, und zwar geschieht dies nach der Beschaffenheit der Körper in einem verschiedenen Grade. Im Allgemeinen haben weniger dichte Körper ein größeres Strahlungsvermögen unter sonst gleichen Umständen, als die Oberflächen dichter Körper.

Zur Erwärmung verschiedener Körper auf einen gleichen Grad der Temperatur gehört, je nach ihrer Beschaffenheit, eine längere oder kürzere Zeit, und man theilt nach dieser Eigenschaft die Körper in schlechte und gute Wärmeleiter ein. Starre Körper werden schneller erwärmt, als flüssige, und sind daher bessere Leiter. Daher leitet

Wasser schlechter als Erde, und die Luft schlechter als Wasser. Auf diese beiden genannten Arten geht der Austausch der Wärme der verschiedenen Körper untereinander vor sich, und man sagt, ein Körper kühlt sich ab, wenn er auf einem oder dem andern Wege mehr Wärme an seine Umgebung abgiebt, als er in gleicher Zeit empfängt. Es werden daher gute Wärmeleiter sich auch rascher abkühlen als schlechte.

Die zur Erde von der Sonne gelangende Wärme wird nun theilweise von der Atmosphäre bei dem Durchgange durch dieselbe absorbirt, d. h. zur Erwärmung derselben verwendet. Ein anderer Theil gelangt zur Oberfläche, dringt in dieselbe ein, oder geht durch Strahlung zurück in die Atmosphäre. Außer dieser Wärme hat, wie bereits (§. 6.) gezeigt, der Erdkörper eine ihm eigenthümliche Wärme. Es sind daher folgende verschiedene Arten der Temperatur zu unterscheiden:

1. Die Temperatur der Atmosphäre.
2. Die Temperatur der Erdoberfläche.
3. Die Temperatur der Erdrinde.
4. Die Temperatur des Erdinnern.

Es bleiben in gegenwärtigem Abschnitt nur die beiden ersten Arten zu diskutiren übrig, da über die von außen eingedrungene Wärme der Erdrinde bereits (§. 6.) gesprochen, und dieselbe als Boden-, Quellen- und Meerestemperatur schon näher (§§. 6. 54. 65. 78.) erörtert ist. Ebenso ist gezeigt worden (§. 6.), daß die Wärme des Erdinnern nicht bis an die Oberfläche dringt, und daher alles Leben auf derselben, und ihre ganze vegetations-erzeugende Kraft von dem erwärmenden Einfluß der Sonnenstrahlen abhängt. Wie bekannt besitzen alle Körper die Eigenschaft, sich durch Wärme auszudehnen. Man hat dadurch ein Mittel, die Wärme zu messen.

§. 96. Thermometer.

Das Instrument, das zum Messen der Wärme dient, heißt **Thermometer**. Es ist von einem holländischen Bauer, Namens Drebbel, erfunden und besteht aus einer gläsernen luftleeren Röhre, die zum Theil mit Quecksilber gefüllt ist, und an ihrem unteren Ende sich zu einer Kugel erweitert.

Da der Uebergang aus einem Aggregatzustand in den andern bei einem und demselben Körper stets bei derselben Temperatur stattfindet, so ist der dabei erlangte Grad von Wärme ganz besonders geeignet, als Einheit zu dienen; man bezeichnete daher den Punkt der oben beschriebenen Röhre, an welchem das Quecksilber stehen bleibt, wenn Eis schmilzt, mit Gefrierpunkt, den Punkt, bis zu welchem es steigt, wenn das Wasser kocht, mit Siedepunkt, und theilt nun den Zwischenraum zwischen beiden (Fundamentalabstand) in eine bestimmte Anzahl Theile, Grade genannt, ein. Je nach der Zahl dieser Grade giebt es verschiedene Thermometer. Celsius theilte den Fundamentalabstand in 100 Theile, Gefrierpunkt gleich Null, und Siedepunkt gleich 100°, während Reaumur bei derselben Bezeichnung nur 80 Grade wählte, daher sind:

$$x^\circ \text{C.} = \tfrac{4}{5}\, x^\circ \text{R., und } x^\circ \text{R.} = \tfrac{5}{4}\, x^\circ \text{C.}$$

Die Reduction von einem zum andern ist daher sehr einfach. Die dritte Art Thermometer, das von Fahrenheit*) konstruirte, bezeichnet die Temperatur mit 0°, die eine bestimmte Mischung (1 Theil Kochsalz und 3 Theile Schnee) stets anzunehmen pflegt, bei welcher das Thermometer von Celsius $17\frac{7}{9}$° zeigt, so, daß der Schmelzpunkt des Eises mit 32° und der Siedepunkt des Wassers mit 212° bezeichnet ist, daher ist der Fundamentalabstand der Fahrenheitschen Skala in 180 Grade getheilt, und es sind daher:

$$x^\circ \text{F.} = (x - 32)\tfrac{5}{9}{}^\circ \text{C. oder } x^\circ \text{F.} = (x - 32^\circ)\tfrac{4}{9}{}^\circ \text{R.}$$

$$x^\circ \text{C.} = (x\tfrac{9}{5} + 32^\circ)\text{ F.} \qquad x^\circ \text{R.} = (x\tfrac{9}{4} + 32^\circ)\text{ F.}$$

Man erhält also durch dieses Instrument eine genaue Vergleichung der Temperaturen der verschiedenen Körper zu verschiedenen Zeiten, und benutzt dasselbe ausschließlich zur Bestimmung der Wärme der Luft. Wie später näher gezeigt wird, kommt es häufig darauf an, die in einer gewissen Zeit vorkommenden Maxima und Minima

*) Celsius lebte in Schweden, Reaumur in Frankreich, Fahrenheit in Danzig, doch wird keins dieser Instrumente im Lande des Erfinders angewendet.

der Temperatur zu bestimmen, was durch den Thermometrographen*) geschieht; so praktisch dies Instrument auch ist, so müssen doch die Resultate desselben einer Correction unterworfen werden, und sind nie so genau, als die direct gemessenen; denn in der Meteorologie kommt es besonders darauf an, zu wissen, in welcher Zeit ein Maximum oder Minimum eingetreten ist, und das können natürlich nur directe Messungen ergeben.

Bei Bestimmung der Meereswärme bedient man sich des Minimumthermometers**), da ein gewöhnliches während des Heraufziehens wieder durch die größere Wärme der oberen Schichten steigen würde, und aus grade entgegengesetzten Gründen dient zur Bestimmung der Wärme von Bohrlöchern das Maximumthermometer***).

§. 97. Allgemeine Vertheilung der Wärme über die Erdoberfläche.

Der einem bestimmten Theil der Erdoberfläche zukommende Grad der Erwärmung hängt ab:

---

*) Der Thermometrograph besteht aus einem Quecksilber- und einem Weingeistthermometer, die beide horizontal an einer Platte befestigt sind. Ueber dem Quecksilber des einen befindet sich ein kleines Stahlstiftchen, das vom Quecksilber während des Steigens der Temperatur vorgeschoben wird, aber liegen bleibt, sobald das Quecksilber sich wieder zurückzieht. Es zeigt also das Maximum der Wärme an, die in einer gewissen Zeit stattgefunden. In dem Weingeist des zweiten Thermometers befindet sich ein kleines mit zwei Knöpfchen an den Enden versehenes Glasstäbchen, welches durch die Ausdehnung des Weingeistes nicht verschoben wird. Fällt dagegen die Temperatur, und die Oberfläche des Weingeistes berührt das Glasknöpfchen, so ist die Adhäsion so groß, daß daselbe zurückgeschoben wird, und da es an der niedrigsten Stelle liegen bleibt, so zeigt es das Minimum der Wärme an, die in derselben Zeit stattgefunden.

**) Das Minimumthermometer, dessen von Walferdin angegebene genauere Construction hier zu weit führen würde, besteht im Wesentlichen aus einer umgekehrt offenen Thermometerröhre, der durch Abkühlung eine gewisse Menge Quecksilber verloren geht, ohne daß die darauf folgende Erwärmung neues zuzuführen im Stande ist. Daher giebt die Quecksilberlänge, auf die vorige Temperatur zurückgebracht, durch ihre größere oder geringere Verkürzung den Maaßstab der vorher stattgehabten Temperaturerniedrigung an.

***) Das Maximumthermometer beruht auf demselben Princip, verliert jedoch nur durch Erwärmung an Quecksilber, und die dadurch entstandene Verkürzung giebt den Maßstab für die vorher stattgehabte Temperaturerhöhung.

1. Von der Menge der ihn treffenden Sonnenstrahlen.
2. Von dem Winkel in dem die Sonnenstrahlen auffallen.
3. Von der Dauer der Bescheinung.

Die beiden ersten Bedingungen hängen unmittelbar zusammen; es werden um so mehr Sonnenstrahlen auf eine Fläche fallen, je mehr der Winkel, unter dem dies geschieht, sich einem R. nähert, und die Zahl wird mit dem Sinus der Sonnenhöhe abnehmen. Die Intensität der Sonnenstrahlen nimmt aber ebenfalls mit dem Sinus des Einfallswinkels ab, denn der Weg, den dieselben durch die Atmosphäre zu machen haben, nimmt in diesem Verhältniß zu, also absorbirt der Lustkreis auch um so viel mehr Wärme. Daher wird die erwärmende Kraft der Sonne überhaupt mit dem Quadrat dieses Sinus abnehmen. Die verschiedene Stellung der Sonne in den Jahreszeiten bedingt eine größere oder kleinere Länge des Tages. Unter dem Aequator und zwischen den Wendekreisen überhaupt ist der Unterschied entweder Null oder nur sehr unbedeutend, daher wird die Differenz der Wärme hier um so weniger betragen, als auch die Sonnenstrahlen unter nahe gleichen Winkeln auffallen. Je mehr man sich dagegen vom Aequator entfernt, um so mehr wird diese Differenz in den verschiedenen Jahreszeiten in die Augen fallen. Im Winter steht die Sonne auf der entgegengesetzten Hemisphäre, der Tag ist daher verhältnißmäßig sehr kurz, und zwar um so kürzer je größer die geographische Breite ist. Außerdem fallen die Sonnenstrahlen grade in dieser Zeit sehr schräg ein, die Temperatur muß also aus beiden Gründen wesentlich deprimirt werden. Im Sommer dagegen wird der Tag viel länger, die Sonnenstrahlen fallen unter einem größeren Winkel ein, und ihre größere Intensität wirkt daher um so länger, es wird also die Temperatur verhältnißmäßig bedeutend erhöht; die Sommer werden sehr heiß, die Winter sehr kalt sein, und es ist erklärlich, daß z. B. in Petersburg die Wärme an heißen Sommertagen bis 30° steigt. Es nimmt also, durch die Bewegung der Erde um die Sonne, die Differenz der Sommer- und Winterwärme mit der Breite zu, so daß z. B. in Bogota 4° N. dieselbe 2°, in Boothia Felix 70° N. aber 41° beträgt. Nach dieser allgemeinen Wärmeverbreitung ist auch die Eintheilung der Erde in die mathematischen Klimagürtel erfolgt, nach denen man eine heiße Zone, 2 gemäßigte und 2 kalte Zonen unterscheidet. Wie aber aus Folgendem sehr bald hervorgehen wird, giebt diese Eintheilung nur ein sehr allgemeines Bild der Wärmevertheilung über die Erdoberfläche. Wenn diese eine gleichförmige, ebene und homogene Masse wäre, und deshalb überall ein gleiches Ausstrahlungs- und Absorptionsvermögen besäße, so würde die Temperatur nur von den erwähnten Bedingungen abhängen. Klima wird aber im allgemeinsten Sinn der Effect aller Veränderungen in der Atmosphäre genannt, es hängt also außer von der Temperatur, noch von der Feuchtigkeit, von der Stärke und Richtung der herrschenden Winde, von der Größe der electrischen Spannung wie von der Reinheit der Atmosphäre ab. Dazu treten noch die localen Einflüsse der Bodenbeschaffenheit, der Gestaltung des Landes und des Meeres, der Höhe und Richtung der Gebirgszüge, so daß hier die theoretischen Betrachtungen nicht ausreichen, sondern Jahre lang fortgesetzte Beobachtungen allein die Wärmevertheilung über die Erdoberfläche bestimmen können. Es ergiebt sich daraus naturgemäß, daß das **mathematische Klima** von dem **physikalischen** wesentlich verschieden sein wird.

§ 98 Bestimmung der mittleren Temperatur.

Unter mittlerer Temperatur versteht man im Allgemeinen diejenige, welche, wenn sie den ganzen Tag, oder Monat oder Jahr constant anhielte, dieselbe Menge Wärme dem Orte in den bezeichneten Zeiträumen zuführte, als die Summe aller wirklich stattgefundenen. Für die climatischen Verhältnisse ist die mittlere Temperatur von der größten Wichtigkeit, und dieselbe zu ermitteln daher Aufgabe der Meteorologie. Ganz ungenügend sind die Messungen der älteren Naturforscher, welche dieselbe Summe der größten Winterkälte und größten Sommerwärme als dieses Mittel ansahen, da dieses der obigen Erklärung nicht entspricht, und außerdem durchaus keinen Maßstab liefert für die Vertheilung der Wärme während des ganzen Jahres. Um genaue Einsicht in dieselbe zu erlangen, muß von der Bestimmung eines Tages ausgegangen werden. Werden regelmäßige stündliche Beobachtungen während desselben angestellt, so kann man den Gang derselben sich bildlich darstellen, wenn man als Abscissenlinie die Länge des Tages, und die beobachteten Thermometerstände als Ordinaten an den betreffenden Stunden einträgt. Der ganze Flächeninhalt der Curve giebt dann die Wärmemenge, die der Ort an diesem Tage erhält, und seine mittlere Temperatur wird sich daher als Höhe des Rechtecks darstellen lassen, das bei gleichem Inhalt mit der Curve die Tageslänge zur Grundlinie hat. Um nun die möglichen Störungen während des Tages zu vermeiden, und den regelmäßigen Gang der Wärme in seiner ganzen Gesetzmäßigkeit kennen zu lernen, ist es am besten, diese Beobachtungen fortzusetzen, und dann das Mittel aller zu einer und derselben Tageszeit während eines Monats gemachten Thermometerstände zur Bestimmung der Coordinaten zu nehmen. Man erhält dann die mittlere Temperatur des Tages, der sehr nahe in der Mitte des Monats liegen würde. Da diese Beobachtungsreihen von einem Einzelnen nicht auszuführen sind, so kommt es darauf an, die mittlere Temperatur möglichst genau aus einzelnen Beobachtungen kennen zu lernen. Zu zwei Zeiten des Tages schneidet die Wärmecurve die mittlere Temperatur, und es wäre dieselbe also am leichtesten durch directe Messung um diese Zeit zu bestimmen; doch ändert sich hier auch grade die Wärme sehr rasch, und größere Fehler würden bei geringer Versäumniß der bestimmten Stunde unvermeidlich sein. Man benutzt deshalb entweder das Maximum und Minimum der Temperatur, das mittelst eines geringen Correctionsfactors die mittlere Temperatur genau giebt, oder auf demselben Wege die um 7 Uhr Morgens, 2 Uhr Mittags und 9 Uhr Abends, oder die um 4 und 10 Uhr Morgens und Nachmittags beobachteten Thermometerstände. Es sind Formeln aus stündlich gemachten Beobachtungen berechnet, nach denen man die mittleren Tagestemperaturen wenigstens in nicht zu großen Grenzen genau berechnen kann. Die Beobachtungsstunden können beliebig gewählt werden, müssen aber stets genau bekannt sein; man erhält dann einen um so genaueren Werth, je gleichmäßiger sie über den Tag vertheilt sind. Hiernach wird alsdann die mittlere Temperatur der Monate, Jahreszeiten und Jahre gefunden, wenn man die mittleren Tagestemperaturen allmählig summirt, und durch die Zahl der Tage dividirt. Dies sind jedoch nur die dem Zeitraum der Beobachtung entsprechenden Temperaturen; will man z. B. wissen, wie kalt der Januar an einem Orte ist, so genügt dies angegebene Verfahren nicht, man muß dann längere Jahre zu Hülfe nehmen, und das arithmetische Mittel dieser mittleren Januar-Temperaturen wird dann um so mehr von zufälligen Störungen befreit sein, je länger die Beobachtungsreihe gewesen ist. Wenn daher künftig von mittlerer Temperatur die Rede ist, wird stets das auf diese Weise gefundene Resultat verstanden, das ausschließlich geeignet ist, über den jetzt zu untersuchenden Gang der Wärme nähere Aufschlüsse zu geben.

§. 99. Tägliche Veränderungen der Temperatur.

Die längsten, in den Grenzen von einer Stunde angestellten Beobachtungsreihen sind die von Padua und Fort Leith bei Edinburgh. Es ergiebt sich aus denselben:

für Padua im Juli .	Minimum:	4 Uhr	Morgens	21°,34.
	Maximum:	2 Uhr	Mittags	30°,73.
„ „ im Januar	Minimum:	7 Uhr	Morgens	2°,15.
	Maximum:	2 Uhr	Mittags	5°,60.
für Leith im Juli .	Minimum:	4 Uhr	Morgens	12°,86.
	Maximum:	5 Uhr	Mittags	18°,24.
„ „ im Januar	Minimum:	6 Uhr	Morgens	4°,41.
	Maximum:	5 Uhr	Mittags	5°,89.

Aus andern Beobachtungsreihen ergiebt sich fast Analoges, so z. B.

für Halle im Juli .	Minimum:	3 Uhr	Nachts	13°,4.
	Maximum:	3 Uhr	Mittags	22°,6.
„ „ im Januar	Minimum:	7 Uhr	Morgens	— 5°,86.
	Maximum:	1 Uhr	Mittags	— 0°,59.

Daraus zeigt sich als allgemein gültiges Resultat, daß das Minimum der täglichen Wärme kurz vor Sonnenaufgang, das Maximum einige Stunden nach Mittag eintritt; und es läßt sich dieser Gang auch sehr leicht erklären. Des Vormittags, während die Sonne steigt, erhält die Erdoberfläche mehr Wärme als sie ausstrahlt, es wird daher die Temperatur derselben und die der Atmosphäre steigen. Dies hört aber nicht unmittelbar bei der Culmination auf, denn die Sonne beginnt nach derselben erst allmählig zu steigen, und die Luft erhält daher stets noch neue Wärme, die durch die Strahlung des erhitzten Bodens vermehrt wird, und das Maximum tritt daher einige Stunden später erst ein, darauf beginnt die Wärme abzunehmen, und diese Erkaltung durch Strahlung geht natürlich so lange fort, bis die Sonne von Neuem zu wirken anfängt. Steht sie nämlich noch 11° unter dem Horizont, so zeigt sich bereits ein helles Segment am Himmel, von dem nun das Licht gegen die Atmosphäre reflectirt wird. Mit dieser Erleuchtung nimmt aber auch die Wärmezunahme ihren Anfang. Betrachtet man den Eintritt des Minimums im ganzen Jahre für Leith, so tritt dasselbe 4,6 Uhr Morgens ein, also 1,4 Stunden vor Aufgang der Sonne, und diese steht alsdann 11°18′ unter dem Horizont. Es tritt also das Minimum genau ein, wenn die Sonnenstrahlen anfangen, eine Wirkung auf die Atmosphäre zu üben. Es tritt dabei allerdings häufig genug die Ausnahme ein, daß die Temperatur noch bis zum wirklichen Aufgang sinkt, ja so häufig, daß sie schon als Regel angesehen worden ist; jedoch auch diese Anomalie von dem durch die genannten Beobachtungen festgestellten Gesetze läßt sich ohne Hülfe künstlicher Hypothesen erklären. Wenn in der Nacht Nebelbläschen in der Atmosphäre schweben, so wird dadurch die Ausstrahlung verringert; wenn die Sonne nun durch ihre ersten Strahlen diese Bläschen auflöst, so nimmt die Ausstrahlung der Erde rasch zu; denn es wird die Differenz der Wärme der Erde und der Luftschichten, also auch das Strahlungsvermögen größer sein, als die Wirkung der Sonnenstrahlen in so schiefer Richtung. Die Erde giebt also mehr Wärme noch ab, als sie empfängt, d. h. sie erkaltet noch, bis die Sonne wirklich bis über den Horizont getreten ist.

Dieser so regelmäßige tägliche Gang der Temperatur wurde in seiner Gesetzmäßigkeit erst aus der Analogie zahlreicher Beobachtungen gefunden; denn es wirken vielfache störende Einflüsse auf denselben ein, von denen vor allen die Hydrometeore und die Winde zu erwähnen sind. Ist die Luft sehr heiter und trocken, so wird die

Wärmestrahlung größer sein, d. h. die Erwärmung am Tage und die Erkältung in der Nacht wird bedeutender werden. Die Differenz zwischen den täglichen Extremen wird also um so geringer, je feuchter die Luft ist. Daraus ergiebt sich auch, wie aus den wenigen oben angegebenen Daten zu bemerken ist, der ungleiche Unterschied zwischen den täglichen Temperaturextremen in verschiedenen Jahreszeiten. In unseren Breiten ist er im Winter bedeutend kleiner, als im Sommer; der Winter ist auch die relativ feuchtere Jahreszeit und dadurch die Erscheinung schon genügend erklärt. Dies bestätigen auch die Beobachtungen unter den Tropen, wo die Differenz beider Extreme in der nassen Jahreszeit stets geringer ist, als in der trocknen.

In Ceylon regnet es bei nördlicher Declination der Sonne an der Westküste (S.W.-Monsun); Minimum der Differenz im Juli; an der Ostküste dagegen regnet es bei südlicher Declination der Sonne (N.O.-Monsun); Minimum der Differenz im Januar.

Aus demselben Grunde sind diese Differenzen kleiner am Meere als im Innern des Continents (kleiner in Ceylon, als Calcutta, kleiner hier, als auf dem Plateau Hindostans), größer also auch, je höher man über dem Meere ist; (größer auf dem Bernhard, als in Genf). Kämtz erklärt aus dem erwähnten Einfluß der Hydrometeore ebenfalls das an den obigen Angaben zu bemerkende spätere Eintreten des Maximums in Leith, als in Padua.

Welchen Einfluß die Hydrometeore auf die mittlere tägliche Wärme haben, geht aus folgender Betrachtung hervor: Im Winter geht durch Strahlung während der längeren Nacht mehr Wärme verloren, als die Sonne am Tage mittheilt, daher werden Wolken und Nebel durch Verhinderung der Strahlung die Temperatur erhöhen; mithin sind trübe Wintertage wärmer als heitere. Im Sommer erhält die Erde am Tage mehr Wärme, als durch Strahlung während der Nacht verloren geht, mithin sind trübe Sommertage kälter als heitere. Dasselbe tritt nach jedem Regen ein, wodurch bei der Verdunstung des herabgefallenen Wassers eine große Wärmemenge gebunden, also die Temperatur erniedrigt wird.

Was den Einfluß der Winde auf das Thermometer betrifft, so ziehe ich es vor, denselben erst dann zu berühren, wenn von den Winden die Rede sein wird (§. 130).

§ 100. Jährliche Veränderungen der Temperatur.

Betrachtet man die auf oben angegebene Art gefundene mittlere Jahrestemperatur in einer längeren Reihe von Jahren, so ergiebt sich, daß dabei keine so bedeutende Differenzen stattfinden, als man nach der Empfindung oder dem verschiedenen Ertrag der Ernten schließen sollte. So ist die größte Abweichung in Paris von 1806 bis 1826 nur um 1°,41 von der mittleren Temperatur aller 20 Jahre verschieden, und es geht daraus hervor, daß, diese für einen Ort zu bestimmen, keine sehr lange Reihe von Beobachtungsjahren nöthig ist. Nichts desto weniger ist der Gang der Wärme innerhalb derselben sehr verschieden. Die Temperaturen der einzelnen Monate sind in den verschiedenen Jahren sehr verschieden und zwar in den Wintermonaten größer als in den Sommermonaten, wie z. B. in Manchester in 25 Jahren die Temperatur eines Januars um 6°,4 und eines Juli nur 3°,7 vom Mittel sämmtlicher Jahre abwich. Es zeigt sich aus dieser Wärmevertheilung in den einzelnen Monaten, daß in mittleren und höheren Breiten die Temperaturcurve ein Minimum (Januar) und ein Maximum (Juli oder August) hat, und dazwischen regelmäßig fällt und steigt, so daß im Allgemeinen die Mittel im April und October eintreten. Die Größe der Oscillation oder die Differenz zwischen Maximum und Minimum ist sehr verschieden, hängt im Allgemeinen jedoch von der Breite ab, d. h. nimmt mit dieser zu. So z. B. Mexico 19° N.B. Winter 13°,0 Sommer 19°,1, Paris 48° N.B. Winter 3°,3, Sommer 18°,1, Moskau 55° N.B. Winter — 10°,3, Sommer 16°,8, Boothia Felix 70° N.B. Winter — 33°,2, Sommer 3°,4. Die Differenzen sind also der Reihe nach 6°,1; 14°,8; 27°,1; 36°,6; auf Anomalien dieser Erscheinung wird zurückgekommen werden. Daraus ergiebt sich dann auch die meteorologische Eintheilung des Jahres in Jahreszeiten. Da der Winter die kälteste sein soll, so muß der kälteste Monat in der Mitte desselben liegen, und drei Monate für jede Jahreszeit gerechnet ergiebt:

Winter:	December,	Januar,	Februar,
Frühling:	März,	April,	Mai,
Sommer:	Juni,	Juli,	August,
Herbst:	September,	October,	November.

Wenn daher hier in der Folge von Jahreszeiten die Rede ist, so sind die zwischen den obenbezeichneten Grenzen liegenden Monate verstanden. Es geht dies aus den directen Beobachtungen um so mehr hervor, als nach langjährigen Erfahrungen im Mittel für unsere Breiten

der kälteste Tag des Jahres der 14. Januar,
der heißeste „ „ „ der 26. Juli

ist, und am 24. April und 21. October die mittlere Wärme eintritt; alle 4 Monate also in der Mitte der entsprechenden Jahreszeiten liegen.

Da die Hydrometeore, wie oben gezeigt wurde, einen so bedeutenden Einfluß auf den Gang der täglichen Temperatur ausüben, so wird derselbe ebenfalls sehr bedeutend auf den jährlichen Gang sein müssen. So verhindert die Nähe des Meeres eine so starke Depression der Wärme während des Winters, und eine große Erhöhung während des Sommers; sie wird also der Grund sein, daß die Differenz zwischen Maximum und Minimum nicht bedeutend sein kann. So z. B. die Insel Unst 4°,05 Wintertemperatur und 11°,92 Sommertemperatur; Unterschied 7°,87, derselbe wird zunehmen, je mehr man sich von der Küste entfernt. Diesen Unterschied der Klimata bezeichnet man im Allgemeinen mit dem Namen „Land- und Seeklima", und es wird der große Einfluß, den derselbe auf die Vegetationsfähigkeit und den Kulturzustand eines Landes ausübt, noch näher erörtert werden. (§. 103.)

§. 101 Isothermen, Linien gleicher Jahreswärme

Aus dem bereits Gesagten geht genügend hervor, daß Orte über demselben Breitengrade nicht immer dieselbe mittlere Temperatur haben; man gewinnt erst eine klare Uebersicht über die Vertheilung der Wärme auf der Erdoberfläche, wenn man alle die Orte durch Linien verbindet, die gleiche Jahreswärme haben. Dies ist zuerst von Humboldt geschehen, der diese Linien Isothermen genannt hat.

Der Wärmeaequator, d. h. die Linie der größten Luftwärme ist als noch nicht vollständig festgelegt zu betrachten, da die zu seiner Bestimmung benutzten Temperaturangaben namentlich im Innern Africa's nur sehr vereinzelt und sparsam sind. Er ist nach den vorhandenen, und mit den genauesten Correctionen von Berghaus versehenen Beobachtungen von diesem auch zusammengestellt, und wie der Lauf der übrigen Isothermen nach seiner Karte des physikalischen Atlas in dem kleinen Kärtchen möglichst genau wiedergegeben. Es wird daher über den Verlauf der einzelnen Curven hier nicht nöthig sein etwas hinzuzufügen, da derselbe aus der bildlichen Darstellung Tafel No. VI. wohl deutlich genug hervorgeht.

Nach den Untersuchungen von Shouw und Kämtz geht hervor, daß der Nordpol keineswegs der kälteste Punkt der nördlichen Hemisphäre ist, und beide Naturforscher bezeichnen zwei Punkte, den einen über Sibirien, den andern über Nordamerica, als solche und nennen dieselben Kältepole. Die Isothermen der niedrigsten Temperatur bilden um dieselben geschlossene Curven und erst die Isotherme von — 5° umfaßt wieder diese beiden getrennten Systeme. Die in der beigegebenen kleinen Karte gewählte Projection deutet dieses Verhältniß nur durch die Biegung der Curven innerhalb des asiatischen und nordamericanischen Continents an. Daß die Wärmeabnahme nicht mit der zunehmenden geographischen Breite proportional ist, ergiebt sich ebenfalls aus der Karte. Es ist z. B. die Zunahme zwischen 0° und 20° B. nur 2°, während dieselbe zwischen 40° und 50° B. in der alten Welt um 7°, in der neuen um 9° steigt. Es muß letzterer Umstand einen besonders günstigen Einfluß auf den Kunstfleiß und die Bildung der diesen Gürtel bewohnenden Völker ausüben, denn bei so schneller Abnahme folgen die Erzeugnisse des Bodens und die daraus hervorgehenden mannigfaltigsten Gegenstände rasch auf einander, und sind in enge Grenzen nebeneinander gedrängt. Ein großer Unterschied aber in den Producten angrenzender Länder hebt deren Gewerbesleiß und belebt ihren Handel.

Im Allgemeinen ist die südliche Hemisphäre kälter als die nördliche, wofür der Hauptgrund wohl in der ungleichen Vertheilung von Meer und Land auf beiden beruht. Die größeren Ländermassen absorbiren mehr Wärme und strahlen dieselbe wieder aus, wodurch der darüber liegende Luftkreis erwärmt bleibt. Das Meer reflectirt die Wärmestrahlen fast ohne alle Absorption; es werden dieselben also auch ohne Wirkung sein. Daher ist die Sommertemperatur in der südlichen Hemisphäre bedeutend niedriger, aber auch die des Winters um vieles höher; das Klima bietet also die Eigenthümlichkeiten der geringeren Differenz zwischen Maximum und Minimum dar. Die sehr schmalen Ländermassen Südamerica's werden nicht eine Aenderung in diesen Verhältnissen hervorbringen können, weil der Einfluß des Meeres zu überwiegend ist; ihre Vegetation wird daher auch keinen Vergleich mit der unter gleichen nördlichen Breiten beobachteten aushalten können, namentlich, wenn man sie mit der europäischen vergleichen wollte, wo, wie die Karte zeigt, verschiedene später noch näher zu erörternde Einflüsse die Isothermen so auffallend nach Norden krümmen, wo diese sich aber wieder südwärts biegen, die Sommer durch ihre intensive Hitze eine Vegetation erzeugen, die bei nur gleicher Jahrestemperatur allein nicht mehr auftreten könnte. Es stellen sich die Unterschiede nicht so bedeutend dar, wenn man die in Rede stehenden Orte der südlichen Hemisphäre mit den correspondirenden nördlichen Breiten Americas vergleicht, wo die Häfen bei einer mittleren Wintertemperatur von — 18° zufrieren, und die Küsten bis Mai mit Eis bedeckt sind; während am Cap Hoorn die Einwohner nackt gehen, und Papageyen und Kolibri's die Wälder bevölkern. Sie werden also reichlich durch die milderen Winter für die kälteren Sommer entschädigt.

§. 102. Isotheren, Linien gleicher Sommertemperatur und Isochimenen, Linien gleicher Wintertemperatur.

Eben so wenig wie auf einerlei Breite dieselbe mittlere Jahrestemperatur herrscht, eben so wenig ist auf einer und derselben Isotherme die Vertheilung der Jahreswärme innerhalb der Jahreszeiten gleich. Es haben, wie aus mehrfachen Bemerkungen schon hervorgeht, viele Orte bei gleicher Jahrestemperatur verschiedene Differenzen zwischen Sommer und Winter, wie z. B. Prag und Dublin Jahreswärme = 9°,5 haben; dagegen der kälteste Monat in Dublin 4°,3, in Prag — 2°,46, während der wärmste in Dublin 16°, in Prag 20° ist.

Solche Unterschiede müssen aber den wesentlichsten Einfluß auf die klimatischen Verhältnisse eines Ortes ausüben, und es reicht daher nicht hin, nur die mittleren Jahrestemperaturen zu kennen. Zu diesem

Zwecke hat man erstens bei der graphischen Darstellung der Isothermen an die betreffenden Curven die Winter- und Sommertemperaturen angeschrieben, die in ihrem Verlauf also sehr wechseln. Eine genauere Ansicht lehrt dabei, daß bei den convexen Scheiteln der Curven die Differenzen stets sehr klein, bei den concaven um so größer sind, daß also dieselben Ursachen, die eine Krümmung der Isothermen nach Norden hervorrufen, oder was dasselbe sagt, welche die mittlere Jahrestemperatur unter denselben Breiten an einem Orte erhöhen, auch gleichzeitig die Unterschiede zwischen Sommer und Winter verwischen. Eine andere Art, diese Wärmeverhältnisse graphisch darzustellen und übersichtlich zu machen, besteht darin, daß man die Orte besonders durch Linien verbindet, die gleiche Sommer- und die gleiche Wintertemperatur haben, und diese Linien analog Isotheren und Isochimenen nennt.

Der Lauf dieser Curven auf Tafel No. VII. zeigt im Allgemeinen, wie sehr verschieden die Temperaturen und Klimate in verschiedenen Längen sind, wie durchweg die Westküsten eine günstigere Lage haben, als das Innere der Continente und deren Ostküsten. So z. B. zeigt der Lauf der Isothere von 20° wie vom Biscayischen Golf nach Osten bis ans caspische Meer die Winterwärme von 15° bis 0° abnimmt, so daß Astrachan den Sommer von der Garonne-Mündung und den Winter vom Nordcap hat, der Winter von Bordeaux mit dem nördlichen Italien gleich warm ist.

§. 103. Ursachen der Inflexion der Isothermischen Linien. Land- und Seeklima.

Die Ursachen, welche ein so sichtbares Abweichen der Isotherm-Curven von den Parallelen bedingen, können im Allgemeinen nur nach ihrem größeren oder geringeren Einfluß, den sie auf das Klima ausüben, angegeben werden. Die störenden Elemente sind noch nicht bekannt genug, um den Lauf dieser Linien aus theoretischen Betrachtungen ableiten zu können. Die Richtung der Luftströme, die entweder zur Herstellung des Gleichgewichts die kalten Schichten dem Aequator, oder auch die wärmeren Temperaturen dem Pole nähern, wird durch die ungleiche Erwärmung des Bodens bedingt, während diese wieder von der Configuration des Landes, von der Vertheilung des Meeres und Landes und von der Leitungsfähigkeit des Bodens abhängt. Die Richtung der herrschenden Gebirgszüge (§. 37.) ändert nicht nur diese Einflüsse, sondern ebenso gut den Feuchtigkeitsgehalt und die Art und Menge der Niederschläge, und so wirken die mannigfachsten Ursachen theils mehr allgemeiner, theils localer Natur, und bedingen so zusammengesetzte Erscheinungen, daß das Erkennen der allgemeinen Gesetze in ihnen gewiß den bedeutendsten Schwierigkeiten unterliegen muß.

Wie früher schon erörtert, (§. 54.) ist die Temperatur der Meeresoberfläche weit gleichförmiger, die täglichen wie die jährlichen Temperaturschwankungen sind ungleich geringer als auf dem Lande, und es ist in diesem Umstande der mehrfach erwähnte Unterschied zwischen einem Land- und Seeklima hauptsächlich bedingt. Dazu kommt dann noch, daß in den nördlichen Gegenden die vom Meere aufsteigenden Wasserdämpfe sich gleich verdichten, daß also an den Küsten der fast stets bedeckte Himmel die Intensität der Sonnenstrahlen im Sommer mäßigt, und im Winter durch Verhinderung der großen Ausstrahlung des Bodens die Temperatur erhöht. Dadurch werden also im Allgemeinen Inseln und Halbinseln nur geringe Unterschiede zwischen der Sommer- und Wintertemperatur haben, und dieselben stets auch bei gleicher mittlerer Jahreswärme zunehmen, je mehr man sich von den Küsten entfernt. Diese Unterschiede allein würden aber nicht ausreichen, die Temperatur an der Westküste Europas im Vergleich mit der in Inner-Asien herrschenden so bedeutend zu erhöhen, wie es die Krümmung der Isothermen so deutlich zeigt. Es tritt hier das locale, und so besonders günstige Verhältniß der Küstenbildung zu dem Areal Europas (§. 34.) als eine wesentliche, diese Erscheinungen hervorrufende Ursache auf, denn es ist einleuchtend, je mehr Küstenumfang ein Land hat, je zerrissener sind diese Küsten, und je tiefer die Einschnitte des Meeres in dasselbe eindringen, um so mehr wird das Meer seine Einflüsse auf das Klima geltend machen können, um so gleichmäßiger wird also dasselbe sein. Dazu kommt noch die bedeutende Wirkung, welche die Luftströme hier auszuüben im Stande sind, die in ihrer Allgemeinheit hier auch verstandlich sein werden, ohne daß von den Winden ausführlicher gesprochen ist. (§. 122 — 134.).

In Europa herrschen im Allgemeinen die West- und Südwestwinde bedeutend vor, nächstdem aber die Nordostwinde. Erstere kommen nur aus wärmeren Gegenden und werden daher im Winter nothwendig zur Erhöhung der Temperatur an den sie zuerst treffenden Landestheilen bedeutend beitragen; denn die Oberfläche des westlich gelegenen Meeres wird in dieser Jahreszeit ihrer geringeren Strahlungsfähigkeit wegen bedeutend wärmer sein, als das trockene Festland unter derselben Breite. Bei ihrem Fortschreiten landeinwärts kühlen sie sich mehr und mehr ab, und wenn sie auch noch zur Erhöhung der Wärme in den östlicheren Gegenden beizutragen vermögen, so erreichen sie dieselbe doch schon mit einer bedeutend geringeren Temperatur, es kann daher auch nur in einem bedeutend geringeren Grade geschehen. Treten nun die kalten Nordostwinde ein, so sind sie bereits über weite Länderstrecken gekommen, die durch die vorhergehenden Südwestwinde mehr erwärmt wurden, ehe sie an die westlich gelegenen Küsten gelangen; sie werden daher selbst schon eine höhere Temperatur erlangt haben, und daher das Thermometer weniger deprimiren, als sie im Innern der Klimate unter einerlei Breite gethan haben würden. Anders verhält es sich im Sommer. Die West- und Südwestwinde sind kälter als die über das erhitzte Land kommenden Nordostwinde; es wird daher in den Küstengegenden die Temperatur durch dieselben mehr deprimirt als in den Continentalländern. Dadurch würde nun allerdings die Differenz zwischen dem Maximum und dem Minimum jedenfalls vermindert, es könnte dabei aber noch die mittlere Jahrestemperatur durch Ausgleichung gleich bleiben, wenn nicht noch ein anderer Umstand hinzuträte, die Temperatur zu erhöhen. Es herrschen nämlich an der Westküste hauptsächlich Winterregen (siehe §. 119.), wodurch die Erkaltung sehr gehindert wird, während die selteneren Regen im Sommer und die daher größere Reinheit der Luft eine Vermehrung der Wärme hervorbringen. Im Innern des Landes, wo mehr die Sommerregen vorherrschen, wird dieses Verhältniß grade umgekehrt, daher müssen die Gegenden, wo sich dieser Gegensatz besonders stark zeigt, auch eine sehr schnelle Aenderung der mittleren Temperatur auf einer Breite aufweisen, wenn man sich von den Küsten nach dem Innern des Landes bewegt. Besonders auffallend zeigt sich dies in Skandinavien, wenn man von Norwegen nach Schweden vorschreitet, wie dies auch die Biegung der Isotheren und Isochimenen zu erkennen giebt. Die Erhöhung der Temperatur durch diese Winde nimmt an der Westküste auch durch den Dampfgehalt der Atmosphäre zu, die westlichen Winde haben sowohl absolut als relativ einen bedeutend größeren Dampfgehalt als die östlichen (§. 131.), von dem sich ein großer Theil niederschlägt, also ihre latente Wärme frei wird; Nebel und Wolken verhindern sie auszustrahlen und die Temperatur muß erhöht werden. In den östlicheren Gegenden haben diese Winde ihren Dampfgehalt größtentheils verloren, und die Temperaturerhöhung kann daher nicht so bedeutend sein. Endlich hat der in seinem Laufe früher betrachtete Golfstrom (§. 59.) einen Einfluß auf die Temperaturerhöhung West-Europas, da die über seinen warmen Wassern wehenden Südwestwinde dadurch bedeutender erwärmt werden, als es unter andern Umständen geschehen könnte. Dieser Strom vereinigt mit der Nordatlantischen Drift wird auch als Grund angesehen, daß die Küsten Norwegens und Irlands stets ein ganz eisfreies Meer bespült, während unter gleicher Breite die Gestade Nord-Americas einen großen Theil des Jahres mit den treibenden Eisfeldern des nördlichen Eismeers bedeckt sind.

Wenn somit die bedeutende Erwärmung von West-Europa und und die daraus entspringende Erhebung der Isothermen in dieser Weltgegend im Verhältnisse zu dem Innern des Continents der alten Welt genügend erklärt ist, so bleibt noch die beträchtliche Senkung der Isothermen im Innern und an der Ostküste in America zu erörtern. Die Westküste erhält auch hier mehr Wärme durch die Südwestwinde, dagegen scheinen die im Innern herrschenden Sommerregen die Temperatur zu erniedrigen, und da an der Ostküste im Winter die Südwestwinde die vorherrschenden sind, so werden sie auch hier, als kalte Winde die Kälte in dieser Jahreszeit erhöhen müssen, während die im Sommer herrschenden Ostwinde vom Meere kommend ihrerseits die Wärme sehr herabdrücken. Dazu kommt noch, daß die arktische Polarströmung das Eis an der Küste vorbei bis in die tiefen Breiten herabträgt, und dadurch der günstige Einfluß, den das Meer sonst auf seine Gestadeländer ausübt, paralysirt wird.

§. 104. Einfluß des Land- und Seeklimas auf die Vegetation.

Die so eben betrachtete Gestalt der Isotheren und Isochimenen übt einen sehr leicht erkennbaren Einfluß auf die Vertheilung der Pflanzen und Thiere. Letztere können einer gewissen Kälte nicht widerstehen und dann erkennt man, namentlich wenn sie keine Wanderungen wie viele Vögel machen können, daß der Bezirk ihrer Verbreitung überraschend mit dem Lauf der Isochimenen zusammenfällt. Perennirende Gewächse, die nur in gewissem Grade Kälte zu ertragen im Stande sind, und die zu ihrer Blüthe und zur Reifung des Saamens nur kurze Zeit bedürfen, ragen daher an den Küsten stets weiter nach Norden, als im Innern der Continente. So gedeihen z. B. in Devonshire Camelia japonica, Fuchsia coccinea im Freien an der Meeresküste; im nordöstlichen Irland in gleicher Breite mit Königsberg die Myrthe im Freien. Aehnlich dauern im Departement Finisterre Aprikosen, Granaten, Erica mediterranea, Fuchsia, Hortensia u. s. w. in offener Erde aus. Die Buche gedeiht in Norwegen noch bis 59° N.B., während sie östlich in den Gebirgen der Halbinsel Krimm 44—45° ihre Polargrenze hat. Dagegen reift die Traube in England nicht mehr, weil sie zu ihrer Ausbildung einer intensiveren Sommerwärme bedarf, dabei aber eine größere Winterkälte ertragen kann; so ist sie z. B. in Astrachan heimisch, während dort der Winter vom Nordcap herrscht, auf welchem die Birke nicht mehr fortkommt; ebenso und als vorzüglich bekannt in Ungarn, das kältere Winter als die Faröer-Inseln hat, auf denen Buche und Eiche nicht mehr fortkommen. Es laufen die Polargrenzen solcher Gewächse, die zur vollkommenen Ausbildung ihrer Reife eine bestimmte Zeit und einen gewissen Wärmegrad bedürfen, dagegen aber größere Kälte im Winter ertragen, mit den Isotheren parallel, wobei namentlich die Getreidearten von Wichtigkeit sind. So kann im Innern von Norwegen und Lappland Getreide gebaut werden unter einer Breite von 70°, während dies an der Westküste erst mehrere Grade südlicher der Fall ist. In Jakutzk reicht die Temperatur des kurzen Sommers hin, Roggen und sogar Waizen auf einem Boden zu zeitigen, der in 3′ Tiefe dauernd gefroren bleibt, und wo die mittlere Jahreswärme = 9°,7 und die Wintertemperatur — 38°,9 beträgt, während auf Island an den Bau der Cerealien nicht mehr zu denken ist, obgleich es eine mittlere Jahrestemperatur (Reikiavik) von + 4°,7 hat. Es geht daraus hervor, wie günstig das Seeklima auf das Gedeihen einzelner Gewächse einwirkt, während es durch das Ausgleichen der Differenzen das Fortkommen anderer unmöglich macht.

§ 105. Abnahme der Wärme mit der Höhe.

Es ist eine bekannte Erfahrung, daß, je höher man in das uns umgebende Luftmeer aufsteigt, sei es an Bergen oder mittelst eines Ballons, die Temperatur der oberen Schichten geringer ist, als der unteren. Die Abnahme der Vegetation mit der Höhe, so wie das dauernde Vorhandensein des Schnees in einer gewissen Höhe, geben den augenfälligsten Beweis für diese Thatsache. Die Gründe derselben sind mannigfacher Art. Die von der Sonne ausgehende Wärme wird von der Atmosphäre theils durchgelassen, theils absorbirt. Der Theil, welcher durchgelassen wird, erwärmt die Erde als einen undurchsichtigen Körper sehr bedeutend und wird durch Strahlung, sowie durch directe Mittheilung zum großen Theil wieder in die Atmosphäre zurückgeführt. Dadurch werden natürlich die unteren, der Wärmequelle zunächstliegenden Luftschichten mehr erwärmt als die höheren, da die Wärme bei ihrem Durchgange durch dieselben einen Widerstand findet, und um so mehr also abnehmen muß, je mehr man sich entfernt. Betrachtet man nun den Theil der Wärme, der bei dem Durchgange durch die Atmosphäre von derselben absorbirt wurde, ehe er die Erdoberfläche erreichte und welcher nach Bouguer's photometrischen Versuchen ⅓ sämmtlicher auf die Atmosphäre senkrecht auffallenden Sonnenstrahlen beträgt, — so ergiebt sich, daß auch dieser zur Erhöhung der Temperatur der unteren Schichten beitragen muß. Es ist nämlich die Absorption der Wärme in der Luft um so größer, je weniger durchsichtig dies Medium ist, und dies sind natürlich die unteren Schichten, die mit Wasserdämpfen und

Staubtheilchen mannigfach vermischt sind. Es ergiebt sich dies aus der bekannten Erfahrung, daß die reinere Luft auf Bergen eine größere Fernsicht gestattet, und daß der Himmel stets ein schönes Blau daselbst zeigt. Dadurch, daß die unteren Schichten auch die dichteren sind, wird ebenfalls eine größere Erwärmung derselben hervorgebracht, nach dem bekannten physikalischen Gesetze, daß die Erwärmungsfähigkeit den Dichtigkeitsverhältnissen der Atmosphäre proportional ist. Aus diesen drei Ursachen würde die Wärmeabnahme mit der Höhe unstreitig größer sein müssen als es in der That der Fall ist, wenn nicht stets Bewegung in der Atmosphäre herrschte, und dadurch die Unterschiede gemildert würden. Die unten wärmer gewordenen Lufttheilchen steigen in die Höhe, und werden durch die kälteren von oben herabsinkenden ersetzt; ja es müßte diese Circulation den Unterschied in einem weit höheren Grade aufheben, als es der Fall ist, wenn die aufsteigenden Lufttheilchen nicht zugleich die dichteren wären, die in größerer Höhe angekommen, sich ausdehnen, und dadurch fortwährend Wärme binden, während die herabsinkenden dichter werden und Wärme dadurch in den unteren Schichten frei machen. Die Größe der Abnahme muß aber unter verschiedenen Umständen sehr verschieden sein, und wird daher auch anders fast in jedem Gebirge getroffen. Es muß natürlich eine andere Temperatur-Abnahme stattfinden, wenn man auf einem Ballon in die Höhe steigt, oder sich in derselben Höhe auf Gebirgen befindet, bei letzteren wird dieselbe verschieden sein auf einem isolirten Berge und auf Hochebenen. Berge, die in die höheren Regionen der Atmosphäre hineinragen, werden durch die auffallenden Sonnenstrahlen erwärmt, und erhöhen durch Strahlung also die Temperatur der Luftschichten. Dies wird um so mehr geschehen, je größer ihre Masse ist. Ein isolirter Gipfel wird dies nur in sehr geringem Grade können, denn Winde werden in jedem Augenblicke kältere Luftmassen an die Stelle der eben erwärmten bringen, und der Prozeß ist einer steten Wiederholung unterworfen.

Hochebenen dagegen werden bedeutend mehr erwärmt werden, da die Sonnenstrahlen bei ihrem Wege durch die weniger hohe und weniger dichte Luftschicht über denselben nur wenig Kraft durch

Absorption der Atmosphäre verloren haben werden, und der Boden, in hohem Maße erhitzt, die Luftschichten also um so mehr durch Strahlung zu erwärmen im Stande ist. Es ist daher die Wärme der Hochebenen bedeutend höher, als die eines eben so hohen isolirten Berges, wie es vielfache Beispiele beweisen. So hört in den mexicanischen Gebirgen bei einer Höhe von 4200 Meter alle phanerogamische Vegetation auf, während in Peru bei gleicher südlicher Breite (18—19°) Potosi in einer nur 34 Meter geringeren Höhe liegt und eine zahlreiche Ackerbau treibende Bevölkerung enthält. So die Hochebene von Tibet, auf der unter 32° Breite und einer Höhe von 3663 Meter Waizen erfolgreich gebaut wird, die Gerste in noch größere Höhe hinaufsteigt, während auf dem südlichen Abhang des Himalaya alle Cultur schon mit einer Erhebung von 2900 Meter aufhört, ja sogar unter dem Aequator auf dem Plateau von Quito die Waizencultur bei 760 Meter tiefer aufhört als in Tibet. So ist aus demselben Grunde auch in der Mitte eines Plateau's die Wärme höher als an den Rändern desselben, da hier die Luftschichten durch Winde häufig erneuert werden, wie z. B. Santa Fé de Bogota in der Mitte mittlere Jahrestemperatur 14°,5 und in gleicher Höhe zu Facatativa dem Rande desselben 13°,1.

Aus den angegebenen Verhältnissen geht hervor, daß die täglichen wie die jährlichen Schwankungen des Thermometers auf Hochebenen bedeutend größer sind, als in entsprechenden Breiten und Jahreszeiten in der Tiefe. Die Kraft der Sonne ist der geringeren Absorption in der Atmosphäre wegen am Tage und im Sommer bedeutend größer, der Wärmeverlust durch Strahlung aber aus demselben Grunde bei Nacht und im Winter bedeutender. Auf der Hochebene von Caramarca schwankte das Thermometer von 8° bis 25° (im Schatten gemessen) an einem Tage, also betrug die Oscillation 17°, auf dem Plateau von Quito 16°; ebenso zeigt die Hochebene von Tibet, bei ziemlich niedriger mittlerer Jahrestemperatur, sehr große Schwankungen in den Jahreszeiten.

Entgegengesetzt dieser Erscheinung ist bei isolirt stehenden Gipfeln die Größe der täglichen wie jährlichen Oscillation geringer als in der Tiefe, weil der Boden einestheils weniger Einfluß ausübt, anderntheils auch dieser noch durch die Strömungen in dem Luftocean gemindert wird. So auf dem Faulhorn die tägliche Oscillation 3°,8, die gleichzeitige in Zürich 9°,5.

Es geht aus dem Gesagten hinlänglich hervor, wie verschieden der tägliche wie jährliche Gang der Wärme in der Tiefe und in der Höhe ist, wie daher die Temperatur-Differenz zweier übereinander liegenden Orte weder zu verschiedenen Tages- noch Jahreszeiten dieselbe sein kann, und wie die Größe derselben auch an andern Orten einen andern Werth erhalten muß. Es heißt dies mit andern Worten, daß die Höhe, um welche man sich über den Meeresspiegel erheben muß, damit das Thermometer um 1° C. sinke, unter allen den verschiedenen Verhältnissen eine andere sein wird. So beträgt diese Höhe im Mittel von mehreren Beobachtungsreihen für 1° C. in der Aequatorialzone der neuen Welt 98 Toisen, bei einer Luftfahrt in der Breite von Paris 95,8 Toisen, in den Schweizer Alpen 92 Toisen, im Kaukasus 91,1 Toisen. Man kann also im Mittel annehmen 90—100 Toisen. Daraus geht hinlänglich hervor, wie viel noch fehlt, um das Gesetz der Wärmeabnahme aus all diesen Ursachen zu bestimmen; ja es ist erwiesen, daß bei bedeutender Höhenzunahme die Temperaturabnahme nicht gleich bleibt, sondern zunimmt, daß sie ferner im Sommer schneller zunimmt als im Winter, daß sich dieses Verhältniß sogar auf die Tageszeiten erstreckt, indem man sich Morgens nach Saussure's in den Alpen angestellten Beobachtungen um 107,7 Toisen erheben muß, ehe das Thermometer um 1° C. sinkt, während Mittags dieser Werth nur 71 Toisen beträgt.

§. 106. Schneegrenze.

Unter Schneegrenze wird diejenige Linie an den Abhängen eines Gebirges verstanden, bis zu welcher der Schnee während eines Jahres schmilzt. Da der Schmelzpunkt des Schnees 0° beträgt, so war es natürlich, daß früher, als die Gesetze der Wärmevertheilung noch nicht so vollständig entwickelt waren als heute, man allgemein glaubte, die mittlere Jahrestemperatur müsse an der Grenze des ewigen Schnees 0° betragen. Aus den bisherigen Betrachtungen ergiebt sich jedoch schon deutlich, daß dies keineswegs der Fall sein wird. Wenn die mittlere Jahrestemperatur auch 0° beträgt, so ist doch keineswegs das ganze Jahr hindurch nur 0°, sondern das Maximum im Sommer gleicht sich eben nur im Winter aus, und der Schnee wird an solchen Orten Monate lang fehlen. Ja es müßten nach dieser Ansicht alle Orte von 0° mittlerer Jahrestemperatur und darunter ewig in Schnee gehüllt sein, und doch kann Jakutzk Cerealien bauen bei — 9°,7 mittlerer Jahreswärme, denn der heißeste Monat hat dort eine Temperatur von + 20°,3; der Schnee ist also gewiß längst geschmolzen. Sind also die Schwankungen zwischen Maximum und Minimum groß, so kann die mittlere Jahrestemperatur doch sehr gering sein, der Schnee wird schmelzen; sind dieselben umgekehrt sehr klein, so muß die mittlere Temperatur um so größer sein, und es wird daher begreiflicher Weise in den Tropen, wo der letztere Fall eintritt, die mittlere Temperatur bedeutend höher sein; ja sie wird sogar bei sehr kleinen Differenzen über 0° steigen müssen, wenn man bedenkt, wie viel Wärme gebunden wird, um so große Schneemassen zu schmelzen. Unter den Tropen ist sie daher wirklich auch + 1°,5 gefunden worden.

Es erhellt daraus ebenfalls, daß unter sonst gleichen Umständen die Schneegrenze für ein Seeklima bedeutend niedriger sein wird, als für ein Landklima, daher z. B. in den Lappländischen Alpen (67° B.) auf der Norwegischen Seite 516 Toisen, auf der Schwedischen 643 Toisen.

Außerdem fällt an den Küsten bei weitem mehr Schnee, als im Innern eines Continents, daher liegt auch z. B. in den Pyrenäen trotz höherer mittleren Sommerwärme die Schneegrenze um 650 Meter tiefer, als in dem unter derselben Breite liegenden Kaukasus.

Aus dem oben erörterten Einfluß der Hochebenen erklärt sich auch die interessante Erscheinung am Himalaya sehr leicht, an dessen Nordabhang die Schneegrenze um mehr als 1100 Meter höher liegt als am Südabhang. Stehen dagegen eine Anzahl hoher Gipfel nahe an einander, so wird die Temperatur der umgebenden Luftschichten durch die großen Schnee- und Eismassen mehr erniedrigt, und die Schneelinie wird tiefer liegen; daher trifft man dieselbe im Innern von Kettengebirgen (z. B. Pyrenäen) tiefer an, als an den vorliegenden Bergketten; die Schneelinie bildet also quer durch das Gebirge eine Curve, deren tiefer Scheitel in der Mitte des Gebirges selbst liegt.

Von untergeordneterem, rein localem Einfluß zeigt sich noch der Umstand, daß bei großer Schroffheit von Felswänden der Schnee nicht liegen bleiben kann, die Schneegrenze also ohne Einfluß der Temperatur in die Höhe rückt; daß ferner nackter und schwarzer Boden, weil besser wärmestrahlend, diese Grenze erhöhen muß, als weißer und bewachsener, daß daher außer den genannten Bedingungen die Gesteinart auch einen Einfluß auszuüben im Stande ist.

Von der Grenze des ewigen Schnees ist die wohl zu unterscheiden, bis zu welcher der Schnee sich nach unten während eines Jahres noch zu erstrecken vermag, und einige Zeit liegen bleiben kann. Zwischen beiden wird er daher während der Jahreszeiten auf- und niedergehend schwanken, und der Raum, in dem dies geschieht, wird um so größer sein, je größer die jährlichen Temperatur-Differenzen sind. Bleiben die Oscillationen des Thermometers während des Jahres sehr gering, so wird der Schnee seine Lage unmerklich ändern, wie dies z. B. der Fall im tropischen Amerika ist, dessen hohe Gipfel stets mit einer Schneehülle bekleidet sind, die für das Auge das ganze Jahr hindurch ihren Platz nicht ändert. Begreiflicher Weise wird sich dieses Verhältniß da ändern, wo ein nur kurzer aber heißer Sommer die Grenze des ewigen Schnees heraufzurücken im Stande ist. Wenn man sich daher auf der Erdkugel die Schneelinie vom Aequator bis zu den Polen gezogen denkt, so wird dieselbe nicht, wie es den ersten Anschein hat, eine elliptisch gekrümmte Curve bilden, deren Scheitel im Aequator liegt, und die also in einer gewissen Breite das Niveau des Meeres erreicht, sondern es wird diese Linie durch den Gang der Wärme wesentlich modificirt werden, ja es ist bisjetzt noch kein Punkt der Erde bekannt, wo dieselbe das Niveau des Meeres erreicht. Man muß daher voraussetzen, daß, wenn es überhaupt geschieht, es in höheren als den bekannten Breiten eintreten muß. Es ist bisjetzt überall gefunden worden, daß die Kraft der Sonne ausreicht, das Land wenigstens auf den günstigst gelegenen Orten von Schnee bloß zu legen, daß daher nur vereinzelte Schneemassen, sogenannte Schneeflecken, das ganze Jahr nicht schmelzen. Die Region, wo diese Erscheinung eintritt, ist indeß für die klimatische Beschaffenheit eines Landes von großer Wichtigkeit und daher auch vielfach untersucht und festgestellt.

Nie schmelzende Schneeflecken treten am weitesten südlich an der Ostküste des Festlandes von Nordamerica auf und zwar in einer Breite von 60°; es verschwindet der Baumwuchs schon bei 57°; es liegt diese Grenze ferner in Grönland, auf der Westküste unter 68°, der Ostküste unter 65°; auf Island's Bergen noch bis 2500 Fuß Höhe; auf Spitzbergen und in Sibirien etwa in einer Breite von 70°. In der südlichen Hemisphäre fehlt es an derartigen Beobachtungen begreiflicher Weise ganz.

§. 107. Lawinen.

Unter den mit dem ewigen Schnee der Hochgebirge in Verbindung stehenden Erscheinungen sind zuerst die Lawinen zu erwähnen. Sie werden nach der Art ihrer Entstehung in folgende vier Hauptarten eingetheilt:

1) Staublawinen bilden sich nur im Winter bei großer Kälte, wenn der Schnee aus dieser Ursache locker und nicht zusammenbackend sich auf Felsabhängen anhäuft, die steil genug sind, um bei Windstille ihm Halt zu gewähren, von denen er aber bei heftigen Windstößen in die Tiefe gerissen wird. Die losgerissenen Massen zerstäuben theils ihrer Lockerheit wegen, theils durch ein heftiges Anprallen an vorspringende Felsmassen, und vergrößern sich durch Abreißen der niedriger liegenden Schneemassen, nie aber, wie so häufig geglaubt wird, durch ein Aufrollen. Sie sind in der Vegetationsgrenze selten, da die Art ihrer Erscheinung ein schnelles Fallen von bedeutenden Höhen und den kältesten Abhängen voraussetzt, sind dann aber sehr gefährlich, und zwar weniger durch die Schwere ihrer Massen, als durch ihre plötzliche Erscheinung und den bei dem Fall einer so großen lockeren Schneemenge verursachten Luftdruck. Es entstehen daher in ihren Umgebungen ungeheure Windstöße, deren Kraft hinreichend ist, Bäume ja ganze Wälder zu entwurzeln, Häuser aus ihren Fundamenten zu reißen, und in den bewohnten Thälern

die fürchterlichsten Verwüstungen anzurichten, die dessen ungeachtet aber, ihres seltenen Auftretens wegen, wenig gefürchtet sind.

2) Grundlawinen treten häufiger und zwar an den weniger steilen Abhängen der tieferen Thäler auf und bestehen aus dem allmähligen Herabgleiten großer zusammenhängender Schneemassen, die in den kalten Nächten des Frühlings durch eine auf der Oberfläche gebildete Eisrinde zusammenbacken, während die Unterlage der ganzen Masse durch die auf derselben herabrinnenden Schneewässer schlüpfrig und glatt geworden ist. Ihre ungeheuren Schneemengen, und das häufige Vorkommen derselben in aufeinanderfolgenden Wintern an derselben Stelle machen sie besonders schädlich, da meistens die Temperatur des Sommers nicht ausreicht, den Wälder und Wiesen bedeckenden Schnee zu schmelzen und dieser daher Ursache einer bemerkbaren Verschlechterung des Klimas wird.

3) Rutschlawinen entstehen meist auf den sanften Abhängen milder und tiefer Alpenthäler, wenn im Frühjahre durch schnelleres Eintreten der Schneeschmelze der Boden schlüpfrig geworden ist. Die Schneemasse gleitet auf ihrer Oberfläche allmählig und stoßweise ab, wird leicht von einem entgegenstehenden Gegenstande aufgehalten, bis derselbe durch den auf diese Weise vermehrten Druck zum Nachgeben gezwungen wird, oder die Schneemasse, sich an ihm zertheilend, weiter abgleitet. In der Wirkung sind diese Rutschlawinen die unbedeutendsten.

4) Die Gletscherlawinen entstehen durch Einstürzen ganzer Gletschermassen. Wie im folgenden Paragraph erörtert werden wird, bestehen die Gletscher aus gefrorenen und mit Schneewasser zusammengebackenen Schneemassen, die in einem beständigen Vorrücken begriffen sind. Bersten diese Massen nun ihrer Schwere wegen, oder erreichen sie in ihrem Vorrücken steile Abhänge tiefer Thäler, so stürzen sie in dieselben hinab und werden um so gefährlicher, weil ihre Masse im Vergleich zu den Schneelawinen fester und gewöhnlich auch viel mächtiger ist.

Sie richten also sowohl durch diese Massen als auch durch den ungeheuren Luftdruck die größten Verwüstungen an.

§. 108. Gletscher

Eine zweite und ungleich großartigere Erscheinung in den Hochgebirgsgegenden ist das Vorkommen ungeheurer Eisfelder, die den Namen Gletscher führen. Es entstehen dieselben meist in den hochgelegenen kesselförmigen Vertiefungen, von wo aus sie sich in solche Thäler tief hinabsenken, die mit steilen Rändern eingefaßt sind, die also meistens Querthäler sein werden. Andererseits sieht man ihren Anfang auch auf hohen Ebenen liegen oder Gletscher an den Abhängen der Berge selbst sich bilden; doch sind dies im Allgemeinen seltenere Fälle, die in allen übrigen Erscheinungen mit den zuerst erwähnten Entstehungsarten übereinstimmen, hier also nicht besonders behandelt werden.

Man hat sich diese Eismassen nicht als zusammenhängend und dicht vorzustellen, etwa in der Art, wie das Wasser der Seen und Flüsse im gefrorenen Zustande, sondern das Gletscher-Eis besteht aus einer porösen körnigen Masse, wie sie entstehen muß, wenn große Schneemengen durch partielles Thauen an der Oberfläche bald darauf wieder gefrieren, und ihre Cohäsion durch das eingesickerte Wasser unterbrochen ist. Für diese Entstehungsart des Gletscher-Eises spricht noch außerdem nicht nur der directe Versuch von Saussure, der auf diesem Wege künstlich ein dem Gletscher-Eise vollständig ähnliches Eis darstellte, sondern auch und zwar in viel höherem Maße die Structur des Gletscher-Eises in verschiedenen Höhen. Die in den unteren Theilen zu einer compacten Masse zusammengefrorenen durchsichtigen Eiskörner werden immer kleiner je höher man kommt, und zerfallen endlich in der Hand in einzelne Stücke von der Größe eines Hanfkorns. Diese lose Masse heißt Firn, und da dieselbe nach den übereinstimmenden Resultaten vieler Beobachter stets in einerlei Höhe auftritt, so hat man diese Grenze die Firnlinie genannt und sogar vorgeschlagen, sie der Schneegrenze zu substituiren, weil sie weniger Abwechselungen und Unregelmäßigkeiten unterworfen ist. Der Firn geht seinerseits bei zunehmender Höhe wieder in Schnee über und bildet sich aus demselben stets von der Oberfläche an nach unten, so daß man einige Zoll unter dem Firn häufig noch Schnee antrifft. Im Allgemeinen ist die Farbe des Gletscher-Eises milchweiß, und daher leicht mit Schneefeldern zu verwechseln, doch erscheinen Spalten, hervorragende Zacken, Eisschollen und Pyramiden bei durchscheinendem Lichte meergrün oder tief lazurblau, dessen dunkle Färbung mit der Höhe abnehmen soll.

Haben diese Eismassen an den sie einschließenden Thalwänden viele leicht auflösliche Gesteinarten gefunden, so lösen sie dieselben theilweise ab, und erhalten so ein dunkles bisweilen ins Schwarze übergehendes Aussehen. Eine eigenthümliche Erscheinung dieser Gletscher ist das allmähliche Vorrücken der ganzen Masse, wodurch dieselbe oft tief bis in die bewohnten Thäler zwischen Wiesen und Wälder hineinreicht. Diese Bewegung wird durch die stete Zunahme der Eismassen in den höchsten Regionen hervorgebracht, die in den Kesselthälern allmählig über die einschließenden Wände hinausragen, und nun auf die geneigte Fläche kommen, auf der sie von der ursprünglichen Masse abbrechend, theils durch ihre Schwere weiter gleiten, theils durch die ihnen auf gleiche Weise folgenden Stücke weiter getrieben werden. Je weiter sie nach unten kommen, um so mehr Ursachen vereinigen sich, diese Massen in der ursprünglichen Bewegung zu erhalten. Durch die Einflüsse der erhöhten Luft- und Bodentemperatur wird von der Oberfläche, wie von der untersten Seite des Gletschers fortwährend das Eis aufthauen und größere und kleinere Wasserströme bilden, die Sommer und Winter unter dem Gletscher fortfließen und in diesem Kanäle hervorbringen, welche ihrerseits Spaltenbildungen und häufige Einstürze veranlassen müssen. Die Grundfläche des Gletschers wird dadurch unterbrochen und das Fortgleiten desselben befördert. Die häufig aus prächtig geformten Eisthoren hervortretenden Gletscherwasser bilden die nie versiegenden Gebirgsbäche, von denen früher §. 61. schon die Rede gewesen.

Eine eigenthümliche Erscheinung dieser Gletscher bilden ferner die sogenannten Gaudecken oder Morrainen. Sie werden aus den von den einfassenden Felsrändern losgebröckelten Steinen, Sand und Geröllmassen zusammengesetzt, und meist an den Rändern des Gletschers wallartig aufgehäuft; hier mit denselben in die Tiefe hinabgetragen, müssen sie da zu Boden fallen, wo der Gletscher von der Sonne überwunden wird, daher finden sich die Morainen meist als ringförmig umfassende Wälle der Enden des Eises, von denen häufig mehrere parallel hintereinander gelagert sind. Daß dieselben aus den höheren Theilen des Gletschers stammen, beweist ihre geognostische Beschaffenheit, die stets mit den dort vorkommenden Gesteinarten übereinstimmt. Die auf diese Weise auf das Eis gefallenen Steine verursachen die Eislöcher und die Gletschertische. Ist ein solcher Stein klein, so wird er als dunkler Körper mehr erwärmt und sinkt in das Eis ein und bildet so eine ovale und muldenförmige Vertiefung von 1—2 Fuß, die sich mit der Zeit stets mehr und mehr, von jetzt ab aber cylinderförmig vertieft, und so die ganze Gletschermasse senkrecht durchbohrt. Die Bildungsweise dieser Löcher erklärt sich dadurch, daß stets in denselben Wasser vorhanden ist, dessen kältere Theile leichter sind, als das von + 4°, so daß dieses also, als auf dem Boden des muldenförmigen Loches liegend fort und fort Eis schmelzen muß, während die dadurch abgekühlten Wassertheile nach oben gehen und durch die dort erwärmten wieder ersetzt werden. Eine ganz entgegengesetzte Wirkung bringen die großen auf das Eis gefallenen Stein- oder Felsblöcke hervor, welche die Sonne nicht mehr zu durchdringen vermag, da sie eine zu große Masse und zu schlechte Wärmeleiter sind. Es wird daher das Eis rings um sie herum wegschmelzen, und der Theil, auf welchem sie liegen, in seiner vorigen Höhe bleiben, also das Ansehen einer Säule erhalten, die nicht selten 12—15 Fuß über die Oberfläche hervorragt. Endlich auf der Südseite von der Wärme überwunden, schmilzt die Säule, der Stein fällt ab und die Bildung eines neuen Gletschertisches beginnt.

Man bemerkt ferner nicht selten, oft in der Mitte des Eises parallel mit den Thalrändern stumpfkegelförmige 30—40 Fuß hohe Anhäufungen von Schutt, Sand und Steinen, die zusammenhängende Hügelreihen bilden und Gufferlinien heißen. Sie werden als die losgerissenen Theile der ursprünglich am Rande befindlichen Steinwälle betrachtet, die durch die Bewegung des Gletschers gegen die Mitte vorrücken, wie es geschehen kann, wenn das Thal eine muldenförmige Gestalt hat. In den dadurch entstandenen Lücken bilden sich neue Eismassen, auf denen der ebenerwähnte Vorgang sich wiederholt und dadurch mehrere solcher Hügelreihen gebildet werden. Die früher (§. 54) erwähnten Eismassen des Polarlandes, die dort in kolossalen Dimensionen angetroffenen Eisberge, so wie die schwimmenden Eisinseln verdanken erwiesenermaßen ihre Entstehung dem durch die dortigen Bedingungen weit großartigeren Hergange der Gletscherbildung an den Küsten, den Inseln und Halbinseln. Große Granitblöcke werden häufig auf jenen schwimmenden Eismassen oft mitten im Meere getroffen, und geben einen bedeutungsvollen Wink für das Vorkommen der sogenannten Findlingsblöcke in dem baltischen Tieflande, welches ja erweislich auch ehemaliger Seeboden war.

§. 109. Pflanzen als die Verkündiger des wahren Klimas.

Nach diesen in ihrer Allgemeinheit dargestellten Verhältnissen der Wärmevertheilung über die Erdoberfläche, wird es einleuchtend, wie unzureichend eine Eintheilung in klimatische Zonen nach mathematischen, vom Lauf der Erde um die Sonne hergenommenen Linien sein muß. Sie begrenzen das mathematische oder geographische Klima, das sich von dem wahren oder physicalischen bedeutend unterscheiden muß, und wenn nach der (§. 97.) gegebenen Erklärung des letzteren der Bedingungen viele sind, die es zusammensetzen, wenn Winde und Feuchtigkeit zwei wesentliche Factoren desselben sind, so wird dennoch die Wärme es besonders sein, die durch ihren die Pflanzen belebenden Einfluß den Character eines Klimas bestimmt, und diese alsdann um so geeigneter macht, ein allgemeines Bild desselben zu geben. Auf die modificirenden Einflüsse von Feuchtigkeit und Winden wird später noch besonders zurückgekommen werden, es soll hier jedoch die characteristische Erscheinung der Vegetation in ihrer Verbreitung über die Erdoberfläche vorausgeschickt werden, um den mächtigen Einfluß der theoretisch entwickelten Wärme-Gesetze auf die Natur, ihre Productionsfähigkeit und damit auf das materielle wie geistige Wohl des Menschen, die Entwickelung seiner Fähigkeiten, seiner Kultur und Gesittung in ganz allgemeinen Zügen zu veranschaulichen.

Wenn im Allgemeinen die Wärme vom Aequator nach den Polen, und vom Spiegel des Meeres nach der Höhe abnimmt, so wird die Vegetation ganz dieselbe Erscheinung befolgen. Vollkommenheit der Formen, Zahl, Größe und Ueppigkeit wird in beiden Richtungen schwinden, je weiter man in denselben vorgeht, um so mehr Arten werden zurückbleiben, da die Abnahme der Temperatur für ihr Gedeihen zu groß ist, und so wird man zuletzt, bis an die Grenze des ewigen Schnees vorgedrungen, sich nur von wenigen Repräsentanten des Pflanzenreichs begleitet sehen. Es werden daher die nur bis zu gewissen Grenzen vorschreitenden Pflanzenformen characteristische Merkmale des innerhalb derselben liegenden Klimas sein, und Veranlassung geben, durch solche Grenzlinien Abschnitte sowohl in horizontaler, als in verticaler Richtung zu bilden, die in ersterer Zonen, in letzterer Regionen genannt werden. Meyen hat in beiden Beziehungen acht solcher Abtheilungen gezogen, deren kurze Characteristik hier folgen möge.

1) Eintheilung in Zonen.

a. Die Aequatorial-Zone zu beiden Seiten des Aequators bis etwa 15° Breite mit einer mittleren Jahrestemperatur von 26°.

b. Die tropische Zone von 15° B. bis zum Wendekreise mit einer mittleren Temperatur von 26°—23.°

Beide Zonen zusammen zeichnen sich aus durch die Kraft, Ueppigkeit und Fülle ihrer Pflanzenformen die unausgesetzt das ganze Jahr hindurch blühen und gedeihen. Beide treiben vorzüglich die, hohe Hitzegrade und geringe Temperaturdifferenzen erfordernde Pflanzen, unter denen besonders zahlreich in beiden vorkommen Yams, Bataten, Ananas, Bananen, Kaffee, Melonen, Brodfruchtbäume, Kuhbäume, Cokospalmen, baumartige Farrnkräuter und Grasarten (Bambus); Waldungen von hochstämmigen Palmen der verschiedensten Arten, vermischt mit den gesuchtesten Holzarten, wie Campeche-, Mahagoni-, Gutti-, Fernambuk-, Süßholz, Brasilienholz; die vielfachen Gewürze (Vanille, Ingwer), die zu Arzneien gesuchten Pflanzen wie Chinarinde, Wunderbaum (Ricinus); und die zahlreichen Gräser, Zuckerrohr, Mais, Reis und viele andre. Einige dieser im Allgemeinen genannten Familien und Pflanzenarten treten für die beiden genannten Zonen characteristischer auf wie z. B. Scitomineen (ingwerartige Pflanzen), Bananen für die Aequatorialzone, und die baumartigen Farren und Bataten für die tropische Zone, und bilden dadurch den Eintheilungsgrund der ganzen heißen Zone in die beiden genannten; während sonst ihr Character im Allgemeinen ziemlich ähnlich ist.

c. Die subtropische Zone vom Wendekreis bis 34° B. mit einer mittleren Jahrestemperatur von 22 bis 17°, characterisirt durch die Laubhölzer mit glänzenden Blättern, Oelbaum, Olive, Bergamotte, Orangen, Zwergpalmen und einzelne Dattelpalmen.

d. Die wärmer temperirte Zone von 34° — 45° Br. mit einer mittleren Jahrestemperatur von 17° durch die noch auftretenden immergrünen Gewächse der vorigen Zone characterisirt, wie z. B. durch Granatbäume, Myrthengewächse, einige sempervirente Eichenarten u. s. w.

Außer den genannten haben in beiden gemeinschaftlich ihr Maximum: von den Nahrungspflanzen Waizen, Mais, Reis, Wein, südliche Edelfrüchte, wie Feigen und Mandeln, auch das Zuckerrohr und die Baumwolle gedeiht als Culturpflanze, während die als Gewürze und Arzneimittel so hoch geschätzte Familie der Labiaten (Rosmarin, Thymian, Majoran, Krausemünze, Lavendel, Salbei rc.) und die der schön blüthigen Haidekräuter (Ericaceen) besonders herrlich und saftreich gedeihen.

e. Die kälter temperirte Zone von 45° — 58° Br. mit einer mittleren Jahrestemperatur von 12° — 6° ist besonders characterisirt durch herrliche Laubwaldungen; Eiche, Buche, Ahorn, Linde, Ulme, Kastanien, zu denen von Nadelhölzern sich die Kiefer gesellt, gedeihen noch vollkommen. Der Weinstock erscheint nur noch in den südlichsten Theilen; von den Getreidearten sind noch Weizen, Gerste, Hafer durchweg zu finden und bilden die hauptsächlichsten Nahrungszweige. Die damit vielfach bebauten Felder wechseln mannigfaltig mit grünen Wiesenteppichen und dichten Waldungen und geben der Landschaft ein anmuthiges Aussehen.

f. Die subarktische Zone zwischen 58° Br. und dem Polarkreise mit einer mittleren Jahrestemperatur von 6° — 4°, besonders characterisirt durch die Waldungen der Nadelhölzer, mit denen noch die Espe, Eberesche und besonders die Birke auftritt.

Die ganze Vegetation wird ärmer und einfacher, und nur die Gerste erreicht an günstig gelegenen Orten die Polargrenze der Zone.

g. Die arktische Zone vom Polarkreis bis 72° Br. mit einer mittleren Jahrestemperatur von 0° bis — 2° enthält noch in der Birke die Grenze aller Baumvegetation; alle übrigen Pflanzen beschränken sich auf Moose, Flechten und einzelne Familien der Phanerogamen, die der Gegend den Character der Einförmigkeit und Armuth geben.

h. Die Polarzone jenseits des 72° Br., dem benachbart die mittlere Jahrestemperatur — 8° bis — 17° ist.

Vollständige Pflanzenarmuth herrscht hier unter dem fast dauernd die Erde bedeckenden Schnee; doch verschwindet die Vegetation nicht ganz und besteht aus wenigen Alpenkräutern und Moosen. Wenn diese allgemeine Characteristik der einzelnen Zonen hinreicht ein Bild derselben zu geben, so reicht sie doch nicht aus, um als Maaßstab für alle Theile der zwischen den genannten Breitengraden liegenden Gürtel zu gelten. Die mannigfachen localen Einflüsse ändern hier vielfach die Grenzen, erweitern oder beschränken sie, und es müßte auf den Vegetationscharacter der einzelnen Länder speciell eingegangen werden, um die Daten im Detail genau geben zu können. So geht z. B. schon aus der Entwickelung des Küstenklimas West-Europas hervor, daß die Vegetationsgrenzen verhältnißmäßig gegen den Pol hinaufrücken werden, während die continentalen Einflüsse manche Grenzen herabdrücken. Einzelne Beispiele haben dies früher schon deutlich gemacht, es wird daher hier um so eher diese allgemeine Characterisirung genügen. Es sind in derselben vor Allem nur die Pflanzen genannt, die besonders zahlreich in einer Zone vorkommen und ihr daher vorzugsweise angehören, während dabei zu erinnern bleibt, daß die Uebergänge aus einer in die andre allmählig sind, und daher in jedem Gürtel Formen der benachbarten mehr oder minder wenigstens an den Grenzen gefunden werden.

Steigt man nun in der Aequatorialzone in die Höhe bis zur Grenze des ewigen Schnees, so durchwandert man stufenweise dieselben Formveränderungen auf diesen kleinen Raum zusammengedrängt, als hätte man sich bis zum Pole begeben. Man trifft auf einer solchen Erhebung alle Klimagürtel nacheinander an. Natürlich ist, daß Berge höherer Breiten weniger Regionen haben werden, da ihr Fuß in einem niedrigeren Klimagürtel liegt; es werden daher die Grenzen der Regionen in allen Gebirgen verschieden hoch liegen, und locale Einflüsse, wie deren viele als auf die Erhebung der Schneegrenze einwirkend betrachtet wurden, werden auch hier in jeder einzelnen vielfache Modificationen hervorrufen. Es genüge hier, die Reihenfolge der Regionen und eine kurze Characteristik derselben zu geben, wie sie unter dem Aequator stattfindet; aus den gegebenen Andeutungen werden die Modificationen unter andern Breiten sich schließen lassen. Es sind correspondirend mit den acht Zonen auch Regionen abgetheilt, deren jede der Reihe nach mit einem Klimagürtel in Bezug auf die Vegetation correspondirt. Die Höhen, in welchen sie liegen, sind folgende:

a. Die Region des Meeresstrandes erhebt sich bis 300 Toisen, und ist der Vegetation und Temperatur der Aequatorialzone gleich, also die Region der Palmen und Bananen.

b. Die untere Bergregion oder die Region der Farrenbäume und Feigen reicht in eine Höhe von 630 Toisen und entspricht der tropischen Zone.

c. Die mittlere Bergregion von 630 bis 950 Toisen Höhe ist der subtropischen Zone gleich, und wird durch Myrthen und lorbeerartige Gewächse characterisirt.

d. Die obere Bergregion von 950 bis 1300 Toisen entspricht mit ihrem höchst angenehmen und milden Klima der wärmer temperirten Zone, ist also noch das Reich der immergrünen Laubhölzer.

e. Die untere Gebirgsregion von 1300—1600 Toisen Höhe steht in Temperatur und Vegetationsverhältnissen der kälter temperirten Zone gleich, trägt also noch die europäischen Laubhölzer.

f. Die obere Gebirgsregion von 1600—1900 Toisen auf den Cordilleren, die Paramos genannt, ist fast dauernd von heftigen Winden, Regen und Hagelschauern heimgesucht, und hat daher schon ein höchst unfreundliches Klima. Es entspricht ihre Vegetation und mittlere Temperatur der der subarktischen Zone und es wird daher diese Region hauptsächlich durch Nadelhölzer characterisirt.

g. Die untere Alpenregion oder die der Sträucher und Alpenrosen hat als einzigen Repräsentanten der Bäume nur noch die Birke, und zwar auch diese in mehr oder weniger verkrüppelter Gestalt, und erstreckt sich bis zu einer Höhe von 2200 Toisen.

h. Die obere Alpenregion bis zur Grenze des ewigen Schnees hat nur noch Flechten und Moose aufzuweisen, ebenso wie die Polarzone, und kann daher auch gleich ihr die Region der Alpenkräuter genannt werden. So sieht man die Producte der Natur verschiedenartig über die Erdoberfläche vertheilt, aber gerade dadurch Anlaß gebend, daß der Mensch, der sie alle nutzbar zu machen sucht, die seiner Heimath fehlenden cultivirt, oder sich gegen Tausch seiner Producte in Besitz derselben zu setzen strebt. Dadurch ward er ackerbauend und handeltreibend, zwei Thätigkeiten, die nicht nur sein materielles Wohl heben, sondern auch seine geistigen Fähigkeiten stärken mußten, und Gewerbe, Wissenschaften und Künste ins Leben riefen.

Drittes Kapitel.

Von der atmosphärischen Feuchtigkeit.

§. 110. Verbreitung der Feuchtigkeit in der Atmosphäre.

Es ist eine bekannte und schon erwähnte Thatsache, daß der Luft ausgesetztes Wasser sein Volumen verkleinert und daß ein Theil desselben in ein elastisches Fluidum verwandelt wird. Ist die Wärme des Wassers nicht bedeutend höher als die der Luft, so ist das elastische Fluidum in der Atmosphäre nicht sichtbar und man nennt dann den verflüchtigten unsichtbaren Theil Dampf; ist dagegen die Temperatur des Wassers bedeutend höher als die der Luft, so bildet sich über dem Wasser ein Nebel, der dem Lichte nicht mehr den freien Durchgang verstattet, mithin sichtbar wird. Dem Sprachgebrauch angemessen wird dieser Theil dann Dunst genannt. Daß der

Dampf ein elastisches Fluidum ist, wurde bereits früher (§. 42.) erwähnt und gezeigt, daß dies besonders aus der Eigenschaft hervorgeht, auf die Wände eines ihn einschließenden Gefäßes einen Druck auszuüben, der seine Spannkraft oder Expansivkraft genannt wurde. Diese ist bei verschiedenen Temperaturen ungleich und wird durch die Höhe der Quecksilbersäule eines Barometers bestimmt*), der sie das Gleichgewicht zu halten im Stande ist; daher spricht man von einer Expansivkraft von n Linien oder Millimetern bei m° Temperatur. Die Menge Dämpfe, welche ein gewisser, mit Luft erfüllter Raum zu fassen vermag, ist ebenfalls bei verschiedener Temperatur ungleich, und man nennt die Luft mit Dämpfen gesättigt, wenn sie deren so viele enthält, als bei der gegebenen Temperatur darin vorhanden sein können. Wird dieser Raum plötzlich vermindert, oder die Temperatur der Luft verringert, so condensirt sich ein Theil der darin enthaltenen Dämpfe zu Wasser, der übrig bleibende Theil ist stets noch so groß, um die Luft im gesättigten Zustande zu erhalten; es ist also die Fähigkeit der Luft, Dämpfe aufzunehmen, bei geringer Temperatur kleiner, als bei hoher. Es geht ferner daraus hervor, daß sich die Dämpfe nur theilweise nach dem Mariotteschen Gesetz verhalten: denn es wird die Elastizität, so sehr auch der Raum verkleinert wird, nie größer, als die des Sättigungszustandes. Bis zu diesem folgen jedoch die Dämpfe ebenso wie die Luft diesem Gesetze. Wenn man nämlich in den abgeschlossenen Raum nur so wenig Wasser bringt, daß durch gänzliche Verdunstung der Sättigungszustand noch nicht eingetreten ist, so wird die Zunahme der Expansivkraft proportional der Raumverminderung sein, bis die Dampfmenge den nun kleineren Raum zu sättigen vermag. Beträgt die Expansivkraft des Wasserdampfes z. B. anfänglich 2‴ bei einer

*) Die Bestimmung der Spannkraft der Dämpfe geschieht gewöhnlich mittelst zweier Barometer, in die torricellische Leere des einen wird etwas Wasser gebracht, welches im luftleeren Raum schnell verdampft, also den Raum über dem Quecksilber erfüllt. Hier übt es nun auf die Barometerhöhe einen Druck, dessen Größe durch die Differenz mit einem genau übereinstimmenden Barometer meßbar und bei verschiedenen Temperaturen verschieden ist Die Größe der Differenz giebt also direct die Größe der Spannkraft in Linien an.

Temperatur von 20°, und man vermindert das Volumen um die Hälfte, so wächst jene bis 4‴ genau nach dem Mariotteschen Gesetz. Wird dieses Verfahren noch einmal wiederholt, so wird die Expansivkraft nicht 8‴, sondern nur 7,48‴; denn bei 20° tritt bei dieser Spannkraft der Sättigungszustand ein; es hat sich also schon etwas Wasser niedergeschlagen. Bei jeder Raumverminderung von jetzt ab schlägt sich stets nur Wasser nieder, die Spannkraft bleibt dieselbe.

Um den Feuchtigkeitszustand der Luft kennen zu lernen, muß man folgende beiden Verhältnisse kennen: Wie groß ist die Spannung oder das Gewicht des in einem Kubikfuße enthaltenen Wasserdampfes? und wieviel Dampf kann die Atmosphäre noch aufnehmen, wenn sie bei der vorhandenen Temperatur gesättigt sein soll? Ersteres wird der absolute, letzteres der relative Feuchtigkeitszustand der Atmosphäre genannt.

Die Bestimmungen beider Verhältnisse gehören in die Meteorologie, und werden auf verschiedene Weise gefunden.

§. 111. Hygrometer. Psychrometer.

Ganz unmittelbar erhält man die Menge Wasser, die in einem bestimmten Luftvolumen enthalten ist, wenn man die Luft durch ein mit hygroscopischen Substanzen gefülltes Rohr streichen läßt. Aller in der Luft enthaltene Wasserdampf wird von diesen Substanzen aufgesaugt, und es ist die Menge desselben daher durch Wägung vor und nach dem Versuch direct zu bestimmen. Es ist dies aber ein nicht nur umständliches, sondern auch ungenaues Verfahren, und man hat deßhalb besondere Instrumente construirt, die den größeren oder geringeren Grad der atmosphärischen Feuchtigkeit messen sollten. Es waren dies zuerst die aus der Physik ihrer Construction nach bekannten Haarhygrometer. Ein solches Instrument giebt allerdings Feuchtigkeitsgrade an, jeder derselben ist aber $\frac{1}{100}$ der Skala, deren Nullpunkt den Zustand der äußersten Trockenheit, deren anderer, mit hundert bezeichneter Endpunkt den Zustand der höchsten Feuchtigkeit andeutet. Das ganze Instrument giebt also nur an, ob sich die Luft mehr oder weniger dem Sättigungspunkte nähert, und um daraus einen Schluß auf die Spannkraft des Dampfes zu ziehen, muß für jedes Instrument erst auf empirischem Wege die ihm eigene Sprache gefunden werden; d. h. man muß erst untersuchen, welcher Spannkraft jeder Feuchtigkeitsgrad des Hygrometers entspricht. Diese Untersuchungen sind nun allerdings auch gemacht; wenn man aber Fehler vermeiden will, müßten dieselben mit jedem Instrument wiederholt werden, da selten zwei übereinstimmen. Ein bei weitem genaueres und mehr directes Resultat liefert das Daniellsche Hygrometer. Es ist auf das bereits erläuterte Gesetz begründet, daß wenn eine bereits mit Wasserdampf gesättigte Luftmenge abgekühlt wird, z. B. dadurch, daß man mit ihr einen kälteren Körper in Berührung bringt, sich der Dampf in Gestalt kleiner Tröpfchen an demselben niederschlägt. War die Luft nicht gesättigt, so findet diese Verdichtung erst nach einer Temperaturerniedrigung statt. Diejenige Temperatur, bei der die Verdichtung des Wasserdampfes eben beginnt, heißt der Thaupunkt; sie ist also diejenige, für welche die Luft gerade mit Wasserdampf gesättigt ist. Das Instrument giebt den Thaupunkt und die Temperatur der Luft an, daraus ergiebt sich der absolute Feuchtigkeitszustand sogleich. Denn gesetzt der Thaupunkt wäre $+ 20^\circ$, so ist der Druck der Dampfatmosphäre $= 7{,}48'''$ *), und daraus läßt sich auch das Gewicht des in jedem Kubikfuße Luft befindlichen Dampfes herleiten. Der relative Feuchtigkeitszustand ergiebt sich aber ebenso leicht. Ist die Temperatur der Luft bei dem Versuch z. B. 25° gewesen, so kann dieselbe eine Dampfmenge aufnehmen von $10{,}08'''$ Expansivkraft; sie kann also bei ihrem jetzigen Zustande noch eine Menge aufnehmen, die einen Druck von 10,08 minus $7{,}48 = 2{,}6'''$ ausübt. Oder wenn man die wirklich vorhandene Dampfmenge als aliquoten Theil der Dampfmenge ausdrücken will, welchen die Atmosphäre enthalten kann, so beträgt dieselbe in vorliegendem Beispiel $\frac{7{,}48}{10{,}08} = 0{,}74$ oder nahe $\frac{3}{4}$;

*) Es gehört in das Gebiet der (theoretischen) Physik, die Größe der Expansivkraft des Wasserdampfs bei jeder Temperatur anzugeben, ebenso wie das Gewicht des Dampfes zu bestimmen, den ein Kubikfuß Luft im Zustande der Sättigung bei jeder Temperatur enthalten kann. Ebendahin gehörig rechne ich die genauere Beschreibung der hier genannten Instrumente, und die Herleitung ihrer Theorie.

d. h. es ist in der Atmosphäre $\frac{3}{4}$ des Dampfes enthalten, den dieselbe bei ihrer Temperatur von 25° aufnehmen könnte. Es sind jedoch dem in Rede stehenden Instrument ebenfalls Mängel eigen, wegen derer es im allgemeinen wenig angewendet worden; dagegen ist das von August angegebene Psychrometer als das am geeignetsten und bequemsten erkannt, und seine durchgängige Aufnahme um so mehr gesichert, als man durch die gleichzeitig gegebene Theorie des Instruments eine sichere Basis erhält, verschiedene Beobachtungen zu vergleichen und zu benutzen. Man beobachtet zwei Thermometer, von denen das eine die Temperatur der Luft angiebt, während das andere durch fortwährendes Anfeuchten seiner Kugel allmählig zum Sinken gebracht wird. Die Verdunstung des Wassers geht dabei natürlich um so rascher vor sich, je trockner die Luft ist, das Thermometer sinkt also auch um so schneller. Ist der Sättigungspunkt der die Kugel umgebenden Luftschicht eingetreten, so wird das Thermometer zu sinken aufhören, und aus der Differenz beider Thermometerstände kann man, mit Hülfe der dazu berechneten Tabellen, sehr leicht sowohl die Expansivkraft als auch die Menge des in einem Kubikfuß Luft enthaltenen Wasserdampfes finden. Natürlich ergiebt sich ebenso leicht der Thaupunkt und der relative Feuchtigkeitszustand daraus, weßhalb dasselbe zur Lösung der beiden oben gestellten Fragen als vollkommen geeignet betrachtet werden kann.

§. 112. Tägliche Veränderungen des Feuchtigkeitsgehaltes der Luft.

Schon aus den zur Dampfbildung entwickelten Bedingungen geht hervor, daß während eines Tages die Dampfmenge sich vielfach ändern wird. Steigt nämlich am Morgen die Wärme, so verdunstet das als Thau während der Nacht niedergeschlagene Wasser, und es entsteht eine Vermehrung des Wasserdampfes. Diese Zunahme dauert jedoch nur bis 9 Uhr Morgens, wo sie ihr Maximum erreicht; denn obgleich die Verdunstung fortwährend noch zunimmt, so entsteht doch eine Abnahme des Dampfgehaltes am Boden, weil ein durch die starke Erwärmung veranlaßter Luftstrom senkrecht in die Höhe steigt, und die Dämpfe von der Erdoberfläche entfernt. Es dauert diese

Abnahme bis einige Zeit nach der größten Tageswärme, wo also ein Minimum eintritt. Der Luftstrom hört nach dieser Zeit auf, und der Wassergehalt der untern Luftschicht nimmt wieder zu bis gegen 9 Uhr; nach dieser Zeit folgt ein abermaliges Sinken der Temperatur, wodurch Niederschläge des Wasserdampfes hervorgerufen werden und ein mehr oder weniger dampfleerer Raum entstehen muß. Kurz vor Sonnenaufgang tritt das Minimum des Wassergehaltes ein, um von da denselben Kreislauf zu beginnen. Es geht daraus schon hervor, wie die Angabe der Feuchtigkeit ohne Hinzufügung der Temperatur werthlos ist, und wie relativ die Ausdrücke „feucht" und „trocken" sind. Man spricht von trockener Luft, wenn Wasser schnell verdunstet, wenn die Atmosphäre also von ihrem Sättigungspunkte weit entfernt ist. So ist bei 25° Wärme die Luft „sehr trocken", wenn z. B. der Kubikmeter 13 Gran Wasserdampf enthält, weil bei dieser Wärme dasselbe Luftvolumen 22,5 Gran enthalten kann. Bei demselben Wassergehalt würde die Luft aber bei nur 15° Wärme „sehr feucht" genannt werden, da sie dann ihren Sättigungspunkt erreicht hat. Man kann also kurz vor Sonnenaufgang sagen, die Luft ist „sehr feucht", obgleich absolut eine nur sehr geringe Dampfmenge in ihr enthalten ist, denn sie befindet sich bei der niedrigen Temperatur gesättigt. Die Luft Nachmittags ist aus demselben Grunde am trockensten, denn sie ist am meisten von ihrem Sättigungspunkte entfernt, obgleich sie absolut bei weitem mehr Dampf enthält, als des Morgens. Im Winter, wo die Wärmezunahme bis Mittag nicht so rasch erfolgt, wo also die Thermometer-Oscillationen nicht so groß sind, ist der Gang des Hygrometers auch einfacher; es zeigt nur ein Minimum zur Zeit des Sonnenaufgangs, und ein Maximum bald nach Mittag; ganz so, wie es im Sommer der Fall sein müßte, wenn der aufsteigende Luftstrom nicht diese Unregelmäßigkeit hervorbrächte. Auf diesen wird noch zurückgekommen, wenn von der Bildung der Wolken die Rede sein wird. (§. 116.)

Wenn diese Hypothese richtig sein soll, so muß auf Bergen die Feuchtigkeit von Morgens bis Nachmittags zunehmen und von da bis zum andern Morgen wieder kleiner werden, also ganz den Gang beobachten, wie in der Ebene im Winter. Die Beobachtungen

Saussure's auf dem Montblanc und von Kämtz auf dem Rigi bestätigen dies vollkommen und weisen ein Maximum um 3 Uhr Nachmittags und ein Minimum bei Sonnenaufgang nach.

§. 113. Jährliche Veränderungen des Wasserdampfes.

Aus den eben angestellten Betrachtungen geht hervor, daß der Feuchtigkeitszustand auch während eines Jahres verschieden ist. Der absolute Wassergehalt der Luft hat einen mit der Wärme ganz übereinstimmenden Gang; er zeigt im Januar ein Minimum, im Juli ein Maximum. Dagegen verhält es sich mit dem relativen Wassergehalt der Atmosphäre im Lauf eines Jahres ganz anders. Er ist im December am größten, d. h. also, die Luft ist dem Sättigungspunkte am nächsten, obgleich sie absolut sehr wenig Dampf hat; im Mai dagegen ist der relative Feuchtigkeitsgehalt am kleinsten, weil in diesem Monat die Temperatur verhältnißmäßig am schnellsten steigt, die Luft also am weitesten von ihrem Sättigungspunkte entfernt wird. Es ist also der December der „feuchteste", der Mai der „trockenste" Monat, obgleich die Luft in ersterem absolut sehr wenig, in letzterem bedeutend mehr Dampf enthält.

§. 114. Thau und Reif

Nach dem Untergange der Sonne strahlt der Boden wie bekannt sehr rasch seine Wärme aus, und wird bald einige Grade (Wells fand 4—8° C.) kälter als die umgebende Luft; dadurch kühlt er die zunächst liegende Luftschicht ab, und ihr Dampfgehalt schlägt sich an den festen Körpern des Bodens nieder. Dieser so gebildete dampfleere Raum wird von oben her durch neue Dämpfe wieder mit solchen angefüllt, und der den Thau bildende Prozeß dauert fort. Aus dieser Hypothese lassen sich mit Leichtigkeit alle bei der Thaubildung obwaltenden Umstände erklären, von denen folgende die wichtigsten sind.

1) Der Thau tritt in heiteren und windstillen Nächten in größerer Menge auf, als unter andern Verhältnissen. Winde führen die oben bis zum Thaupunkte erkaltete Luftschicht fort, um sie durch eine wärmere zu ersetzen, und verhindern auf diese Weise die Thau-

bildung. Ein bewölkter Himmel vermindert die Wärmestrahlung, wie dies früher (§. 103.) schon erörtert ist; ja es kann der Fall eintreten, daß die untern Luftschichten wärmer bleiben als die obern, und der Thau wird sich nicht bilden können; er wird sogar verschwinden, wenn während einer anfänglich hellen Nacht der Himmel sich plötzlich bewölkt.

2) Schlägt sich der Thau nicht auf allen Körpern gleich stark nieder, weil nicht alle ein gleiches Strahlungsvermögen besitzen, also nicht gleichmäßig erkalten. Gute Wärmeleiter strahlen schlechter, als weniger gute; Körper mit glatter Oberfläche weniger gut, als solche mit rauher, daher Metall weniger bethaut, als Glas, zusammenhängendes Holz weniger als Späne.

3) Da sich der Thau vom Boden allmählig verbreitet, so schlägt sich auf niedrigeren Gegenden derselbe früher und stärker nieder, als auf höheren, also auf Wiesen mehr und eher als auf Bäumen u. s. w. Unter Reif werden jene feinen, in Ecken und Zacken ausfahrenden Eisnadeln verstanden, die sich an der Oberfläche der Körper häufig während der Nacht ansetzen. Er ist nichts weiter, als ein gefrorner Thau, und bildet sich deßhalb auch am häufigsten unter den für diesen angegebenen Bedingungen. Sind Körper mehrere Grade unter die Temperatur der umgebenden Luft erniedrigt, so gefriert das auf ihnen niedergeschlagene Wasser, und bildet den Reif.

Daraus geht hervor, daß sich auch Reif auf einem völlig verschiedenen Wege bilden kann. Wenn nach langer Kälte ein warmer Südwind eintritt, so schlägt sich Wasser an allen Körpern ohne Ausnahme sehr rasch nieder, und muß an diesen, ihrer niedrigen Temperatur wegen, gefrieren. Es überziehen sich alsdann alle Körper mit feinen Eisnadeln, ein Phänomen, das man im Winter oft beobachten kann, z. B. an den Brunnen umgebenden Körpern, sowie an den Fenstern der Zimmer u. s. w. Man sagt dann im gewöhnlichen Leben: die Kälte schlägt heraus.

§. 115. Vertheilung des Thaues in verschiedenen Gegenden.

Es ist einleuchtend, daß unter denselben Umständen sich um so mehr Thau bildet, je feuchter die Luft ist, daß also auch die Gegenden ihn reichlicher besitzen werden, bei denen die Bedingungen dazu in höherem Grade gegeben sind. Bei gleichem Wasservorrath wird sich um so mehr Thau bilden können, je höher die Temperatur ist, also wird der absolute Feuchtigkeitsgehalt vom Aequator nach den Polen hin abnehmen. Von den Küsten nach dem Innern der Continente wird dasselbe stattfinden, da sich in dieser Richtung bei vorausgesetzter gleicher Temperatur der Wassergehalt vermindert. Daß die zur Thaubildung nöthigen Bedingungen hier mannigfache Modificationen erzeugen, versteht sich von selbst. So fehlt derselbe auf dem Meere fast ganz, da die Strahlung des Wassers zu gering ist, und die kälteren Wassertheilchen von der Oberfläche gleich nach ihrer Abkühlung zu sinken beginnen. Dasselbe tritt bei den kleinen Inseln des großen Oceans hervor, da bei ihrer geringen Ausdehnung eine stete Ausgleichung der Temperaturen stattfindet. Ebenso fehlt der Thau auf den wasserarmen Flächen des Innern der Continente, und Humboldt fand z. B. bei einer Temperatur von 23°,7 auf der Steppe Platowskaya, den Thaupunkt bei — 4° R. Die Temperatur hätte also 28° müssen erniedrigt werden, ehe ein Niederschlag erfolgen konnte. Dagegen ist der Thau an den Küstenländern der Tropen sehr heftig, z. B. an der Küste Arabiens thaut es, daß die Kleider wie vom Regen durchnäßt sind; ebenso am persischen Meerbusen, und an der Küste Coromandel und von Chili.

§. 116 Nebel, Wolken

Wenn die Wärme einer mit Dampf gesattigten Luftschicht durch irgend einen Umstand zum Sinken gebracht wird, so bildet sich in ihr ein Niederschlag, der dem Licht nicht mehr den freien Durchgang verstattet; befindet sich dabei die Luftschicht am Boden, so nennt man die niedergeschlagenen Dämpfe Nebel, befindet sie sich in der Höhe, so heißen sie Wolken. Wolken sind also nichts anderes, als hoch über dem Boden schwebende Nebel.

Das Wasser der Nebel und Wolken ist bereits zu einer tropfbaren Form condensirt, und nur in kleinen Massen angehäuft. Es besteht, wie aus den damit angestellten optischen Versuchen hervorzugehen scheint, aus hohlen Bläschen, ganz nach der Art der Seifenblasen gebildet, nur sehr klein und mit einer bei weitem dünneren Wasserhülle umgeben.

Die am Boden ruhenden Nebel können auf zwei Arten entstehen; entweder ist der feuchte Boden wärmer als die umgebenden Luftschichten, oder warme und feuchte Luftschichten werden über sehr kalten Boden geführt; in beiden Fällen werden die in der Atmosphäre enthaltenen Wasserdämpfe durch Temperaturverminderung condensirt und bilden Nebel. Der erste Fall tritt am häufigsten auf und erzeugt namentlich im Herbst über Seen, Flüssen und feuchten Wiesen die dort so zahlreich vorkommenden Nebel. Diese Erscheinung zeigt die erwärmenden Einflüsse des Meeres von den Küsten Neufoundlands bis zu denen von England, durch die oft undurchdringlichen Schleier, die es um dieselben zieht. Auf die zweite Art entstehen die so oft im Sommer beobachteten Nebel, die man unmittelbar nach einem Gewitterregen über Seen oder Flüssen sich bilden sieht. Die mit Feuchtigkeit gesättigte Luft ist wärmer als die Oberfläche des Wassers, und wird von dieser allmählig abgekühlt, bis der Niederschlag erfolgt. Ebenso bilden sich auch die bei S.- und S.W.-Winden im Winter häufiger auftretenden, gewöhnlich sehr dicken Nebel, welche die Körper mit einem Thau oder Reif gleichmäßig überziehen, und als sichere Vorboten von Regen angesehen werden können. Ebenso wie bei der Thau- und Nebelbildung der Niederschlag des Wasserdampfes auf zwei verschiedenen Wegen herbeigeführt wurde, so ist der Vorgang in den höheren Luftschichten als ein ganz analoger ebenfalls zwiefach. Entweder wird der Wasserdampf warmer und feuchter Luftschichten durch einen ankommenden kalten Wind niedergeschlagen, oder es treffen warme und feuchte Winde eine kalte Luftschicht, werden dadurch abgekühlt und ihre Dämpfe condensiren sich zu Nebelbläschen. Daß diese beiden verschiedenen Wege eines und desselben Prozesses verschiedene Erscheinungen in der Form und Höhe der Wolken hervorbringen können, zeigen bis jetzt erst wenige, später zu erwähnende Fälle an (§. 132.). Die Mischung zweier Luftschichten ungleicher Temperatur ist ihr allgemeiner Entstehungsgrund, und zeigt sich besonders an den kleinen Inseln der Aequatorialmeere. Diese sind nebellos, weil ihre Wasserdämpfe noch in unsichtbarer Form durch den aufsteigenden Luftstrom in die Höhe genommen werden, und dann als Wolken meistens mit ganz ähnlicher Gestalt sich über ihnen lagern, so daß Seefahrer nicht selten die Lage der niedrigen Gestade aus der Stellung der Wolken erkennen können. Vielfache Hypothesen sind aufgestellt worden, um das Schweben der Wolken in der Luft zu erklären, und dazu namentlich Kräfte in Anspruch genommen, die hierbei gar keine Rolle spielen. Es erklärt sich der Hergang sehr leicht folgendermaßen. Diese sehr leichten Wasserbläschen haben im Vergleich zu ihrem Gewicht eine sehr bedeutende Oberfläche, und erleiden daher einen Widerstand der Luft, der dadurch noch um so größer wird, als wahrscheinlicherweise eine Adhäsion zwischen der Hülle der Bläschen und dem Luftkreise stattfindet. Fielen aber die Bläschen auch wirklich nach unten, so könnten sie doch niemals als solche den Boden erreichen, da sie, in wärmeren Luftschichten angekommen, sich auflösen müßten, während von oben her stets sich neue bilden. Es ist diese Bewegung auch den Nebeln eigen, und an ihnen leicht zu beobachten; man sieht von unten her fortwährend neue Dampfmassen in die Höhe steigen, ohne daß die obere Grenze vergrößert wird; die über diese hinausgehobenen Bläschen werden aufgelös't und unsichtbar, und so ist es erklärlich, daß trotz der fortwährenden Circulation ein scheinbarer Stillstand bei der Wolke wie bei dem Nebel stattfindet. Es ist daher die Wolke auch kein Produkt, sondern ein Prozeß. Daß diese Bläschen dem Winde keinen Widerstand leisten, sondern durch denselben fortgeführt werden, zeigt schon die leicht in die Höhe steigende Seifenblase. Obgleich viele, auf einfache trigonometrische Aufgaben gegründete Methoden bekannt sind, die Höhe der Wolken zu messen, so existiren über diesen Gegenstand dennoch nur äußerst wenige Beobachtungen und numerische Angaben. Ebenso wenig bekannt sind die Vorgänge in jenen Luftschichten überhaupt; ob die Wolken einerlei Höhe haben, ob sie sich senken oder heben, und welche Gestaltenwechsel sie dabei erleiden, welche Ursachen ihre verschiedenen Formen bedingen, und wie dieselben in einander übergehen, das sind bisjetzt unbeantwortete Fragen geblieben. Zur nähern Bezeichnung hat man die Wolken trotz ihrer verschiedenartigsten Formen in mehrere Hauptgruppen getheilt, die sich folgendermaßen unterscheiden:

1) Die Federwolke, Cirrus, besteht aus zarten weißen Fäden, die bald gestreift bald gekräuselt sich über den gewöhnlich schön blauen Himmel ausbreiten, und nur bei feuchtem Wetter ein verwaschenes Aussehen annehmen.

2) Die Haufenwolken, Cumulus, bilden große zusammengethürmte Massen, die meist auf horizontaler Basis zu ruhen scheinen, und deren äußere Conturen das Aussehen aneinander gehäufter Halbkugeln haben. Von der Sonne beschienen haben ihre hell erleuchteten Ränder im Gegensatz zu der dunkler schattirten Basis das Ansehen der glänzenden Berggipfel eines Schneegebirges.

3) Die Schichtwolken, Stratus, bilden horizontale Wolkenstreifen, die meist dem Horizont sehr nahe liegen. Außer diesen Hauptformen unterscheidet man noch einige Uebergangsformen, die aus der verschiedenen Zusammensetzung jener Grundformen entstehen, und zwar:

Die fedrige Haufenwolke, Cirro-Cumulus, die in Deutschland unter dem Namen Schäfchen bekannte Wolkenform, besteht aus kleinen weißen runden Wölkchen, und bildet also den Uebergang des Cirrus zum Cumulus. Die fedrige Schichtwolke, Cirro-Stratus, entsteht, wenn sich der Cirrus in langen zusammenhängenden feinen Streifen über den Himmel verbreitet und denselben oft gänzlich mit einem Schleier überzieht.

Die gethürmte Haufenwolke, Cumulo-Stratus, entsteht, wenn der Cumulus sich immer dichter und dichter übereinander schiebt und ein stetes dunkleres Aussehen erhält; sie geht leicht in die eigentliche Regenwolke, Nimbus, über, die sich stets als eine tief dunkele horizontal ausgebreitete Masse zeigt, deren faserige Ränder nicht mehr die einzelnen Theile des ursprünglichen Cumulus erkennen lassen.

Ueber die Bildung der Wolken weiß man im Allgemeinen wenig. Häufig geht die Sonne mit heiterem Himmel auf, gegen 9 Uhr fangen Wolken an sich zu bilden, die mehr und mehr sich zusammenziehen, bis sie gegen Mittag die vollständige Gestalt des

Cumulus angenommen haben. Als solcher im Zenith stehend beginnt die zusammengeballte Masse von 3 Uhr an sich allmählig zu verlieren, und mit heiterem Himmel geht die Sonne wieder unter. Der innige Zusammenhang dieser Erscheinung mit dem bereits erwähnten aufsteigenden Luftstrom bestätigt dessen Existenz ganz besonders. Lösen sich die Wolken des Abends nicht auf, so ist mit Gewißheit auf Regen zu rechnen, da die ganze Atmosphäre in diesem Falle mit Feuchtigkeit gesättigt ist. Der Cumulus geht sehr schnell in den Cumulostratus über, wenn auf Südwind ein kalter Nordwind folgt, es erfolgt Regen, der jedoch bei dauerndem Nordwind nicht lange anhält. Der Cirrus wird als die höchste Wolkenart betrachtet, und soll nach einer noch unerwiesenen Hypothese aus feinen Eisnadeln bestehen. Geht er in den Cirro-Cumulus über, so ist dies ein Vorbote heitern Wetters, während seine Verwandlung in den Cirrostratus meist auf Regen deutet, der längere Zeit anhält und sich über große Flächen ausdehnt. Der Cirrostratus erscheint auch selbstständig am Horizont, wenn S.W.-Winde über kalte Nordwinde das Uebergewicht zu erhalten anfangen; er tritt dann am westlichen Horizont zuerst auf, und verbreitet sich nach und nach über den ganzen Himmel, die Sonne wird blutroth bei ihrem Untergange gefärbt, und ist ein sicheres Anzeichen von bald eintretendem Regen.

So zeigen sich die Prozesse in den Luftschichten sehr verschieden und sehr zusammengesetzt; die Uebergangsformen aus einer Wolkenart in die andere treten unter verschiedenen Umständen ein, und bilden mit mehr oder weniger Gewißheit Vorboten des bevorstehenden Wetters. Sie geben dem Beobachter gewöhnlich nur Zeugniß der statthabenden Veränderungen in den höheren Luftkreisen, lassen ihn aber auf die folgenden in den unteren Regionen schließen, ohne daß dadurch allein schon die Gesetze der Bildung gefunden sind.

§. 117. Regen und Schnee.

Ist die Atmosphäre sehr mit condensirten Dämpfen in Form von Nebelbläschen gesättigt, so werden dieselben durch die neu hinzukommenden stets größer, und die Dicke der Hülle nimmt besonders zu. Dazu kommt dann noch, daß Winde viele solcher Bläschen zusammentreiben, bis sie als Tropfen herabfallen. Dieser Prozeß erzeugt die allgemein bekannte Erscheinung des Regens. Die Quantität des auf diese Weise gefallenen Niederschlages wird durch ein, schon §. 61. beschriebenes Instrument gemessen, und durch Zolle und Linien ausgedrückt; d. h. man giebt die Höhe an, bis zu welcher in einer bestimmten Zeit der gefallene Regen den Boden bedecken würde, wenn durch Verdunstung und Einsaugung nichts davon verloren ginge. Dadurch, und durch die Anzahl Regentage erhält man eine Vergleichung der Vertheilung des Niederschlages über die Erdoberfläche, die im folgenden Paragraph gegeben werden soll. Es ist dabei die Erscheinung nicht außer Acht zu lassen, daß sich eine Differenz in den Angaben des Regenmessers herausstellt, sobald derselbe verschieden hoch über dem Boden aufgestellt ist. Es fällt unmittelbar an dem Boden mehr Regen, als in einer Höhe über demselben, so z. B. weniger auf der Terrasse der Pariser Sternwarte (30 Meter hoch) und weniger auf dem Dache des Königlichen Schlosses in Berlin, als an den entsprechenden Orten direct an der Oberfläche. Der Grund dieser Erscheinung liegt darin, daß die Temperatur der einzelnen herabfallenden Tropfen geringer ist, als die der niederen Luftschichten, und daß sich daher bei ihrem Durchgang durch dieselben in jedem Moment auf ihnen Dampf niederschlägt. Dadurch wird jeder Tropfen, und zugleich die beobachtete Regenmenge vergrößert. Es ist begreiflicher Weise alsdann auch diese Differenz um so größer, je näher die unteren Schichten ihrem Sättigungspunkte sind, also im Winter größer als im Sommer, des Morgens größer als am Mittage. Besonders deutlich erscheint die Regenbildung bei den vulcanischen Regen, die wegen der sie stets begleitenden electrischen Erscheinungen, häufig nur als durch die Electricität gebildet, dargestellt wurden. Bei vulcanischen Eruptionen steigt der aufsteigende heiße Luftstrom mit Schnelligkeit in die Höhe, und die untern Luftmassen, die gegen diese Stellung andringen, werden mit in die Höhe gerissen. In den kalten höheren Luftregionen angekommen, muß sich der Wasserdampf condensiren, und es entsteht daher eine weit ausgebreitete Wolkenschicht, aus der sich bald in ungeheuern Massen das Wasser über den Krater ausschüttet. Die heftigen und plötzlichen

Niederschläge machen eine große Menge Electricität frei, die sich in Blitzen zu erkennen giebt, und daher eine Folge der Wolken- und Regenbildung, aber nicht deren Ursache ist. In den meisten Fällen tritt der Niederschlag in dieser flüssigen Form als Regen auf; ist jedoch die Wärme der Atmosphäre sehr niedrig, so nimmt er eine feste Form an. Wenn die Temperatur in der Höhe größer als in der Tiefe ist, verdrängt also ein plötzlich eintretender kalter Nordwind einen herrschenden Südwind von unten her, so friert nicht selten der aus der Wolke als Wasser fallende Tropfen zu Eis, und kleine Eiskugeln bedecken den Boden. Es ist diese Erscheinung wesentlich von der verschieden, die unter dem Namen Hagel bekannt; denn ihr Auftreten ist nur möglich bei sehr niedriger Lufttemperatur. Was den Hagel betrifft, so wird dessen nähere Erörterung bei den electrischen Erscheinungen (§. 140.) gegeben werden. Wenn gegen einen herrschenden Nordwind ein Südwind plötzlich von unten her eintritt, so gefriert meistens das als Tropfen niedergefallene Wasser auf dem noch kalten Boden, und entsteht die unter dem Namen des Glatteises bekannte Erscheinung, die stets als Vorbote von anhaltendem Thauwetter zu betrachten ist.

Eine andere feste Form, unter welcher der Niederschlag in höheren Breiten den Boden erreicht, ist die unter dem Namen Schnee allgemein bekannte Erscheinung. Die einzelnen Schneeflocken werden wahrscheinlich durch eine sehr niedrige Temperatur in den höheren Luftregionen in der Weise gebildet, daß sich die feinen Dunstbläschen zu Eisnadeln verwandeln, und durch fortdauernde Verdunstung, oder auch während des Herabfallens allmählig zu Flocken vergrößert werden. Die Temperatur, bei welcher diese Niederschlagsform beginnt, ist noch einige Grade über dem Gefrierpunkte; die niedrigste, bei welcher sie noch beobachtet worden, beträgt nach einer Angabe von Kämtz — 18°,1, bei welcher allerdings die Flocken schon sehr klein werden. Sind in den oberen Luftschichten die Bedingungen zur Schneebildung noch vorhanden, die untern aber mehr erwärmt, so werden die Schneeflocken während ihres Herabfallens thauen, es wird in den obern Regionen schneien, während es am Boden regnet; oder ist die Wärme nicht so bedeutend, um alle Flocken zu schmelzen, so wird der Schnee mit Regentropfen gemischt zu Boden fallen.

Was die Form der Schneeflocken betrifft, so ist sie eine äußerst regelmäßige, der krystallinischen sehr ähnliche. Sie bestehen meistens aus sechseckigen Sternen, oder auch aus zusammengesetzteren Figuren, die sich alsdann auf jene Grundform zurückführen lassen. Um sie genau beobachten zu können, muß man sie auf einem dunkeln Körper auffangen, der unter 0° erkaltet ist, damit durch zu schnelles Abthauen die Beobachtung nicht unmöglich wird. Es sind diese über 100 verschiedenen Gestalten der Schneeflocken auf fünf Hauptarten zurückgeführt, von denen jede noch vielfache Unterabtheilungen zählt; diese hier alle aufzuführen, erscheint zu weitläuftig, es genüge, die allgemeine Beobachtung hinzuzufügen, daß Temperaturverhältnisse oder sonst noch ungekannte Bedingungen die Bildung der einzelnen Schneefiguren zu veranlassen scheinen. Es sind nämlich bei jedem Schneefall die Flocken vorherrschend von einer Gestalt, und es tritt erst eine neue auf, wenn es nach vorangegangener Pause von Neuem zu schneien beginnt. Die näheren Gesetze der Bildung sind aber bis jetzt noch völlig unbekannt.

§. 118 Vertheilung der Regenmenge.

Wenngleich im Allgemeinen die Regenmenge von der Menge des in der Atmosphäre enthaltenen Wasserdampfes abhängt, so modificiren locale Ursachen der Oberflächengestalt, der Wind- und Temperaturverhältnisse dieses allgemeine Gesetz sehr wesentlich. Im Allgemeinen nimmt die Regenmenge vom Aequator nach dem Pole hin ab, so daß man annähernd, die unter den Tropen = 1 gesetzt, in Italien noch $\frac{1}{2}$, in England $\frac{1}{3}$, im nördlichen Deutschland $\frac{1}{4}$, in Petersburg $\frac{1}{5}$ und im Innern Asiens, in Sibirien noch weniger erhalten wird. Die durchschnittlichen Werthe der Regenmengen betragen etwa:

Unter den Tropen der alten Welt	72	Zoll.
„ „ „ „ neuen „	108	„
In der nördlich gemäßigten Zone	35	„
Nordamerica	37	„

Europa	32	Zoll.
In der südlich gemäßigten Zone	25	„
Australien	25	„

Dagegen zeigen sich in diesen Zahlenverhältnissen durch örtliche Einflüsse vielfache Aenderungen; so beträgt die Regenmenge in Cumana nur 7 Zoll, und große Gebiete von Africa und Inner-Asien sind vollständig regenlos, während an andern Orten der Tropen die Regenmenge z. B. in Mahabaleshwar, West-Ghats bis 283″, in Matouba auf Guadaloupe bis 274″, und in der gemäßigten Zone z. B. in Coimbra bis 111″, in Tolmezzo (östliche Alpen) bis 100″ und in Bergen (Norwegen) bis 77″ anwächst. Ebenso nimmt die Regenmenge von den Küsten nach dem Innern der Continente ab, eine Erscheinung, die sich schon aus dem Character des Küsten- und des Continentalklima's ergiebt. Die beiden in Europa hervorragendsten Beispiele Coimbra und Bergen geben diesen Einfluß besonders zu erkennen. Ebenso ist ganz allgemein in Großbritannien und Frankreich die durchschnittliche jährliche Regenmenge 30—35″, während sie in Central-Europa auf 15″, an der Grenze Europa's und Asien's auf 13″, im Innern Sibirien's noch tiefer sinkt. Wie plötzlich dieser Einfluß sich bemerkbar macht, erkennt man, wenn man Bergen (77″) und Stockholm (19″), ebenso wie die Küsten (35″) und Madrid (9″) vergleicht, die beziehungsweise nahe in einer Breite liegen.

Im Allgemeinen wird der absolute Feuchtigkeitszustand in den höheren Luftregionen geringer sein, als in den unteren, denn da die Temperatur derselben viel geringer ist, so wird sich ihr Sättigungspunkt bei weitem früher einstellen, es condensiren sich die Dämpfe, bilden einen Niederschlag und die Feuchtigkeit der Atmosphäre muß geringer werden. Aufsteigende Gebirge werden in sofern eine Abänderung davon hervorrufen, als der kältere Boden sehr häufige Niederschläge erzeugen wird. Dadurch werden sich die, mit dem warmen Luftstrom von der Ebene aufgestiegenen Dämpfe auf den Bergen sogleich condensiren und die Niederschlagsmenge wird unter solchen Umständen in der Höhe größer sein, als in der Tiefe. So ist z. B. die Regenmenge auf dem Plateau von Baiern 21″, während dieselbe in Bern 43″, auf dem St. Bernhardt 54″ beträgt. Hochflächen, namentlich wenn sie von Randgebirgen umgeben sind, werden andere Verhältnisse zeigen müssen, da diese die aus der Tiefe aufsteigenden Dämpfe schon niedergeschlagen haben, und sie selbst eine große Menge von Dämpfen nicht entwickeln können. Daher auch der geringe Niederschlag in Madrid, der gänzliche Mangel an Regen auf dem Plateau von Iran, und in der Gobi auf den Scheitelflächen Hochasiens.

§. 119. Vertheilung der Regenzeiten.

Die Zeiten, in welchen es vorzugsweise regnet, sind sehr verschieden, und für die klimatischen Verhältnisse von besonderer Wichtigkeit. Man unterscheidet zwei wesentlich verschiedene Districte: den einen, in welchem die Regen periodisch eintreten, den andern, in welchem dieselben während des ganzen Jahres auftreten.

1) Das Gebiet der periodischen Regen, nimmt den ganzen Raum zwischen den Wendekreisen ein, mit Ausnahme von Africa, wo die regenlose Sahara die Polargrenze bis 15° B. zurückdrängt. Dagegen erstreckt sie sich in Asien beinahe an den Südabhang des Himalaya, sogar die Halbinsel Korea nimmt an ihnen Theil. In diesem ganzen Gebiet, das also recht eigentlich die heiße Zone umfaßt, herrschen nur zwei Jahreszeiten, eine nasse und eine trockene. Es tritt erstere, die Regenzeit, dann ein, wenn die Sonne fast senkrecht über dem Ort steht, und herrscht also nördlich vom Aequator, so lange die Sonne nördliche, südlich vom Aequator, so lange sie südliche Declination hat. Daher haben die Orte in unmittelbarer Nähe des Aequators zwei Regenzeiten, eine kürzere und eine längere, und ebenso zwei trockene Jahreszeiten, welche beide gegen die Wendekreise hin sich in eine auflösen. Die Zeit des Anfanges der Regenzeit ist daher an verschiedenen Orten sehr ungleich, kehrt aber an jedem einzelnen mit der größten Regelmäßigkeit wieder, wie überhaupt in diesen Gegenden fast alle Naturerscheinungen sich mit wunderbarer Gleichförmigkeit folgen. Des Nachts regnet es fast niemals, die Sonne geht stets heiter auf und unter, und der Regen nimmt die Zeit vor und nach ihrer Culmination ein, tritt immer später ein,

bis sein Erscheinen erst am Nachmittage das baldige Ende der Regenzeit überhaupt andeutet. Auf der hohen See sind die Regen innerhalb der regelmäßigen Winde sehr selten, dagegen in der Zone zwischen beiden, die, wie später (§. 124.) gezeigt wird, die Zone der veränderlichen Winde oder Calmen heißt, herrschen fast beständige, äußerst heftige und meist mit Gewittern begleitete Regen. In dem Gebiet der Monsune (§. 125.) erleiden diese Regenzeiten insofern eine Modification, als sie für die beiden Küsten der indischen Halbinsel zu verschiedenen Jahreszeiten auftreten. Den Westküsten bringen die Südwest-Monsune, als vom Meere kommend, den Regen, während die Ostküsten ihn durch die Nordost-Monsune erhalten; es geht daraus hervor, daß gleichzeitig an beiden Küsten die entgegengesetzten Jahreszeiten herrschen, und daß die dazwischen liegenden Binnenländer, die an beiden theilnehmen, keine periodische Regenzeit mehr vorwaltend haben können.

2) Außerhalb der Wendekreise herrschen im ganzen Jahre Regen, und sind durchaus an keine gleichförmige Periodicität und Regelmäßigkeit wie in den Tropen geknüpft. Doch auch hier tritt bei aufmerksamer Beobachtung der Regenvertheilung in den verschiedenen Jahreszeiten eine Ungleichmäßigkeit hervor, und man erkennt, daß in gewissen Gegenden vorzugsweise in der einen oder der andern Jahreszeit die Regen vorherrschen. Welchen Einfluß diese ungleiche Vertheilung auf ein Klima ausübt, ist früher (§. 103.) schon erörtert, und gezeigt worden, daß die Temperaturerhöhung von West-Europa wesentlich durch die dort herrschenden Winter- und Herbstregen herbeigeführt wird. Es bleiben hier noch spezieller die Gebiete anzuführen, in denen die Regen zur selben Jahreszeit auftreten. Am genauesten sind dieselben in Europa bekannt. Nord-Africa vom Parallel von 30° Br. an, die Inselgruppe Madeira, die südliche Hälfte von Portugal, der spanischen Küste und von Sicilien, ganz Griechenland, Vorderasien bis zum regenlosen Plateau von Iran, bilden ein Gebiet, in dem es im Sommer fast gar nicht regnet, und der meiste Niederschlag im Winter erfolgt; daher ist es mit dem Namen der P r o v i n z d e r W i n t e r r e g e n bezeichnet. Die Sommerregen werden wahrscheinlich von dem aufsteigenden heißen Luftstrom der

südlich daran grenzenden Sahara verhindert, indem die Temperatur der obersten Luftschichten so erhöht wird, daß kein Niederschlag sich bilden kann. Die Provinz der Herbstregen schließt sich nordwärts an die oben bezeichnete Grenze in der Art an, daß sie das nördliche und westliche Skandinavien, Großbritannien, das Rheindelta, West-Frankreich und Süd-Europa bis incl. der Alpen und der Karpathen umfaßt. Nördlich und östlich der bezeichneten Grenze erstreckt sich die Provinz der Sommerregen, ganz Central-Europa umfassend, durch Rußland bis in das Innere Asiens, immer bestimmter dadurch characterisirt, daß im Winter, je weiter man östlich vorschreitet, der Regen immer seltener wird und in Jakutzk und Irkutzk in dieser Zeit schon gänzlich fehlt. Von den übrigen Ländern der Erde fehlt eine so genaue Abgrenzung der Gebiete, wegen mangelnder Beobachtungen. Doch sind folgende Verhältnisse ziemlich festgestellt. In Nordamerica auf den Aleutischen Inseln herrschen ganz vorzugsweise die Winterregen, während an der Nordwestküste von America etwa im Parallel von Jütland die Regen an keine bestimmte Jahreszeit gebunden zu sein scheinen, sondern dort als beständige Regen auftreten. Gegen das Innere von Nordamerica werden sie Winterregen, die mehr nach Osten vorschreitend, in der Nähe der Küste auf Sommerregen zu stoßen, und an ihren Grenzgegenden sich mit einander zu vermischen scheinen, sodaß die characteristischen Unterschiede aufhören. An der Westküste von Südamerica herrschen die Winterregen vorzugsweise vor, und bringen diesen Küsten (Chili und Patagonien) eine ziemlich bedeutende Regenmenge. Die herrschenden N.W.-Winde bringen vom Meer stark mit Feuchtigkeit gesättigte Luftschichten, schlagen aber an den Cordilleren, die dicht bis an die Küsten herantreten, ihren Dampfgehalt nieder, und sind daher für die ganzen östlicher gelegenen Ländertheile trockene Winde. Daher herrschen in diesen auch nur sehr spärliche Sommerregen. Der nördlich unmittelbar daran grenzende Gürtel, der noch in die Zone der periodischen Regen gehört, zeigt ganz die entgegengesetzte Erscheinung. Der herrschende S.O.-Passat bringt vom atlantischen Ocean reichlich Feuchtigkeit, und schlägt dieselbe in den Ländern östlich von den Anden nieder. Ueber dieselben hinweg vermag er sie nicht zu bringen, daher ein vollständig regenloses Gebiet an der Westküste von Bolivia und Peru, also unmittelbar an das regenreiche der Küste von Chili grenzend. Am Cap Hoorn und Feuerland herrschen beständige Regen, die mit einer ganz besondern Heftigkeit auftreten, und Regenmengen erzeugen, wie sie nur unter den Tropen wiedergefunden werden. In Südafrica und Australien scheint die vorherrschende Regenmenge im Winter und Herbst aufzutreten, doch sind darüber namentlich in Betreff Australiens die Angaben als noch nicht ganz festgestellt zu betrachten, und dürften, wann längere und genauere Beobachtungen darüber angestellt sein werden, diese Verhältnisse wohl erst ihre Bestätigung zu erwarten haben. (Tafel Nr. VIII.)

§. 120. Vertheilung der Regentage.

Ebenso einflußreich für ein Klima die absolute Regenmenge während eines Jahres ist, ebenso ist es auch das Verhältniß der dazu gehörigen Zahl der Regentage. Es entspricht nicht die größte Quantität des Niederschlages auch einer großen Zahl der Tage, an welchen er erfolgt, sondern es zeigt sich gerade das Gegentheil. Die unter den Tropen im Durchschnitt fallenden 90″ sind auf 78—80 Regentage vertheilt, so daß an jedem circa 14‴ fallen. Während nun von den Tropen nach dem Pole im Allgemeinen die Regenmenge abnimmt, nimmt die Zahl der Regentage in derselben Richtung zu, so daß z. B. die 17″ in Petersburg fallende Regenmenge auf 169 Tage vertheilt ist, also auf jeden etwa 1‴ kommt. In Bezug auf Europa sind diese Verhältnisse näher untersucht und ergeben etwa folgende allgemeine Resultate. Im südlichen Theil der Provinz der Herbstregen nimmt die Zahl der Regentage von den Küsten des mittelländischen Meeres nach Norden im Allgemeinen zu, und beträgt z. B. im südlichen Frankreich 76, in der Lombardei 96, in Ungarn 112, während der Durchschnitt der täglichen Regenmenge sich am mittelländischen Meer auf 4½‴, in Ungarn nur auf 1½‴ beläuft. Im nördlichen und westlichen Theil der Provinz des Herbstregens ist im Allgemeinen die Zahl der Regentage sehr bedeutend. Sie hat ihr Maximum an den Küsten und nimmt allmählig ab, je näher man der Provinz der Sommerregen kommt, und in dieser, je weiter man nach Osten, sich in das Innere der Continente begiebt. Es ist dies eine Folge der Richtung des Regenwindes, die für die nördliche Hälfte der Provinz des Herbstregens und den größten Theil von der des Sommerregens eine westliche ist; es bringt daher den östlich gelegenen Orten dieser Wind nicht mehr so häufig Niederschläge, weil er seinen Feuchtigkeitsgehalt auf seinem Wege zum größten Theile bereits verloren haben wird. Es regnet, um das Gesagte durch einige Beispiele noch kurz zu belegen, an der Ostküste Irlands an 208 Tagen, in den Niederlanden an 176, auf dem Plateau von Deutschland an 131, in den Wolga-Ebenen an 90, und in Sibirien nur noch an 60 Tagen. Die täglich fallende Regenmenge schwankt zwischen 1½‴ und 2½‴.

§. 121 Vertheilung der verschiedenen Niederschlagszonen.

Wie bereits erörtert, treten die atmosphärischen Niederschläge in fester und flüssiger Form auf, und es geht aus den dazu nöthigen Bedingungen schon hervor, daß bestimmte Gegenden vorzugsweise die eine, andere ausschließlich die andere Form von Niederschlag häufig zeigen werden. Man unterscheidet in dieser Rücksicht fünf Zonen; zwei, in denen der Niederschlag ausschließlich als Schnee fällt, die nördliche und die südliche Zone des ewigen Schnees; zwei, in denen es schneit und regnet, die nördliche und südliche Zone des veränderlichen Niederschlags, und endlich eine in der es nur regnet, die Zone des flüssigen Niederschlags. Da in senkrechter Richtung aufwärts dieselben Veränderungen vorkommen, so hat man eben so viele Regionen unterschieden, die mit den ganz entsprechenden Namen bezeichnet werden. Da die Grenzen dieser Zonen weder mit Parallelkreisen, noch mit den Isothermen zusammenfallen, so folgen dieselben hier ganz im Allgemeinen angedeutet, während ihr speciellerer Lauf auf der kleinen beigefügten Karte „von der Verbreitung der Hydrometeore" angegeben ist.

1) Die Aequatorialgrenze des ewigen Schnees erreicht auf der nördlichen Hemisphäre Nordamerica gegenüber 73° Br., senkt sich bei Grönland bis 70° und nach einer nochmaligen Erhebung bis 74° nördlich vom Nordcap, schneidet sie in Sibirien die Küste zwi-

schen 70° und 69° N.B. Auf der südlichen Hemisphäre reicht sie viel weiter gegen den Aequator; und zwar im indischen und großen Ocean bis 56° und 53° S.B., während sie sich nur den pyramidalen Spitzen der Continente gegenüber auf 60° und 66° S.B. zurückzieht.

2) Die Aequatorialgrenze des veränderlichen Niederschlags, die zu gleicher Zeit die Polargrenze des flüssigen Niederschlags ist, liegt auf der nördlichen Hemisphäre an der Westküste von Nordamerica 40°, an der Ostküste 35° N.B. Diesen Parallel im Allgemeinen verfolgend, durchschneidet sie das mittelländische Meer, senkt sich im Innern Asiens so nach Süden, daß sie die Ostküste dieses Erdtheils unter 23° berührt, und sich längs derselben wieder bis zur Halbinsel Korea und später wieder bis zu 40° erhebt. Auf der südlichen Hemisphäre läuft sie im Allgemeinen unter 48° S.B. durch America, und scheint sonst im Allgemeinen dem 46sten Breitengrade ungefähr zu folgen.

Der anomale Lauf auf der südlichen Hemisphäre, durch den die Zone des veränderlichen Niederschlags so eingeengt wird, erklärt sich leicht aus den (§. 101.) erwähnten Temperaturverhältnissen dieser fast ausschließlich mit Wasser bedeckten Erdhalbkugel, und giebt einen neuen Belag für die wesentlichen Unterschiede eines Land- und eines Seeklima's.

Was die Grenzen der verschiedenen Niederschlagsregionen betrifft, so ist bereits von der untern Grenze des ewigen Schnees ausführlich gesprochen, und dargethan worden (§. 106.), wie wesentlich verschieden die Höhe ist, bis zu welcher sie sich in verschiedenen Gegenden und Breiten, ja öfters an verschiedenen Seiten desselben Gebirges erhebt. Natürlich wechselt eben so oft die Grenze des flüssigen Niederschlags, und es genüge daher eine kurze Darstellung dieser Verhältnisse, die Humboldt von den Andes unter dem Aequator giebt.

Untere Grenze der Region des ewigen Schnees	2460 Toisen.
„ „ „ „ des Schnees und Regens	2000 Toisen.

In der Region des flüssigen Niederschlags von der Meeresküste an, unterscheidet er noch folgende Abtheilungen:

von 2000 — 1500 Toisen fällt sehr viel Hagel,

von 1500—1000 Toisen noch Hagel und sehr dichter Nebel
„ 1000— 500 „ wenig Hagel aber sehr häufiger Nebel.

Von dieser Höhe abwärts erscheint Hagel fast nie mehr, wenigstens nie bis in die Ebenen.

Viertes Kapitel.

Von den Winden.

§. 122. Von der Entstehung der Winde.

Winde sind Störungen des Gleichgewichts der Atmosphäre, die durch Temperaturdifferenzen erzeugt werden. Man denke sich die Luft in vollständigem Gleichgewicht, also über einer Gegend vollkommen gleichmäßig erwärmt, und gleich hoch, so wird dieser Zustand durch den übereinstimmenden Stand des Thermometers und Barometers sich kund geben. Würde nun ein Theil dieser Atmosphäre besonders erwärmt, so erhält die Luftmasse über demselben, wegen der dadurch bewirkten Ausdehnung eine größere Höhe, als die benachbarte, und wird sich durch Abfließen über den niedrigeren Theil wieder ins Gleichgewicht zu setzen suchen. Es entsteht also Bewegung, und zwar in den oberen Regionen von dem mehr erwärmten Theile nach dem kälteren. Ist das Niveau an der oberen Grenze wieder hergestellt, so muß der nicht erwärmte Theil einen größeren Druck dadurch erhalten haben, durch welchen in den unteren Luftschichten eine Strömung von dem kälteren Theile nach dem wärmeren also in entgegengesetzter Richtung entsteht. Da wo sich beide Luftströme begegnen, wird alsdann Ruhe herrschen, weil die entgegengesetzten Bewegungen sich aufheben.

Von diesem Vorgange läßt sich ein überzeugendes Experiment leicht anstellen. Ein Licht an die wenig geöffnete Thür eines geheizten Zimmers gehalten, giebt in weniger Entfernung vom Boden durch die Stellung seiner Flamme eine Bewegung der Luft von außen nach innen zu erkennen; an der obern Grenze der Oeffnung zeigt es hingegen einen nach außen gerichteten Luftstrom; in der

Mitte gar keinen. Ein deutlicher Beweis, daß die warme Luft oben nach der kälteren Seite, die kalte dagegen unten nach der wärmeren zuströmt.

§. 123. Beobachtung der Winde. Windrose. Windfahne. Anemometer.

Für meteorologische Verhältnisse müssen die Winde nach ihrer Richtung und ihrer Stärke beobachtet werden. Um erstere zu bezeichnen, bedient man sich im Allgemeinen *) der Weltgegenden, woher der Wind kommt. Zu diesem Zwecke hat man den Horizont in eine gewisse Zahl gleicher Theile getheilt, jedem Theilstrich seine Benennung gegeben und den so entstandenen getheilten Kreis Windrose genannt. Die Zahl der Eintheilung ist entweder 4, 8, 16 oder 32; doch sind 4 und 32 wenig benutzt, weil die erste Zahl zu gering, die letztere zu groß ist; die Vergleichung also sehr erschwert wird. Die Bezeichnung der am gebräuchlichsten angewandten 16 Theile ist folgende: Vier Theile zu je 90 Graden erhalten die Namen der mit ihnen übereinstimmenden Haupt-Himmelsgegend, Nord, Ost, Süd, West. Nun wird der Horizont, von N. durch O. über S. nach W. gerechnet, in 8 Theile zu je 45 Grad getheilt, die stets mit den beiden, ihnen zunächstliegenden Hauptrichtungen bezeichnet werden, und zwar so, daß die im Meridian liegende zuerst genannt wird, also N.O., N.W., S.O., S.W., niemals daher von O.N.- oder von W.S.-Wind die Rede sein kann. Jeder Bogen wird nun nochmals halbirt, und bei der Bezeichnung steht die zunächstliegende von den vier Cardinalrichtungen vor, daher heißt der zwischen N.O. und N. liegende Theilstrich N.N.O. und der zwischen N.O. und O. liegende Theilstrich O.N.O., niemals aber N.O.N. oder O.O.N. So erhalten also die neuen Abtheilungen der Reihe nach die Namen N.N.O., O.N.O., O.S.O., S.S.O., S.S.W, W.S.W., W.N.W.; N.N.W. Eine weitere Eintheilung ist deßhalb nicht wünschenswerth,

*) Die Italiener machen hiervon eine Ausnahme, die den Nordwind Tramontane, den Ostwind mit Levante, den S.O.-Wind mit Sirocco u. s. w. bezeichnen.

weil die Vergleichungen dadurch erschwert werden; ja es ist häufig nöthig, diese 16 Theile auf acht zu reduciren. Das Verfahren dazu ist kurz folgendes: Hat z. B. an einem Ort O. 20mal, O.S.O. 40mal, S.O. 16mal, S.S.O. 10mal und S. 12mal geweht, so wird O.S.O. und S.S.O. auf O., S.O. und S. so reducirt, daß man von dem zwischenliegenden Winde die Hälfte zu den beiden zunächstliegenden addirt; man erhält also für O. = 20 + 20, S.O. = 16 + 20 + 5; S. = 12 + 5. Diese Art und Weise wird der Natur am meisten entsprechen und größere Fehler vermeiden, die bei andern Reductionen auf das Resultat einen bedeutenden Einfluß haben. Wird die mittlere Windrichtung aus vielen während einer bestimmten Zeit wehenden Winden gesucht, so wird dieselbe oft mit den vier Cardinalrichtungen einen andern Winkel bilden, als die Theilstriche der Windrose. Man giebt diesen Winkel alsdann in Graden an, und setzt dieselben zwischen die Hauptwindrichtungen, also z. B. N. 27° O.

Das Instrument zur Beobachtung der Richtung des Windes ist die allgemein bekannte Windfahne*); sie ist mit Vortheil nur dann für die Meteorologie zu verwenden, wenn sie hoch genug ist, um störenden Einflüssen zu entgehen. Auf Häusern in Städten wirken stets die durch die Straßen hervorgebrachten secundären Ströme so wesentlich ein, daß die Angaben derselben schon sehr unzuverlässig sind. Die Instrumente müssen ferner beweglich sein, und gestatten, leicht die Himmelsgegend genau zu erkennen, in welcher sie stehen; letzteres wird gewöhnlich durch einige in den Hauptrichtungen angebrachte feste Stäbe erleichtert.

Wenn die Richtung des Windes bestimmt ist, muß dessen Stärke noch in Betracht gezogen werden. Am einfachsten ist die-

*) Da die Windfahnen auch bei constanter Windrichtung stets mehr oder weniger um die eigentliche wahre Richtung oscilliren, so haben Parrot und Engelhardt mit Erfolg folgendes System angewendet. Zwei unter einem Winkel von 45° zu einander geneigte Flächen werden in ihrer Kante auf einer senkrecht stehenden Achse dem Winde ausgesetzt. Sie nehmen dann stets, und zwar ohne Schwanken, eine solche Richtung an, daß ihre Halbirungslinie in die des Windes fällt; wie durch das Parallelogramm der Kräfte sich leicht beweisen läßt.

selbe zu messen, indem man leichte Körper der freien Luft überläßt, und alsdann beobachtet, wie weit sie von derselben in einer gewissen Zeit getragen werden. Durch dieses, der Bestimmung der Flußgeschwindigkeit ganz analoge Verfahren, erhält man ganz unmittelbar die Geschwindigkeit oder Stärke des Windes. Es sind mehrfach Instrumente (Anemometer) angegeben, welche diese Größe messen sollen; es geschieht entweder durch die Größe des Druckes, den der Wind auf eine horizontal ihm entgegengestellte Wassersäule ausübt, oder durch den Stoß, den er einem freifallenden Körper mittheilt, und ihn durch denselben um mehr oder weniger aus der Verticalen treibt, oder durch die Größe des Winkels, um welchen er einen frei herabhängenden Körper aus der Verticalen zu bringen vermag. Natürlich muß jedes Resultat eines Anemometers noch einer Rechnung unterworfen werden, zu der die specielle Einrichtung des Instrumentes die Elemente geben muß.

§ 124. Regelmaßige Winde oder Passate (Taf. No. 9.)

In einigen Gegenden der Erde herrscht Jahr aus Jahr ein ein regelmäßiger Wind, d. h. er behält stets dieselbe Richtung; während in andern Gegenden die Winde einem unaufhörlichen Wechsel unterworfen sind. Diese regelmäßigen Winde heißen Passatwinde und zeigen sich besonders auf den großen Wasserflächen des atlantischen und großen Oceans. Denkt man sich den Stand der Sonne fest über dem Aequator und alle störenden Einflüsse der Ländermasse als nicht vorhanden, so entsteht durch die Achsendrehung der Erde ein heißer Gürtel, dessen Mitte der Aequator ist, und zwei kalte Pole. Es muß also nach der oben gegebenen Erklärung der Winde überhaupt, eine Luftströmung in den obern Regionen vom Aequator nach den Polen, in den untern Regionen eine Strömung von den Polen nach dem Aequator erfolgen. Beide müßten in der Richtung der Meridiane stattfinden, wenn sie nicht einige Modificationen durch die Achsendrehung erlitten. Der untere Strom wird in der Nähe der Pole eine bei weitem geringere Schwungkraft erhalten haben, als die am Aequator rotirende Luftmasse; er wird also gegen dieselbe zurückbleiben, und so einen Widerstand allen auf der Erdoberfläche befindlichen Körpern leisten. Deßhalb scheint er denselben aus O. zu kommen. In der nördlichen Halbkugel wird daher der aus O. und N. zusammengesetzte einen N.O., in der südlichen der aus O. und S. zusammengesetzte einen S.O. bilden. Daher herrscht also der N.O.-Passat in der nördlichen, der S.O.-Passat in der südlichen Halbkugel. Je mehr man sich dem Aequator nähert, um so mehr nimmt dieser Wind eine östliche Richtung an, und würde dieselbe ganz annehmen, wenn beide Passate auf dem Aequator zusammenstießen. Dies ist aber nicht der Fall, sondern sie sind durch einen Gürtel, die Region der veränderlichen Winde oder der Windstillen (Calmen) getrennt. Betrachtet man die vom Aequator nach den Polen in den obern Regionen strömenden Luftmassen, so müssen sich dieselben entgegengesetzt verhalten. Am Aequator ist ihnen eine größere Schwungkraft mitgetheilt, als die Punkte besitzen, nach denen sie hinströmen; sie werden denselben voraneilen, und aus W. zu kommen scheinen. Es entsteht also auf der nördlichen Halbkugel ein aus S. und W. zusammengesetzter, also ein S.W.-Wind; auf der südlichen Halbkugel ein aus N. und W. zusammengesetzter, also ein N.W.-Wind.

Die auf der Erde befindlichen Ländermassen bringen aber vielfache Abänderungen hervor, deßhalb ist es nöthig, den Gang der Erscheinungen in den verschiedenen Gegenden einzeln zu betrachten.

1) Die Passate des Großen Oceans.

Auf diesem Ocean ist seiner bedeutenden Wasserfläche wegen der Einfluß der Küsten sehr unbedeutend, und daher die Erscheinung am meisten mit der gegebenen Theorie übereinstimmend. Es herrscht hier der N.O.-Passat auf der nördlichen Halbkugel von 2° N. Br. bis 23° N. Br., während der S.O.-Passat zwischen 3° S. Br. und 21° S. Br. das ganze Jahr hindurch weht. Beide sind also getrennt durch einen Zwischenraum von etwa 5° Breite, dessen Mitte ziemlich der Aequator bildet. Hier ist der aufsteigende Luftstrom durch die starke Erwärmung so bedeutend, daß er die horizontale Bewegung sehr vermindert. Es treffen sich außerdem hier sehr nahe am Boden der obere und untere Luftstrom, und sind deßhalb Ursache, daß hier eine Regelmäßigkeit des Windes aufhört. Windstillen wechseln mit Winden aus allen Richtungen ab, und werden nicht selten durch die heftigsten Orcane, in steter Begleitung mit electrischen Explosionen, unterbrochen. Es heißt diese Region, wie oben erwähnt, die Region der Calmen. Da die Sonne ihre Stellung über dem Aequator nicht dauernd hat, so werden mit ihrer Declination auch alle vier Grenzen der Passate oscilliren. Doch kann dies nicht in demselben Maße geschehen, wie die Sonne ihren Stand verändert, denn die Zeit der größten Wärme tritt an einem Orte erst ein, wenn die Sonne durch den Zenith bereits gegangen ist, und zu der Bewegung der Luft gehört einige Zeit. Daher rücken die Grenzen der Passate nur einige Grade nach S. oder N., je nachdem die Sonne nördliche oder südliche Declination hat.

2) Die Passate im atlantischen Ocean.

Die Grenzen des N.O.-Passat's liegen im Mittel von 28—30° N.B. bis 8° N.B., die des S.O.-Passat's von 28 und 29° S.B. bis 3° N.B., so daß hier also der S.O.-Passat in die nördliche Hemisphäre übergreift. Die Oscillationen dieser Grenzen sind hier genauer bekannt als im großen Ocean, und betragen für die südliche Grenze des N.O.-Passat's 8°, da er im März bis 5°,25 N.B., im August bis 13° N.B. reicht. Auffallend ist dabei noch die Erscheinung, daß die Region der Calmen nicht zu allen Jahreszeiten gleich breit ist; sie ist im Sommer bei weitem breiter als im Winter; es rückt also bei nördlicher Declination der Sonne die nördliche Grenze des S.O.-Passat's nicht so weit nach N. als die südliche des N.O.-Passats. Kämtz sucht dies dadurch zu erklären, daß, wenn der S.O.-Passat über den Aequator sich erstreckt, seine O.-Richtung zwar dieselbe ist, aber seine Geschwindigkeit bedeutend verkleinert werden wird. Er kommt nämlich mit einer größern Schwungkraft in kleinere Parallelkreise, und erhält dadurch ein Streben, in einen W.-Wind überzugehen, wodurch er verzögert wird. Diese Gegenwirkung wird nun um so bedeutender, je weiter er vom Aequator sich entfernt, und verhindert ihn, der Bewegung der Sonne um ebenso viel zu folgen, als die südliche Grenze des N.O.-Passats. Was das Uebergreifen des S.O.-Passats überhaupt betrifft, so hat dies seinen Grund in der Configuration der umliegenden Ländermassen.

Africa's Küstenbildung und die Gestaltung seiner Oberfläche nördlich vom Busen von Guinea gestatten dem N.O.-Passat nicht, bis zu dem Aequator vorzudringen, begünstigen daher das Vorrücken des S.O.-Passats. An der Küste America's entsteht durch die größere Erwärmung des karaibischen Meeres (bei südlicher Declination der Sonne) ein S.-Wind, der mit dem herrschenden O. verbunden, einen S.O. hervorbringt. Dieser verhindert nun das Vordringen des N.O-Passats und erleichtert daher dem S.O.-Passat seine Ausbreitung vom Aequator aus längs der americanischen Westküste nach N.W. Dieses Vorrücken an den Küsten wird sich aber nach und nach auch über den ganzen Ocean verbreitet haben, und daher liegt auch die Nordgrenze des S.O.-Passats nördlich vom Aequator. An der Ostküste America's vermag sich der Passat, der an den Strömen so ausgebreiteten Ebenen wegen, noch weit ins Land zu erstrecken, und zwar geschieht dies in dem Becken des Amazonenstroms mit solcher Heftigkeit, daß man mit seiner Hülfe den Fluß weit hinauf segeln kann.

Die Existenz der in den höheren Regionen herrschenden Luftströmungen ist durch mehrere Thatsachen bewiesen worden. Auf einer östlich vom Vulcan St. Vincent liegenden Insel fiel bei einer Eruption desselben seine Asche nieder, trotzdem in den untern Regionen der N.O.-Passat wehte. Ebenso warf der Vulkan Cosinguina nördlich vom Nicaragua-See seine Asche gegen den Passat nach Jamaica (Januar 1835). Auf der Spitze des Piks von Teneriffa ist der W.-Wind bei dem am Meere herrschenden N.O.-Passat vorherrschend, und es steigt und sinkt die untere Grenze dieses Windes, je nachdem die Sonne weiter nach N. oder S. vorrückt, eine Erscheinung, die nur durch die oben erwähnte Theorie der Passate erklärt wird.

§. 125. Periodische Winde oder Monsune. (Tafel No. 9.)

Eine andere Klasse beständiger Winde sind die **Monsune**. Sie wehen eine bestimmte Zeit, meist einige Monate aus demselben Himmelsstrich; die übrige Zeit des Jahres herrscht entweder ein veränderlicher Wind aus den verschiedenen Richtungen der Windrose, oder er weht abermals constant, aber aus einer andern Gegend. Am häufigsten und regelmäßigsten treten die Monsune im indischen Meere auf, in dem eigentlich die Passate herrschen müßten. Aber der Einfluß der hier die Region der Passate eng einschließenden Ländermassen ist zu bedeutend, um ihre Regelmäßigkeit nicht zu modificiren.

Hat die Sonne südliche Declination und erhitzt die Hochflächen Südafricas, so wird die Temperatur über dem nördlichen Theil des indischen Meeres niedriger, aber nicht so deprimirt sein, als die trockenen Plateaulandschaften Hinterasiens. Es würden in dieser Zeit, also vom October bis April, die Windverhältnisse des indischen Oceans denen der regelmäßigen Passate am ähnlichsten sein. Auf der nördlichen Halbkugel weht bis an den Aequator der N.O.-Monsun, auf der südlichen Hemisphäre von 28° S.B. bis 12° S.B. der eigentliche S.O.-Passat. Der zwischen 12° S.B. und dem Aequator liegende Raum bildet hier die Region der Calmen, in der veränderliche Winde mit Windstillen und Stürmen abwechselnd wehen. Doch herrschen vorzugsweise die N.W.-Winde vor, weßhalb hier dieser Gürtel auch die Region der N.W.-Monsune heißt. Es sind also ganz analoge Verhältnisse in dieser Jahreszeit obwaltend, wie in den übrigen Meeren, nur daß hier die Winde ihre Namen gewechselt haben. Sumatra, das gerade von dem Aequator durchschnitten wird, liegt somit auch in zwei verschiedenen Windgürteln. Es herrschen hier in seiner nördlichen Hälfte der N.O.-, in seiner südlichen der S.O.-Monsun während der Monate October bis April, beide durch einen Gürtel von geringer Breite getrennt; wie überhaupt die drei genannten Windregionen nicht unmittelbar scharf an einander grenzen, sondern der Uebergang von der einen zur andern stets durch veränderliche Winde und Windstillen erfolgt. Der N.O.-Monsun bringt schönes und heitres Wetter, mit Ausnahme der Ostküste Hindostan's, die in dieser Periode ihre Regenzeit hat. Der N.W.-Monsun bildet für die im östlichen Theile des indischen Meeres gelegenen Inseln den Regenwind, und daher hat Sumatra in seiner nördlichen Hälfte von October bis April durch den N.O.-Monsun schönes Wetter; in seiner südlichen Hälfte durch den N.W.=Monsun Regen und Gewitter. Im chinesischen Meer herrscht zur selben Zeit im Allgemeinen ein N.=Monsun, dessen Drehung nach Osten durch Malacca und Sumatra verhindert wird. Er ist jedoch durchaus nicht so constant, als auf offenem Meere, da die Lage der Küsten, wie die vielfachen Inseln, seine Richtung sehr modificiren. Dieselbe Erscheinung tritt auch bei den übrigen Monsunen auf, die eigentlich nur auf dem hohen Meere regelmäßig aus den genannten Richtungen wehen, an den Küsten aber stets das Bestreben haben, ihre Richtung senkrecht zum Lauf derselben zu verändern; daher treten auch in der mehrfach gegliederten Südküste von Asien vielfache Verschiedenheiten auf, die durch solche locale Einflüsse bedingt sind.

Tritt die Sonne in nördliche Declination, so steigt die Temperatur über Asien bedeutend, sinkt dagegen über dem Meere, dem südlichen Africa und Neuholland. Daher entsteht in den untern Regionen der nach den heißen Gegenden gerichtete Wind, und bildet, zusammengesetzt aus diesem S.=Wind und der durch die Achsendrehung entstehenden Richtung aus W. einen S.W.=Monsun. Der Raum, in welchem er herrscht, erstreckt sich vom Aequator aus nördlich nicht bloß bis an die Küsten, sondern in das Land hinein, an günstigen Stellen so weit, bis er von vorliegenden Gebirgen aufgehalten wird. Der S.W.=Monsun ist für die gegen W. gekehrten Küsten der Regenwind; es herrscht also auf der Küste Malabar die Regenzeit vom April bis October, während die Küste Coromandel in dieser Zeit die trockene Jahreszeit hat. Südlich vom Aequator herrscht bis 10°S.B. ein S.O.=Monsun, der für die im östlichen Theile des Meeres gelegenen Inseln ein trockener ist; daher haben Sumatra's zwei Hälften abermals entgegengesetzte Jahreszeiten, da auf der nördlichen der N.W.=Monsun mit Regen, auf der südlichen der S.O.=Monsun mit schönem Wetter herrscht. Dieser Wind ist als die Fortsetzung des südlich von 10° S.B. wehenden S.O.=Passats anzusehen, denn letzterer behält auch in dieser Jahreszeit seine constante Richtung, ist also im eigentlichen Sinne des Wortes ein Passat. Im chinesischen Meere herrscht gleichzeitig ein eigentlicher

S.-Monsun, dessen Richtung jedoch ebenfalls durch die Inseln vielfach modificirt wird, und denselben stets Regen und Gewitter bringt.

Es ist schon erwähnt worden, daß die Grenzen zwischen entgegenzesetzten Windgürteln nicht als scharfe Linien zu betrachten sind; dasselbe ist von der Zeit zu sagen, in welcher die Uebergänge stattfinden. Im Allgemeinen waren als Grenzen die Aequinoctialzeiten genannt; doch geht der N.O.-Monsun keineswegs in diesen unmittelbar in einen S.W.-Monsun über. Wenn die Sonne den Aequator passirt, ist die Wärmedifferenz zwischen Meer und Festland nicht so bedeutend, um augenblicklich einen Wind aus entgegengesetzter Richtung hervorzubringen; es herrschen eine Zeitlang veränderliche Winde und Stürme, bis die Sonne durch Erhöhung der Temperatur eine große Differenz zwischen dem Lande und dem Meere bewirkt hat, und nun der Wind in der neuen Richtung wieder eintritt.

Wenngleich das indische Meer als der eigentliche Schauplatz der Monsune anzusehen ist, insofern dieselben dort besonders regelmäßig auftreten, so herrschen sie doch, nach der oben gegebenen Erklärung dieser Winde, nicht ausschließlich in jenen Gegenden. Küstenländer zeigen besonders häufig die Erscheinung der periodisch herrschenden Winde. So die Küste von Guinea, die brasilianische Küste, Congo unweit der Zaire-Mündung, die Bai von Panama und andere Gegenden, die mehr oder weniger deutlich in gewissen Jahreszeiten constante Luftströmungen haben. Ihr Einfluß, als rein durch locale Verhältnisse hervorgerufen, erstreckt sich nicht weit von der Küste ins Meer, sondern es tritt unfern dieser bald wieder der herrschende Passat ein. Eine analoge Erscheinung zeigt sich auch auf dem Lande, und zwar am deutlichsten an der im nördlichen Africa weit ausgebreiteten Wüstenfläche Sahara. Durch die Erwärmung derselben bei nördlicher Declination und Abkühlung bei südlicher Declination der Sonne müssen auch hier in den verschiedenen Jahreszeiten entgegengesetzte Winde herrschen, wie dieselben auch, dem Laufe der Sonne gemäß, wirklich gefunden sind. Der Einfluß dieser Wüsten erstreckt sich bis auf die Südküsten Europas, an denen im Sommer nördliche, im Winter südliche Winde vorherrschen.

§. 126. Abwechselnde Winde oder Land- und Seewinde.

Ebenfalls als beständige Winde können die an den Küsten der in Tropenmeeren gelegenen Inseln angesehen werden; sie wehen in den verschiedenen Jahreszeiten zwar aus verschiedenen Richtungen, kehren aber an anderen Tagen in großer Regelmäßigkeit zu denselben Richtungen zurück. Es dient diese Erscheinung ganz besonders zur Bestätigung der oben (§. 122.) allgemein gegebenen Erklärung der Winde. Wird eine z. B. rundgeformte Insel durch die Wirkung der Sonne getroffen, so ist die Erwärmung derselben bedeutend größer, als die des nebenliegenden Meeres. Wenn die Temperaturdifferenz groß genug durch die allmählige Erhebung der Sonne über dem Horizont geworden ist, so entsteht ein senkrecht aufsteigender warmer Luftstrom über der Insel, und während sich derselbe in den oberen Regionen allmählig ausbreitet, muß in den untern Luftschichten ein Luftstrom entstehen, der von allen Seiten gegen die Insel gerichtet ist, also etwa senkrecht auf die Küste zuströmt. Dies ist der Seewind, der etwa Morgens um 9 Uhr anfängt und mit zunehmender Wärme auch wegen der dadurch vergrößerten Temperaturdifferenz immer stärker wird, bis er gegen 2 und 3 Uhr Nachmittags sein Maximum erreicht. Mit sinkender Wärme nimmt er auch wieder ab, bis zur Zeit des Sonnenuntergangs, wo Meer und Land gleiche Wärme haben und eine Windstille eintritt. In der Nacht erkaltet das Land rascher als das Meer; es entsteht daher in den oberen Regionen ein vom Meere nach dem Lande gerichteter Wind, während die unteren Luftmassen bald anfangen, sich vom Lande nach dem Meere zu bewegen. Dieser Landwind nimmt ebenfalls an Stärke allmählig zu bis Sonnenaufgang, wo die Temperatur-Differenz am größten ist, bis gegen 8 Uhr wird er immer schwächer, hört gänzlich auf und macht so dem gegen 10 Uhr von Neuem eintretenden Seewinde Platz.

Alle Küsten und Inseln zwischen den Wendekreisen zeigen diese Erscheinung mit mehr oder weniger großer Deutlichkeit. Herrschen nämlich noch andere stärkere Winde vor, so modificiren sich beide Erscheinungen gegenseitig sowohl in der Richtung, als in der Stärke. Daher ist schon oben bemerkt worden, daß das regelmäßige Auftreten der Passate oder Monsune an den Küsten einige Abänderungen erleidet, die zum Theil aus der Configuration der Küsten selbst, zum Theil aber auch durch die abwechselnden Land- und Seewinde hervorgebracht werden.

Auch in den gemäßigten Zonen ist dieser Einfluß an einzelnen Stellen bemerkt worden, wie z. B. auf Creta, in Marseille. Ja es sind Land- und Seewinde auf größeren Binnenseen wahrgenommen, z. B. am Bodensee, am Gardasee u. a.

§. 127. Veränderliche Winde.

Außerhalb der Tropen hören die Winde auf, eine regelmäßige und constante Richtung anzunehmen. Sie wechseln nicht nur sehr oft, sondern kommen auch aus allen Gegenden der Windrose her. Bei genauer Untersuchung ergiebt sich jedoch das bestimmte Vorherrschen irgend eines Windes in einer Gegend, ohne daß er den Character der Monsune annimmt. In der nördlichen Hemisphäre herrscht in dieser Weise der S.W., in der südlichen der N.W. vor, Erscheinungen, die sich folgendermaaßen erklären lassen. Der unter den Tropen aufsteigende Luftstrom nimmt in den höheren Regionen, wie bereits erwähnt, eine Richtung nach den Polen, und wird durch die Achsendrehung nach W. abgelenkt. So erhält er also für die nördliche Hemisphäre eine S.W.-, für die südliche eine N.W.-Richtung. Je weiter derselbe nach den Polen vordringt, je mehr wird er abgekühlt; er wird also dichter, und dadurch allmählig sich senkend, erreicht er als S.W. resp. N.W. endlich den Boden. Dies geschieht schon bald außerhalb der Region der Passatwinde, so daß also in höheren Breiten der von N.O. nach dem Aequator gerichtete Polarstrom, und der von S.W. nach den Polen gerichtete Aequatorialstrom, neben einander wehen, während sie bis dahin über einander in verschiedenen Luftschichten sich bewegten. Dadurch entsteht nun ein fortwährender Kampf; einer sucht den andern zu verdrängen, und je nachdem die eine oder andere Tendenz vorherrscht, wird einer die Ueberhand bekommen. Bei dem dauernden Wechsel dieser Erscheinung wird der Uebergang in eine andere Windrichtung durch alle Zwischenwinde der Windrose erfolgen, und daher nie längere Zeit derselbe

Wind wehen, oder eine regelmäßige Abwechselung eintreten können. Werden die verschiedenen Winde genau beobachtet, so läßt sich die Zahl derer bestimmen, die in einer gegebenen Zeit an einem Ort aus jeder Weltgegend geweht haben, und daraus ergiebt sich, welcher der vorherrschende für den bestimmten Ort gewesen. Die für Europa von Kämtz zusammengestellten Beobachtungen geben als Resultat, daß die südwestlichen Winde in West-Europa entschieden vorherrschen, während im östlichen die N.O.- und N.W.-Winde die häufigeren sind. Da dieser S.W.-Wind auch auf dem atlantischen Ocean herrscht, so verzögert er die Fahrt von Europa nach America, begünstigt dagegen die Rückfahrt; deßhalb wird erstere durchschnittlich in 40, letztere in 23 Tagen vollbracht. Der zurückkehrende Passat ist auf der südlichen Halbkugel so regelmäßig, daß die Schiffer von einem N.W.-Passat sprechen, und auf sein Eintreffen so bestimmt bauen, daß die Course dem entsprechend gewählt werden. Ebenso spricht man auch wohl von dem S.W.-Passat der nördlichen Hemisphäre, obgleich derselbe des größeren Einflusses der Continente wegen nicht so regelmäßig weht.

Aus den Beobachtungen für ganz Europa giebt sich ein allgemeines Vorherrschen des S.W. über den N.O. zu erkennen und es scheint demnach, daß größere Luftmassen nach dem Pol zu bewegt werden, als von diesem nach dem Aequator zurückkehren. Kämtz glaubt daher einen in den oberen Regionen vorherrschenden Polarstrom annehmen zu können, der diese Anhäufung wieder ausgleicht. Dove glaubt dagegen schon aus der Krümmung der Isothermen im Innern der Continente schließen zu können, daß dort nördliche Winde vorherrschen, während daneben hauptsächlich auf den Meeren zwei südliche Winde wehen, die sich über die benachbarten Continente noch eine Strecke weit ausbreiten. Beiden Hypothesen stehen allerdings noch keine directen Beobachtungen zur Seite; denn das im östlichen Europa gefundene Resultat ist nur aus einer kurzen Beobachtungsreihe entnommen, und giebt nur eine sehr geringe Zunahme der N.W.-Winde. Wenn beide Hypothesen daher noch der Bestätigung bedürfen, so erscheint es doch andererseits einer Anhäufung der Luft am Pole wegen, wenigstens nicht nöthig, eine solche aufzustellen.

Denn die vom Aequator nach dem Pole wehenden Winde bringen wärmere, und daher weniger dichte Luft, die eine große Menge Wasserdampf enthält, derselbe wird aber condensirt und kehrt nicht in Gasform nach dem Aequator zurück; es kann daher wirklich mehr Luft sich vom Aequator nach dem Pol bewegen als umgekehrt.

Ueberwiegt an einem bestimmten Orte in einem Jahr die Aequatorial-Richtung, die, wie erwähnt, stets Regen bringt, so entsteht für denselben ein feuchtes Jahr; überwiegt die Polar-Richtung, ein besonders trockenes. Daher kann auch ein allgemeiner Mißwachs nie entstehen, denn was für diesen bestimmten Ort gilt, muß für einen anderen entgegengesetzt sein, da sich beide Effecte auszugleichen streben. Hat also West-Europa eines feuchten Jahres wegen Mißwachs, so wird America und Ost-Europa diesem Mangel abzuhelfen nicht im Stande sein.

Es ist ebendeshalb auch der sehr verbreitete Glaube irrig, daß einem sehr kalten Winter stets ein sehr heißer Sommer folgen müsse. Denn sollte dies geschehen, so müßten das ganze Jahr hindurch die trockenen N.O.-Winde wehen, die den Himmel stets heiter erhalten, und dadurch Kälte wie Wärme erhöhen. Eine Annahme, die aber durchaus nicht haltbar ist.

§. 128. Winddrehungsgesetz.

Trotz des großen und vielfachen Wechsels der Windrichtung in höheren Breiten findet doch eine Gesetzmäßigkeit in der Reihenfolge derselben statt, die auf eine höchst geistreiche Weise von Dove im Winddrehungsgesetz gefunden worden ist.

Der Wind dreht sich in der nördlichen Hemisphäre in dem Sinne durch die Windrose

N. O. S. W.

auf der südlichen in entgegengesetztem, nämlich

S. O. N. W.

Es ist dabei allerdings nicht vorauszusetzen, daß auf einen Ost-Wind jedenfalls ein Süd-Wind folgen müsse; es wird vielmehr vielfach der Wind von O. nach N. zurückspringen, sehr selten aber in entgegengesetztem Sinne sich durch die ganze Windrose bewegen.

Diese Erscheinung wird nun von dem Entdecker des Gesetzes folgendermaßen erklärt. Wird die Luft vom Pole nach dem Aequator in Bewegung gesetzt, so wird durch die Achsendrehung der ursprüngliche N.-Wind allmählig durch N.O. in einen O.-Wind übergehen müssen, wie dies schon bei den Passaten näher erörtert worden. Dauert die Tendenz der Luft, von dem Pole nach dem Aequator zu strömen, fort, so wird der O.-Wind, der allmählig die Rotationsgeschwindigkeit der Erde angenommen hatte, wieder in einen N.-Wind zurückspringen, um von neuem die Erscheinungen bis zum O.-Wind zu wiederholen. Hört die Tendenz des Polarstroms hingegen auf, und treten Aequatorialströme ein, so wird der herrschende O.-Wind durch S.O. nach S. umschlagen müssen. Ist der Südwind erst eingetreten, so muß derselbe der Rotation der Erde wegen, wie schon erörtert, allmählig durch S.W. nach W. gehen. Herrscht der Aequatorialstrom nun noch ferner fort, so muß der W.-Wind wieder nach S. zurückspringen, gerade, wie der O.-Wind nach N.; tritt dagegen von neuem die Polarströmung ein, so wird der W. Wind durch N.W. zu einem N.-Winde; und der Kreisgang der Winde beginnt von Neuem. Daß auf der südlichen Hemisphäre der Wind in dem entgegengesetzten Sinne sich bewegt, bedarf wohl nicht der genaueren Auseinandersetzung.

Betrachtet man den Gang der Monsune, so erkennt man bald, daß sie nach demselben Gesetze wehen; eine Drehung durch die Windrose aber im Laufe eines Jahres erst vollenden. Sie sind also der einfachste Fall des Drehungsgesetzes.

§. 129. Einfluß der Winde auf das Barometer. Barometrische Windrose.

Stellt man die verschiedenen Barometerstände für die gleichzeitig herrschenden Winde zusammen, so erkennt man, daß das Barometer bei nördlichen Winden einen höheren Stand als bei südlichen hat. Die kältere Luft ist schwerer, als die wärmere, drückt daher auf das Barometer mehr, und dieses muß steigen. Bei allen Orten zeigt sich diese Erscheinung wiederholt, nur wechselt die Richtung, das Maximum und Minimum bei verschiedenen Orten um einige Grade in dem Bogen zwischen N. und N.O. und zwischen S. und S.W. Das Barometer bewegt sich also durch die Windrichtungen folgendermaßen: Bei N.O. hat es sein Maximum, fällt allmählig, wenn sich der Wind durch O., S. nach S.W. dreht, bei welchem es am niedrigsten steht. Von hier ab steigt es wieder bei der ferneren Drehung des Windes von S.W. durch W. und N. nach N.O. Diese Curve des Barometerganges bei den verschiedenen Winden heißt die **barometrische Windrose**. Nachdem durch Rechnungen die von den täglichen und jährlichen Schwankungen des Barometers entstehenden Anomalien entfernt sind, findet Kämtz im Mittel

das Maximum des Barometerstandes bei N. 45° O.,
das Minimum „ „ „ S. 11° W.,
den mittleren Stand des Barometers „ S. 65° und N. 69° W.

Da das Barometer bei westlichen Winden steigt, mit östlichen dagegen fällt, so wird es benutzt werden können, die Richtung in der Aenderung des Windes zu bestimmen. Es wird dieselbe früher anzeigen können als die Windfahnen, wenn der neu eintretende Wind den herrschenden von oben verdrängt, die Atmosphäre also einen veränderten Druck hat, während in den unteren Regionen sich noch Nichts geändert.

Das Barometer wird als Wetterglas benutzt, wobei man allerdings weniger auf die Höhe der Quecksilbersaule zu sehen hat, als danach, ob dieselbe zu steigen oder zu fallen im Begriff ist. Wie aus §. 132 noch näher hervorgeht, giebt das Barometer, mit den Winden in Verbindung gesetzt, allerdings eine Andeutung des kommenden Wetters.

§. 130. **Einfluß der Winde auf das Thermometer. Thermometrische Windrose.**

Betrachtet man in derselben Weise die Thermometerstände bei den einzelnen Winden, so ergiebt sich sehr bald das allgemeine Resultat, daß nördliche Winde kälter sind, als die südlichen, daß das Barometer also bei nördlichen tiefer steht, als bei südlichen. Um hier eine Vergleichung aus den Beobachtungen erhalten zu können, müssen mit großer Sorgfalt die so bedeutenden Schwankungen des Thermometers während eines Tages eliminirt werden. Es erfordert dies längere Beobachtungen der gleichzeitigen Thermometerstände und Windrichtungen, und die aus diesen hergeleiteten Mittelresultate müssen noch corrigirenden Rechnungen unterworfen werden, die hier auseinander zu setzen zu weit führen würde. Die Curve des Thermometerganges bei den verschiedenen Winden heißt die thermometrische Windrose. Die von Kämtz zahlreich zusammengestellten Beobachtungen zeigen zwar bestimmt, daß bei südlichen Winden die mittlere Temperatur größer, als bei nördlichen, aber auch gleichzeitig, daß dies Phänomen mit den Jahreszeiten verschieden ist und z. B. in London im Winter nahe der S.W., im Sommer nahe der S.O. der wärmste Wind ist. Wird durch Rechnen das jährliche Mittel bestimmt, so ergiebt sich das Minimum der Temperatur bei N., das Maximum bei S., 12° W. Um locale Störungen hier zu vermeiden, wurden nun aus dem Mittel sämmtlicher hergeleiteten thermometrischen Windrosen das Maximum und Minimum und das Mittel des Thermometerstandes hergeleitet und folgendermaßen gefunden.

Minimum des Thermometerstandes	N. 8° O.
Maximum „ „	S. 13° W.
Mittel „ „	S. 85° W. und N. 77° W.

Daß der kälteste Wind nicht N. und der wärmste nicht S. ist, kommt daher, weil den sämmtlich zur Berechnung zu Grunde gelegten Orten Mitteleuropa's östlich ein ausgedehnter Continent, westlich ein ausgedehntes Meer liegt; Landwinde sind aber trocken, die Verdunstung wird bei ihnen erleichtert und die Temperatur deprimirt (Wärme latent); Seewinde sind dagegen feucht, die Verdunstung wird erschwert und die Zahl der Niederschläge vermehrt, also die Temperatur erhöht (Wärme frei geworden). Der Einfluß der Jahreszeiten zeigt sich im allgemeinen bei allen Orten ganz analog den für London gegebenen Verhältnissen.

Vergleicht man die barometrische und thermometrische Windrose, so ergiebt sich bald die entgegengesetzte Tendenz beider Instrumente. Der Wind, der das Barometer steigen macht, verursacht ein Fallen des Thermometers, und umgekehrt. Es zeigen sich jedoch Verschiedenheiten dabei, wie aus der Zusammenstellung der Maxima und Minima erhellt, welche nicht genau übereinstimmend bei derselben Windrichtung erfolgen. Wird dagegen in Betracht gezogen, daß bei einem herrschenden Luftstrom,* jeder neu in einer andern Richtung hinzutretende Wind, eine Luftanhäufung über dem Beobachtungsorte hervorbringt, die nothwendigerweise den Barometerstand vergrößern muß, so geht daraus und aus den genauen Untersuchungen von Kämtz hervor, daß diese Differenzen so unbedeutend werden, wie es bei den meist nur nach dem Augenmaß beobachteten Windrichtungen der Fall sein kann.

§. 131. Einfluß der Winde auf das Hygrometer.

Der Gang des Hygrometers wird ebenfalls durch verschiedene Winde ungleich verändert, indem der Dampfgehalt warmer Südwinde im Allgemeinen größer ist, als der kalter Nordwinde. Aus längeren Beobachtungsreihen wurde der Druck der Dampfatmosphäre für die einzelnen Winde berechnet, und derselbe bei nördlicher und östlicher Richtung geringer gefunden, als bei südlicher. Werden hier ebenfalls die Anomalien möglichst entfernt, und die Richtung des Windes gesucht, für welche das Maximum und Minimum des Dampfgehaltes eintritt, so ergiebt sich im Mittel des Jahres

Minimum des Druckes der Dampfatmosphäre bei N. 45° O.
Maximum „ „ „ „ „ S. 2° W.

Beide Extreme fallen in den Jahreszeiten nicht in dieselbe Richtung, sondern entweder mehr westlich oder östlich. Die früher näher erläuterten Temperaturverhältnisse, sowie die Regenvertheilung in Europa haben bereits vielfache Beläge für diese Verhältnisse gegeben.

Ordnet man die Veränderungen des Drucks der Dampfatmosphäre nach den einzelnen Richtungen, so könnte man die dadurch entstehende Curve analog den vorigen auch die hygrometrische Windrose nennen.

§. 132. Zusammenhang der Winde mit dem Barometer und den Hydrometeoren.

Nennt man den westlichen Theil der Windrose vom barometrischen Minimum bis zum barometrischen Maximum, die Westseite der Windrose, den übrig bleibenden Theil derselben die Ostseite der Windrose, und betrachtet die verschiedenen Erscheinungen auf jeder Seite gesondert, so lösen sich die Widersprüche, in welche die Meteorologie so lange verwickelt blieb, als sie auf beiden Seiten dieselben Erscheinungen unter sonst gleichen Verhältnissen verlangte. Dove, der diesen Unterschied zuerst auffand und feststellte, zeigt denselben durch folgende Beobachtungen:

1) Auf der Westseite der Windrose folgt ein kälterer Wind auf einen wärmeren, auf der Ostseite ein wärmerer auf einen kälteren.

2) Auf der Westseite verdrängt der nördliche Wind den südlichen rascher, als auf der Ostseite dieser jenen.

3) Auf der Westseite tritt der schwerere kältere Wind zuerst unten ein, und verdrängt den südlichen von unten nach oben; auf der Ostseite tritt der leichtere warme zuerst oben ein und verdrängt den nördlichen von oben nach unten.

4) Auf der Westseite hat der folgende Wind mehr Elasticität des Wasserdampfes, als der vorhergehende; auf der Ostseite findet das Gegentheil statt.

Aus diesen Sätzen ergiebt sich in Verbindung mit dem (§. 116. 117.) über die Entstehung der Niederschläge Gesagten, daß auf der Westseite die relative Anzahl der Niederschläge bedeutender sein muß, als auf der Ostseite. Das Barometer verhält sich also auf beiden Seiten der Windrose entgegengesetzt, d. h. es fällt bei Regen mit Ostwinden, steigt während des Regens bei Westwinden.

5) Auf der Westseite der Windrose folgt Schnee auf Regen, auf der Ostseite Regen auf Schnee.

6) Schnee mit Westwinden deutet auf neue Kälte, Schnee mit Ostwinden auf eine Milderung der Kälte.

7) Warmes Wetter nach Regen zeigt neuen Regen an; denn auf der Ostseite entsteht es durch das gesetzmäßige Ueberhandnehmen des Südwindes; auf der Westseite ist es ein Zurückspringen, das durch neues Vorgehen oder einen neuen Niederschlag compensirt werden muß.

8) Da der kältere Wind auf der Westseite unten einfällt, so geschieht damit gleichzeitig die Wolkenbildung, der Niederschlag als

Regen oder Schnee und Steigen des Barometers. Auf der Ostseite bildet der von oben allmählig eintretende wärmere Wind bereits Wolken, ehe er unten bemerkt wird; der Barometer giebt ihn durch Sinken schon zu erkennen, während die Windfahne noch nichts davon weiß. Da die Vermischung auf der Westseite plötzlich eintritt, so ist hier die Wolkenbildung ebenso rasch, und entspricht dem Cumulostratus; auf der Ostseite bildet der allmählig vordringende Südwind in den höheren Regionen feine Cirri. Ersterer entsteht also, wenn ein kalter trockner Strom wärmere feuchte Luft plötzlich abkühlt, letzterer, wenn feuchte, warme Luft allmählig in kältere vordringt.

Dringt der nördliche Wind auf der Westseite endlich durch, so brechen die Wolken und zeigen dadurch eintretendes schönes Wetter an.

§. 133. Stürme. Orkane. Teifune

Sturm wird im Allgemeinen ein Wind genannt, der einen hohen Grad von Geschwindigkeit und Stärke erreicht hat, dabei aber meistens aus einer Richtung vorherrschend weht. Treten dabei häufige und plötzliche Wechsel der Richtungen ein, so wird ein Sturm gewöhnlich Orkan genannt. Die Orkane sind am häufigsten in Westindien, westlich von Madagaskar, an den indischen Küsten und dem chinesischen Meer; sie ereignen sich im Allgemeinen selten außerhalb der Tropen und sind von einer Alles verwüstenden Kraft, von der einen Begriff zu geben kaum die Beschreibungen der Zerstörungen ausreichen.

Die stärksten Gebäude, wie Kirchen, Forts, große massive Häuser, vermögen der Kraft eines solchen Orkans nicht zu widerstehen; sie werden gänzlich zerstört, ebenso wie die stärksten Bäume entwurzelt oder zersplittert. Der Raum, auf welchem sich Orkane ausdehnen, ist ebenso verschieden, als die Geschwindigkeit, mit der es geschieht. Der Orkan, der im August 1831 Barbados verwüstete, durchlief einen Raum von nahe 2300 Meilen in 6 Tagen, und gewöhnlich beträgt die Breite mehrere Meilen. Die Kraft des Sturmes ist an den Rändern weniger groß als in der Mitte.

Alle genaueren Beobachtungen des in Rede stehenden Phänomens zeigen deutlich die Eigenthümlichkeit, daß auf beiden Seiten der fortschreitenden Bewegung verschiedene Erscheinungen statthaben.

Der Wind bewegt sich nämlich, wie namentlich der im November 1836 beobachtete Orkan, dessen Achse durch Berlin ging, deutlich gezeigt hat, an einem seiner Ränder mit der Sonne, also in der nördlichen Hemisphäre von O. durch S. nach W., auf der andern gegen die Richtung der Sonne, also von O. durch N. nach W. Diese Thatsache hat zu der Erklärung der Orkane durch fortschreitende Wirbel Veranlassung gegeben, die mit der Erscheinung sehr gut übereinstimmt. Schreitet eine in der Richtung von S. durch O. nach N. wirbelnde Luftmasse in der Richtung von *a* nach *b* vor, und deuten die um ihren Anfangs- und ihren Endpunkt gezogenen Kreise die Richtung ihrer Bewegung an, so ergiebt sich sogleich, daß auf diese Weise der Wind in *c* von S.W., durch W. nach N.W., in *d* von S. durch W. nach N.W., während er in *e* von O. durch N.O. nach N. also entgegengesetzt sich bewegen muß, und daß dies der Erfahrung gemäß ist.

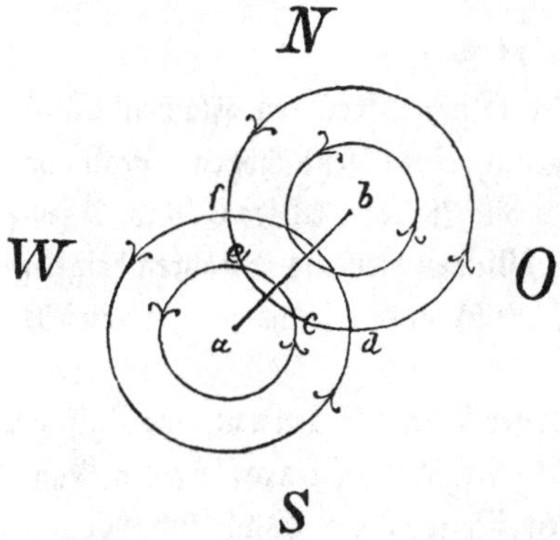

Auf der nördlichen Hemisphäre ist die Rotationsrichtung im Allgemeinen die oben angeführte, also S.O.N.W., die Richtung der Fortpflanzung hingegen innerhalb der Tropen S.O., außerhalb derselben S.W. Auf der südlichen Hemisphäre findet das Gegentheil statt, also die Rotationsrichtung S.W.N.O., die Fortpflanzungsrichtung innerhalb der Tropen N.O., außerhalb derselben N.W. Das Umbiegen der Orkane außerhalb der Wendekreise zeigen deutlich der obenerwähnte von Barbados und der auf Mauritius im März 1809 beobachtete.

Eine andere eben so heftigen Stürmen eigenthümliche Erscheinung ist das schnelle Sinken des Barometers während der ersten Hälfte des Sturmes, das in den meisten Fällen der einzige Vorbote des Phänomens ist, und viele Schiffe schon von dem sonst unvermeidlichen Untergang gerettet hat.

Im chinesischen Meere heißen die Orkane Teifune, und wüthen daselbst, ebenso wie in Westindien und bei Bourbon, am heftigsten in der Nähe des Landes. In den einzelnen Monaten ist ihre Stärke verschieden; die gefürchtetsten sind die im Juni oder Juli auftretenden, am seltensten und schwächsten vom Dezember bis Mai; sie sind meist von kurzer Dauer, und treten jährlich fast stets nur einmal auf; höchst selten, daß im Jahre zwei, oder gar kein Teifun weht.

§. 134. Heiße Winde.

Wenn auf heißen, jeder Vegetation beraubten Flächen Winde erzeugt werden, so werden dieselben einen sehr hohen Grad von Wärme enthalten; namentlich sind die Wüsten Africa's und Asien's durch dieselben berüchtigt, da solchen Winden meistens Gefahren beigelegt werden, die theils aus Irrthum, theils aus Absicht sehr übertrieben dargestellt worden sind.

In Arabien, Persien heißt dieser Wind Samum, was giftiger Wind oder heißer Wind bedeutet; in Aegypten Chamsin, ein Name, der funfzig bedeutet und entstanden ist, weil der Wind sich vorzugsweise während 50 Tagen zu zeigen pflegt. An der Westküste Africa's endlich heißt dieselbe Erscheinung bei den Negern Harmattan. In den Wüsten zeigen diese Winde vorzugsweise ihre Stärke. Sie erheben große Massen des feinen Sandes in die Atmosphäre, wodurch die Sonne verdunkelt wird, und die ganze Gegend ein Ansehen erhält, als ob man sie durch ein gelbes Glas betrachte. Das Strahlungsvermögen des Sandes erhöht die Temperatur der Luft noch bedeutend, so daß dieselbe, um so mehr, da die Luft in Bewegung ist, sehr empfindlich und unangenehm wird. Der fein vertheilte Sand übt auf die Augen einen schmerzenden Einfluß und die äußerste Trockenheit erschwert nicht nur die Respiration, sondern macht auch die Hitze dadurch empfindlicher, daß sie ein ungemein schnelles Trocknen des Schweißes von der Oberfläche der Haut verursacht. Beide Unannehmlichkeiten haben dann auch bewirkt, daß nur zu oft diesen Winden giftige Eigenschaften beigelegt wurden, die sie in der That nicht besitzen. Es ist ebenso unrichtig, daß Thiere und Menschen sich dadurch gegen den für tödtlich gehaltenen Einfluß der Winde zu schützen suchen, daß sie sich mit dem Gesicht auf den Boden legen; die Reisenden bedecken allerdings das Gesicht mit Tüchern, und Kameele wenden den Kopf abwärts, nicht aber um der Hitze, sondern dem in der Luft schwebenden heißen Sande zu entgehen. Die Richtung dieser Winde ist durchaus keine konstante, sondern sie wehen an dem Rande der Wüste stets aus dem Innern derselben her, daher haben sie an verschiedenen Orten die verschiedensten Richtungen. Außer den bereits genannten Geburtsstätten der heißen Winde finden sich dieselben, von dem Innern Hindostan's wehend, in Pondichery; ferner auf der Hochebene Gobi, in Paramatta und Port Jackson.

In Europa sind ähnliche heiße Südwinde bekannt, wie der Sirocco in Italien, der sich wohl manchmal noch bis in die Schweiz (Föhn) ausbreitet; der Solano in Spanien. Beide zeichnen sich durch Hitze aus, die namentlich in Palermo sehr bedeutend steigt, doch werden sie den Menschen ebenso wenig gefährlich, als die in den Wüsten mit noch größerer Intensität wehenden. Da diese Winde bisjetzt noch fast allgemein als von Africa kommend betrachtet werden, so mußte ihre Temperatur noch mehr durch den Weg über das mittelländische Meer deprimirt sein; sie erlangen dann aber in den stark erhitzten Gegenden des südlichen Italiens und auf Sicilien, sowie in den Ebenen Andalusiens eine neue Temperaturerhöhung, durch welche sie erst so lästig zu werden vermögen. Ebenso sind auf den Steppen des südlichen Rußlands südliche und sehr heiße Winde im Sommer beobachtet worden, deren Entstehung in Africa zu suchen deßwegen weniger Schwierigkeit findet, als ein von dort herabsteigender Luftstrom durch die Rotation eine südwestliche Richtung erhält, jene Gegenden also treffen könnte. Der Sirocco muß, um als Süd- oder Südostwind von Africa nach Italien zu kommen, durch seine Stärke den ablenkenden Einfluß der Rotation überwinden.

§. 135. Tromben. Wasserhosen. Sandhosen.

Wenn bei einer ruhenden Luftmasse ein Wind seitwärts lebhaft vorbeistreicht, so entstehen Wirbel, die mit der Richtung des Windes vorschreiten. Sie sind leicht erkennbar, da leichte Körper, wie Blätter, Spreu u. a. in die Höhe gehoben werden und die kreisende Bewegung annehmen. Eine ähnliche Erscheinung sind die auf dem Meere häufig beobachteten Wasserhosen, deren Bildung durch solche mit größerer Stärke auftretende Wirbel jetzt allgemein erklärt wird, während man früher das ganze Phänomen als ein durch Electricität entstandenes betrachtete. Den meisten Wasserhosen scheint der Impuls zu einer wirbelnden Bewegung in den oberen Luftschichten gegeben zu werden, in denen sich dann durch Mischung zweier Luftmassen die Dämpfe niederschlagen und eine Wolke bilden. Die einzelnen Nebelbläschen, die der drehenden Bewegung folgen müssen, werden nun aber von oben nach unten geführt, und die Wolke immer mehr und mehr der Oberfläche des Meeres genähert, die dadurch zu schäumen beginnt, und durch den fortwährenden Wirbel allmählig in die Höhe gehoben wird. So vereinigen sich meistens Wolke und Meer, und zwar in der Weise, daß die beiden Enden am dicksten, in der Gegend ihrer Vereinigung die ganze Hose am dünnsten ist, und also zwei mit den Spitzen einander zugekehrte Kegel bildet. Häufig ereignet es sich auch, daß keine Vereinigung des Meeres mit der Wolke erfolgt, sondern daß letztere in Gestalt eines umgekehrten Kegels herabhängt und etwa 8 Fuß von der Oberfläche des Meeres entfernt bleibt.

Ebenso bilden sich die Wirbel auch wohl in den unteren Luftschichten, und dann zeigt sich die Erscheinung am Meer zuerst, bleibt entweder auf die Oberfläche desselben beschränkt, oder die Wirbel erheben sich auch bis in die höheren Luftschichten, um das Phänomen nun, wie zuerst beschrieben, vollkommen darzustellen.

Die Wasserhosen haben eine fortschreitende Bewegung, der alle in die Wirbel aufgenommene Körper folgen, und mit entsetzlicher Kraft bei dem Platzen derselben fortgeschleudert werden. Daher ist dieses Phänomen so sehr gefürchtet, und für die in der Nähe befindlichen Schiffe um so gefährlicher, als dieselben der stets in großer Entfernung umher herrschenden Windstillen wegen sich nicht leicht entfernen können. Am häufigsten treten Wasserhosen in Canälen oder an steilen Küsten auf, und nicht selten bewegen sie sich vom Meer aus auf diese zu, überschreiten dieselben, und richten längs ihrer Richtung die fürchterlichsten Verwüstungen an, da Bäume, leichte Häuser und alle nur beweglichen Gegenstände der wirbelnden Gewalt nicht widerstehen können. Auf großen wüsten Sandebenen, wo zur Zeit der größten Hitze vollkommene Windstille herrscht, und der aufsteigende Luftstrom das stabile Gleichgewicht der Atmosphäre gestört hat, sind alle Bedingungen zu einer ähnlichen Erscheinung gegeben. Kalte Luftmassen stürzen aus der Höhe in die Tiefe, und geben Gelegenheit zur Entstehung der Wirbelwinde, deren Wirkung sich dann durch die Bildung von Sandhosen oder Erdtromben bemerkbar macht. Da hier der kalte Luftstrom nicht hinreichend feucht ist, um einen Niederschlag hervorzubringen, so fehlt diesen Erscheinungen die Wolke in den oberen Luftschichten, und somit auch das Mittel zu beurtheilen, ob die Wirbel in den oberen oder unteren Schichten entstanden sind; daher ist es keineswegs nöthig, daß, wenn man die Sandsäulen sich erheben sieht, dies auch der Anfang der Erscheinung sei; die erste Hälfte derselben ist oben nicht bemerkbar gewesen.

Fünftes Kapitel.

Von den electrischen Erscheinungen.

§. 136. Von der electrischen Beschaffenheit der Atmosphäre.

Seitdem man angefangen, mit den empfindlichen Electrometern den Grad der Electricität der Atmosphäre zu untersuchen, hat man dieselbe auch als stets vorhanden darin gefunden. Aeltere Versuche waren theils nicht mit der nöthigen Genauigkeit und in hinreichender Zahl angestellt, theils beschränkten sie sich darauf, den electrischen Zustand während eines Gewitters nachzuweisen, und gaben somit wenig Aufschluß, wie sich in dieser Beziehung die Atmosphäre verhielte. Erweiterte Kenntniß der electrischen Erscheinungen überhaupt, und darauf gegründete genauere Untersuchungen haben daher Manches gelehrt, keineswegs aber irgendwie erschöpfende Resultate geliefert. Die in dieser Beziehung herrschenden Gesetze sind meist noch Hypothesen geblieben; es fehlt ihnen die Zahl der Beobachtungen, die ihre Richtigkeit als endgültig beweist und sie zu Gesetzen erhebt. Es wird daher hier das Wichtigste nur in der Kürze berührt werden. Bei heiterem Himmel enthält die Atmosphäre unwandelbar positive Electricität ($+ E$), deren Stärke jedoch sehr verschieden ist. Die atmosphärische Electricität zeigt eine regelmäßige tägliche Oscillation, die mit den Feuchtigkeitsverhältnissen und mit dem Gange des Cumulus an heiteren Tagen (§. 116.) einen innigen Zusammenhang zeigt. Morgens und Abends tritt ein Maximum, Mittags und bei Sonnenaufgang ein Minimum ein. Ebenso zeigt sich eine jährliche Periodicität, indem $+ E$ am schwächsten Anfang Mai, am stärksten in der Mitte Januar ist, und dadurch dieselbe Aehnlichkeit im Gange mit dem der relativen Feuchtigkeit zeigt. Je höher man sich in den Luftkreis erhebt, um so größer wird die Stärke von $+ E$, eine Erscheinung, die durch die vielfachsten Versuche bestätigt ist.

Zur Erklärung dieses Verhaltens der atmosphärischen Electricität, nimmt man als Quelle derselben folgende Vorgänge in der Luft an.

1) Die Entwickelung von Dämpfen aus dem mit mehr oder weniger Salzen gemischten Wasser*) der Erdoberfläche. Diese durch die unausgesetzte Verdunstung sich bildenden Dämpfe entwickeln Electricität und führen $+ E$ in die Höhe, während im Boden $- E$ zurückbleibt. Ein Theil der in den unteren Schichten befindlichen $+ E$ wird an die im Boden frei zurückgebliebene $- E$ gebunden, daher wird $+ E$ um so stärker, je mehr man sich von der Erde entfernt.

2) Die Entwickelung der Gase durch die Vegetation macht ebenfalls $+ E$ frei, die mit denselben in die Höhe steigt, während $- E$ im Boden zurückbleibt. Pouillet's Arbeiten haben dies direct

*) Verdampfung an sich ist nicht im Stande, Electricität zu entwickeln, sondern nur dann, wenn die Dämpfe aus Lösungen aufsteigen, zu denen sie chemische Verwandtschaft haben. Lösungen von Gasen, Säuren und Salzen theilen den Dämpfen $+ E$ mit, während sie selbst $- E$ behalten.

erwiesen. Es sind aus diesen Ursachen vor allen die condensirten Dünste, also Nebel und Wolken, stärker electrisch als trockne Luft, die außerdem als ein schlechter Leiter auch nicht im Stande ist, Electricität durch Vertheilung an dem Electrometer von ferneren Punkten her bemerkbar zu machen. Nebel zeigt sich stets positiv electrisch, und zwar um so mehr, je dichter derselbe ist. Dasselbe gilt von den Wolken, und natürlich von den daraus gebildeten Niederschlägen. Alle Meteorwasser sind electrisch; die Stärke wie die Art der Electricität ist aber so verschieden, und die näheren Umstände sind so wenig bekannt, daß über die Gründe dieses Vorganges noch sehr wenig bestimmt ist. Die darüber aufgestellten Hypothesen hier übergehend, wende ich mich unmittelbar zu der großartigsten Erscheinung in der Atmosphäre, zu den Gewittern.

§. 137. Bildung und Verlauf der Gewitter.

Gewitterwolken sind meist die in Cumuli und Cumulostrati sehr schnell übergegangenen Cirrostrati, welche an verschiedenen Orten des Himmels sich einzeln gebildet, und theils vereinigt hatten, theils gleichzeitig denselben Prozeß durchmachen, und dann auch einzeln wirken. Zu anderen Zeiten bilden sich auch wohl Cumuli und Cumulostrati in unteren Luftschichten, während in höheren gleichzeitig Federwolken sich fast über den ganzen Himmel ausgebreitet hatten. Dabei ist die Temperatur sehr drückend, und nimmt mit der Höhe ganz besonders schnell ab, wie dies die größere Refraction bei schwüler Gewitterluft zu beweisen scheint. Nähert sich die Gewitterwolke dem Zenith, so erhebt sich mit großer Heftigkeit ein Wind, der von der Gewitterwolke nach allen Seiten zu wehen scheint, und durch die plötzlich in die Tiefe stürzenden kälteren Luftschichten erzeugt wird. Die Luftelectricität hat bis zu dem bezeichneten Vorgange stets zugenommen; hat sie einen bestimmten Grad erreicht, so zeigt sich ein Blitz, der weiter nichts ist, als der nach einem Leiter überspringende electrische Funke. Er zeigt sich in sehr verschiedenartiger Form, entweder seinen Weg gerade nach einem bestimmten Gegenstande nehmend, oder in vielfachen Zickzacks sich gleichsam den besten, d. h. den von guten Leitern bezeichneten Weg suchend; dabei erscheint er als ein einfacher

Lichtstrahl, oder zeigt an seinem Ende anscheinend eine Feuerkugel. Oefters theilt er sich in mehrere Theile, ganz wie der Funke der Electrisirmaschine, mit welchem der Blitz die vollkommenste Aehnlichkeit in allen seinen Erscheinungen zeigt. Die meisten Explosionen sind ein Ueberspringen des Funkens von der Wolke zur Erde; doch auch nicht selten finden Blitze zwischen Wolken unter einander statt, die daher die Erde nie erreichen; sie sind am häufigsten, wenn in mehreren Luftschichten Wolken sich über einander gebildet hatten. Daß mit dem Blitz gleichzeitig öfters ein von der Erde in die Höhe schlagender vorkommt, ist eine vielfach beobachtete Thatsache, die keinesweges an den bei der Maschine überspringenden Funken fehlt, und daher durchaus nichts Unwahrscheinliches hat. Der Blitz hat das Bestreben, stets nach guten Leitern sich hin zu bewegen, und trifft dieselben um so leichter, wenn sie über die Erdoberfläche erhöhte Körper bilden. Gleich nach der Entladung des Funkens stürzt mit großer Heftigkeit in bedeutenden Tropfen Regen herab, der an Stärke allmählig abnimmt, bis eine neue Explosion ihn abermals so heftig auftreten läßt. Außerdem ist jede von dem unter dem Namen Donner bekannten Geräusch begleitet, das sich je nach der Stellung des Beobachters oder der Art des Blitzes, als ein Knall, oder prasselnd oder rollend zu erkennen giebt, wie wenn eine Last stoßweise eine Treppe hinunterstürzte. Der Blitz übt auf die von ihm getroffenen Körper eine sehr verschiedenartige, aber stets zerstörende Wirkung. Er folgt den besten Leitern, um auf dem kürzesten und leichtesten Wege zu Boden zu gelangen; springt daher wohl häufig von einem Gegenstande zum andern über, wenn er auf diesem Wege kürzer zum Ziele gelangt. Metalle sind, wie bekannt, die besten Leiter, daher folgt er ihnen am meisten. Auf dieser Eigenschaft des Blitzes beruht die bekannte Einrichtung der Blitzableiter.

Nächstdem leiten nasse Körper sehr gut; daher sieht man den Blitz in die verschiedenartigsten Körper einschlagen; nicht leitende werden dabei mit einer ungeheueren mechanischen Gewalt zur Seite geschoben, umhergeschleudert und zersplittert. Brennbare Körper werden leicht entzündet, in welchem Fall man im gemeinen Leben von einem heißen Schlage spricht; findet, wie es wohl ebenfalls oft geschieht, nur eine Verkohlung oder gar keine Spur einer Entzündung statt, so spricht man von einem kalten Schlage. Berührt endlich der Blitz den Boden, so werden, sobald derselbe feucht und daher gutleitend ist, die entgegengesetzten Electricitäten sich ausgleichen, daher keine Wirkung nach der Tiefe ausüben. Ist der Boden dagegen noch schlecht leitend, so schlägt der Blitz, wie der electrische Funke durch eine Glastafel, auch wohl in größere Tiefen, in denen die dort befindlichen Körper eine größere Leitungsfähigkeit besitzen. Dabei geht meistens eine chemische Veränderung der Masse vor, durch welche er durchschlägt, indem dieselbe gewöhnlich schnell geschmolzen wird. Auf diese Weise entstehen die bekannten Blitzröhren in sandigen Gegenden und die Verglasungen der Oberfläche fester Gesteinarten, wie sie vielfach beobachtet wurden. Noch ist der häufig mit großer Energie auftretende sogenannte Rückschlag zu erwähnen, durch welchen mehrere Male ebenfalls Menschen und Thiere getödtet wurden. Denkt man sich in nicht zu weiter Entfernung vom Boden eine Wolke mit $+ E$ gefüllt, so wird der darunter befindliche Erdstrich an seiner Oberfläche sehr stark $- E$ angehäuft haben, da durch Vertheilung dieselbe streben wird, mit der darüber befindlichen $+ E$ sich auszugleichen. Wird nun durch einen Blitz der Gleichgewichtszustand der Wolke hergestellt, aber dadurch, daß derselbe nicht nach der Erde, sondern vielleicht nach einer anderen Wolke übergesprungen ist, die $- E$ der Erde an der bestimmten Stelle frei, so muß ebenfalls hier durch eine plötzliche Vertheilung das Gleichgewicht hergestellt werden, aber nicht selten mit einem Schlage, welcher an Kraft einem directen Blitz wenig nachgiebt.

§. 138. Erläuterung des Hergangs bei der Bildung der Gewitter.

Wenn Dämpfe von der Erdoberfläche aufsteigen, so ist bereits früher gezeigt, daß dieselben $+ E$ in die Höhe nehmen und $- E$ sich am Boden anhäuft. Erfolgt nun eine allmählige Condensation derselben zu Dunstbläschen, so wird $+ E$ frei, zerstreut sich, und der electrische Gegensatz wird nach und nach aufgehoben. Wenn hingegen durch die Lebhaftigkeit, womit der warme Luftstrom bei großer Wärme in die Höhe steigt, der Dampf sehr rasch gehoben wird, und durch Winde in den höheren Regionen eine schnelle Condensation erfolgt, so wird die $+E$ an die einzelnen Dunstbläschen gebunden, und die Wolke tritt in den electrischen Gegensatz mit dem Boden. Wolken, besonders Cumuli und Cumulostrati, bilden sich schnell; durch die Beschattung der Erde sinkt die Temperatur, noch mehr aber durch die nun in die Tiefe stürzenden kälteren Luftmassen, die den ersten Anstoß zu den stets nur kurze Zeit dauernden Gewitterstürmen bilden. Die auf diese Weise in entgegengesetzter Richtung wehenden Luftströme vermehren die Electricität der Wolke, indem sie neue Dämpfe ihr zuführen, die sogleich wieder condensirt werden. So wird, wenn man sich des Ausdruckes bedienen darf, die Wolke geladen, die in dem Prozeß die positive Belegung einer Leidener Flasche bildet, während der Boden die negative, die sehr trockene Atmosphäre den Isolator vorstellt. Ehe also der Funke überspringen kann, muß die Electricität genugsam angehäuft sein, d. h. weiter nichts, als, ehe ein Blitz erfolgen kann, muß das Gewitter bereits fertig sein. Daher ist auch die auftretende Electricität nur Folge des Gewitters und nicht Ursache desselben. Kämtz, dem ich hier im wesentlichen gefolgt bin, hat diesen Satz zuerst entwickelt. Haben sich, wie es sehr häufig der Fall ist, mehrere Wolkenschichten über einander gebildet, so wird der $-E$ des Bodens wegen jede einzelne auf der unteren Seite stärker positiv electrisch sein, als auf der oberen; ja es kann letzterer mit $-E$ angefüllt sein. Hierbei sind so viele Verschiedenheiten möglich, daß das Electrometer aufhört, die ferneren Vorgänge mit irgend welcher Klarheit anzugeben, und daß von der ersten Explosion an der Beobachter ihnen zu folgen, nicht mehr im Stande ist. Hypothesen sind daher nur über den weiteren electrischen Verlauf eines Gewitters aufzustellen. Der erste Funke springt endlich über; er erzeugt auf seinem ganzen Wege eine Luftverdünnung, und die zu den Seiten befindlichen Luftmassen stürzen nach diesem Raume zu. Durch die plötzliche Mischung dieser Luftarten muß in der §. 116. näher beschriebenen und von Hutton zuerst angegebenen Weise eine Condensation des Wasserdampfes entstehen, und zwar der schon bestehenden

Nebelbläschen zu Regen und des noch vorhandenen Dampfes zu Bläschen. Dadurch erklärt sich der dem Blitze unmittelbar folgende starke Regen, der nach jeder neuen Explosion mit stets neuer Stärke zu fallen beginnt. Mit dieser einen Explosion ist aber die Wolke nicht entladen; denn einerseits befindet sich die Electricität nicht wie bei einem festen Körper bloß auf der Oberfläche vertheilt, sondern jedes Nebelbläschen scheint seine eigene electrische Atmosphäre zu haben, die um so eher im Innern der Wolke zurückgehalten werden kann, als die einzelnen Bläschen, durch Nichtleiter von einander getrennt, nur sehr schwer ihre Electricität durch Vertheilung an die Oberfläche der Wolke gelangen lassen. Andererseits aber ist der Blitz durch die bewirkte neue Condensirung von Dampf zu Bläschen selbst eine Quelle, die der Wolke ihren Verlust an Electricität ersetzen hilft; der Vorgang wird sich also erneuern, und die Wolke stets durch herabfallenden Regen an $+ E$ verlieren, bis sie vollkommen entladen ist. Das ganze Phänomen wird complicirter, sobald mehrere Wolkenschichten vorhanden sind, welche die zum Theil entladene Wolke durch Vertheilung wieder von neuem laden, und dadurch Ursache der häufig stundenlang anhaltenden Gewitter werden.

Was die Erscheinung des Donners betrifft, so ist derselbe nichts anderes, als das Geräusch des electrischen Funkens bei jeder Entladung einer Flasche; er entsteht durch die bei der gewaltsamen Erschütterung der Luft hervorgebrachten Vibrationen. Nur für den ganz nahe am Punkte des Einschlagens befindlichen Beobachter kann der Donner ein dem Knall ähnliches Geräusch bilden. Der entferntere Beobachter, welchem der langsameren Verbreitung der Schallwellen wegen, das Geräusch nicht von allen Punkten des Blitzes gleichzeitig zugetragen wird, kann daher nur einen mehr anhaltenden Donner hören, der je nach seinem Standpunkt und dem Ort, wo der Blitz stattgefunden, verschiedenartig sein kann. Die in sein Ohr gelangenden Schallwellen rühren von verschiedenen, ungleich weit entfernten Punkten her, und je nachdem die einzelnen Systeme sich in gleichartigem oder entgegengesetztem Sinne treffen, werden sie sich schwächen oder verstärken, oder ganz aufheben, also genau den Gesetzen der Interferenz folgen. Daher entsteht das oft durch Pausen unterbrochene anhaltende Rollen des Donners, dessen Effekt noch vermehrt wird, weil sich damit gleichzeitig das von den Wolken gebildete Echo*) verbindet.

Es ist noch einer chemischen Wirkung des Blitzes zu gedenken, die derselbe mit dem electrischen Funken gemein hat. Er bewirkt nämlich eine chemische Verbindung der Bestandtheile der Atmosphäre zu Salpetersäure, die auch wirklich von Berzelius in dem Wasser der Gewitterregen meistens mit Kalk oder Ammoniak gesättigt gefunden worden ist.

§. 139. Verbreitung der Gewitter.

Die Zahl der jährlichen Gewitter ist verschieden je nach der geographischen Lage und den Jahreszeiten. Unter den Tropen herrscht auch in dieser Beziehung, wie in allen Phänomenen des Luftkreises, die größte Regelmäßigkeit. Die schmale Zone der Calmen ist der Ort, wo das ganze Jahr hindurch die Gewitter fast beständig herrschen; sie sind dabei häufig von heftigen Orkanen begleitet und treten mit einer, in anderen Gegenden nicht gekannten Heftigkeit und Großartigkeit auf. In der Region der Passate und Monsune sind die Gewitter nur in der Regenzeit gekannt, erscheinen während derselben aber mit größter Regelmäßigkeit täglich genau zur selben Zeit, und obgleich heftig in ihrem Verlauf, halten sie doch niemals sehr lange an. Die völlig regenlose Küste Peru's, deren Temperatur durch die sie bespülende Humboldtsströmung sehr erniedrigt wird, kennt auch keine Gewitter; ein Donnerschlag ist ein Ereigniß für dortige Geschichtschreiber, das sie kommenden Geschlechtern glauben nicht verschweigen zu dürfen.

In den gemäßigteren Klimaten nimmt die Vertheilung der Gewitter denselben Gang als die Wärme; ihre Zahl nimmt also ab von Süden nach Norden, und von den Küsten nach dem Innern

*) Der Knall schwerer Geschütze ist mit einem mehr rollenden Geräusch verbunden, wenn Wolken zwischen Geschütz und Ziel stehen, als wenn der Himmel ganz heiter ist, was nur durch Reflexion der Schallwellen an der Wolke erklärt werden kann.

des Landes; in Europa also von Italien durch Deutschland, über Skandinavien nach Grönland (in sechs Jahren wurde eins bemerkt), und von Frankreich durch Deutschland, Rußland bis in das Innere Asien's.

Was die Vertheilung der Gewitter in den verschiedenen Jahreszeiten betrifft, so ist bereits das für die Tropen Geltende gesagt. Außerhalb derselben sind die Gewitter allerdings vorzugsweise vorherrschend in der wärmeren Jahreszeit, aber auch hier finden mannigfache Modificationen statt. So sind besonders hohe und steile Westküsten der Bildung von Wintergewittern günstig, so die Westküste von Skandinavien, die 45 Prozent ihrer Gewitter im Winter hat. Orkaden, Shetlands-Inseln, Faröer, die Westküste Schottlands und die hohe Steilküste Nordamerica's theilen diese Eigenschaft, die in letztgenanntem Fall so bedeutend wird, daß auf Sitcha die Sommergewitter fast gänzlich fehlen. Bewegt man sich an diesen Küsten nach dem Innern der Continente, so nehmen dieselben um so mehr ab, je weiter man nach Osten oder nach Norden vordringt. Auf der Ostküste Skandinaviens, wie überhaupt in Europa etwa 20° östlich von Paris, sind die Wintergewitter gänzlich verschwunden.

§. 140. Hagel

Der Hagel ist für die Meteorologie eines der schwierigsten Phänomene. Seiner verheerenden Wirkung wegen ist er allgemein gefürchtet, und in seiner äußeren Erscheinung fast allgemein gekannt; es wird daher hier nur kurz das Nöthigste darüber gesagt, zumal da über die Entstehung noch sehr viel Ungewißheit herrscht.

Die Größe der einzelnen Hagelkörner ist im Allgemeinen die einer Haselnuß; in vielen Fällen kleiner, in vielen noch größer, obgleich in letzterer Beziehung die vielfachsten Uebertreibungen bekannt gemacht und auch häufig geglaubt wurden.

Nach den zuverlässigsten Angaben im Marimo etwa ½ Pfund schwer, besteht das Hagelkorn aus einem undurchsichtigen Kern und einer durchsichtigen darum gelagerten Eisrinde, in der sich häufig mehrere Schichten unterscheiden ließen. Die Form der Körner ist sehr verschieden, doch wie dies auch beim Schnee bemerkt wurde, meist bei jedem ununterbrochenen Falle vorherrschend dieselbe; die birnförmige Gestalt ist am häufigsten beobachtet worden; doch auch nicht selten besitzen sie die eines Kugelsegments, oder auch wohl eine eckige.

Die äußeren Erscheinungen eines Hagelwetters sind denen bei der Bildung eines Gewitters sehr ähnlich, ja zur vollständigen Ausbildung des Hagelwetters sind alle die Bedingungen nothwendig, die ein Gewitter hervorbringen; daher das so häufige gemeinschaftliche Auftreten des Hagels und des Gewitters; daher aber auch die so weit verbreitete Ansicht, daß das Hagelwetter eine wesentlich electrische Erscheinung sei. So wenig der ganze Hergang bisher wissenschaftlich über jeden Zweifel erhaben festgestellt ist, so wenig nimmt man doch noch an, daß die Electricität die bildende Ursache sei. Die Electricität tritt auch hier nur in Folge des Hagelwetters ein, wie dies ebenso bei dem Gewitter der Fall war. Daß diese Niederschlagsform erst hier angeführt wird, hat seinen Grund in der Uebereinstimmung der Entstehung eines Hagelwetters mit einem Gewitter, weßhalb diese Erscheinung vorangeschickt werden mußte.

Daß der Niederschlag auch im Sommer in fester Form zu erfolgen vermag, sucht man durch die, bei Hagelwettern sehr schnelle Abnahme der Temperatur mit der Höhe zu erklären. Wie bei den Gewittern wirkt die Sonne vor der Wolkenbildung lebhaft auf den Boden ein, kein Lüftchen weht, die Temperatur steigt ungewöhnlich rasch und der mit großer Schnelligkeit aufsteigende warme Luftstrom führt viel Wasserdampf in die Höhe. Nach Beobachtungen nimmt unter solchen Verhältnissen die Temperatur mit je 40 Toisen etwa um 1° C. an Wärme ab; es herrschte bei 12000 Fuß Höhe eine Temperatur von — 25°, und die so hoch gehobenen Dämpfe condensirten sich vielleicht noch höher zu feinen Eisnadeln, dem Auge in Gestalt von einem feinen Cirrus sichtbar. Erst wenn die Atmosphäre so feucht ist, daß sich in tieferen Regionen Haufenwolken bilden, können die Schneeflocken aus der Höhe herabfallen ohne zu verdunsten. Das labile Gleichgewicht der Atmosphäre wird leicht durch einen Windstoß gestört; kalte Luftmassen stürzen in die Tiefe und während die Schneeflocken durch dieselben zu Körnern geballt nach der Tiefe fallen, treffen sie die niedern Wolkenschichten, condensiren neuen Dampf auf ihrer Oberfläche, und, falls ihre Temperatur niedrig genug ist, verwandeln sie denselben in Eis. Dadurch vergrößern sie sich unter solchen günstigen Umständen, während andererseits sie auch unterwegs schmelzen können. Dies beweist der häufige Hagel auf Gebirgen unter den Tropen, während er in den Ebenen fast nie vorkommt. Die Temperatur bleibt also dort so hoch, daß sie die schnell herabfallenden Hagelkörner in Regentropfen verwandelt, während die Temperaturerniedrigung in höheren Breiten durch die herabsinkenden Luftmassen so bedeutend ist, daß der Niederschlag noch in fester Form die Erde erreicht. Sind diese Bedingungen also erfüllt, so erklärt sich auch durch das Herabsinken des kalten Luftstromes dies oft beobachtete Rascheln oder Rauschen bei Beginn eines Hagelwetters, die birnförmige Gestalt der Körner und die Thatsache, daß bei einem und demselben Hagelwetter höher gelegene Gegenden weniger litten, als tiefer gelegene. Zwischen Bergen kann der herabstürzende Luftstrom die warmen Luftschichten nicht leicht verdrängen, sie werden daher den Hagel schmelzen, und in warmen Thälern (Engadin u. a.) wird es nie hageln.

Diese Andeutungen mögen genügen, das Wahrscheinlichste bei dem Prozeß anzugeben; doch bleibt noch Manches dabei dunkel und unerklärt, wie aus der gründlichen Erörterung dieses Gegenstandes von Kämtz hervorgeht.

Von dem eigentlichen Hagel unterscheidet man das im Winter und Frühling häufig beobachtete Graupeln. Die dabei fallenden Körner sind kleiner, meistens 1—2 Linien Durchmesser, rund und fast stets undurchsichtig, ähnlich zusammengekittetem Schnee. Ihre Bildung scheint sich durch Nichts als durch die Größe von dem eigentlichen Hagel zu unterscheiden, der im Sommer, durch die feuchtere Atmosphäre fallend, leicht eine größere Ausdehnung annehmen kann.

§. 141. Wetterleuchten. Wetterabkühlen.

Das unter dem Namen Wetterleuchten bekannte Phänomen besteht in den häufig des Abends beobachteten Blitzen, aus tief am

Horizont stehenden Wolken. Es sind dies Gewitterwolken, deren Entfernung zu groß ist, als daß man den Donner noch hören könnte. Eine andere davon verschiedene Erscheinung sind die an heißen Sommerabenden nach Sonnenuntergang häufig beobachteten Blitze, während der Himmel durchaus unbewölkt ist, das sogenannte Wetterabkühlen. Diese leuchtende Erscheinung dehnt sich rings am ganzen Horizont aus, und ist sogar im Zenith beobachtet worden, weßhalb die obige Erklärung sich hierauf nicht anwenden läßt. Einige halten diese Erscheinung für glänzende den Sternschnuppen ähnliche Meteore, andere für die Ausströmung starker Electricität, ohne daß ein electrischer Gegensatz stattfinde, der den eigentlichen Blitz hervorbringen könnte; noch eine andere Hypothese besteht darin, daß eine leitende Schicht den Gegensatz der Electricität in der Atmosphäre und der am Boden durch Vertheilung ausgleiche, was allmählig und ohne Detonation vor sich gehe.

Es sind dies bisjetzt noch nicht völlig erwiesene Hypothesen.

§ 142. St. Elmsfeuer.

Bei Gewittern oder einem stark electrischen Zustande der Atmosphäre bemerkt man an erhöhten Gegenständen, wie Thurmspitzen, Mastbäumen, kleine rauschende Flammen, die stets ohne Schaden wieder verschwinden. Es ist diese Erscheinung durchaus electrischer Natur, und eigentlich Nichts als das an den Spitzen ausströmende electrische Licht. Ist die Electricität der Atmosphäre sehr stark, so erscheint es auch vielfach an niedrigen Gegenständen; wie bei herabfallendem Schnee die Zweigspitzen niedriger Bäume, die Schneeflocken selbst und viele damit bedeckte Gegenstände leuchtend beobachtet wurden.

Sechstes Kapitel.

Von den optischen Erscheinungen.

§. 143. Farbe des Himmels.

Der heitere klare Himmel erscheint mit einem Blau gefärbt, das in verschiedenen Höhen über dem Horizont nicht dasselbe ist.

Im Zenith ist es dunkler, und wird um so heller, je weiter es davon entfernt ist; ebenso wird die Färbung immer intensiver, je höher man sich über die Ebene erhebt, eine Erscheinung, die sowohl bei aerostatischen Reisen, als bei dem Ersteigen hoher Berge stets beobachtet wird. Wäre die Luft vollkommen durchsichtig, so würde man keines von beiden beobachten können; das Himmelsgewölbe würde dann schwarz, und Sonne, Mond und Sterne als glänzende Scheiben stets sichtbar sein. Die einzelnen Lufttheilchen haben aber nicht die Eigenschaft, alles auf sie fallende Licht vollkommen durchgehen zu lassen, sondern sie reflectiren einen Theil davon, wodurch der ganze Himmel hell erscheint. Dieser Lichtreflexion wegen kann man auch bei Tage Mond und Sterne nicht sehen. Es ist dieselbe aber durchaus nicht gleichmäßig bei den verschiedenen Strahlen des Spektrums. Die blauen Strahlen werden vorzugsweise reflectirt, während die rothen von den Lufttheilchen mehr durchgelassen werden. Es wird also der Himmel anscheinend mit einem gleichmäßigen Blau überzogen. Je höher man sich nun erhebt, desto dünner wird die das blaue Licht reflectirende Luftschicht, also desto dunkler muß das Himmelsgewölbe erscheinen. Aus demselben Grunde ist die Gegend um den Zenith tiefer blau gefarbt, als in der Nähe des Horizontes, denn hier ist die Luftschicht, durch welche das Licht seinen Weg nehmen muß, größer.

Die in der Luft schwebenden Wasserdämpfe tragen auch viel zu der ungleichen Färbung des Himmels bei. Zu feinen Nebeln condensirt, geben sie demselben ein mehr weißliches Ansehen. Daher sind sie die Mitursache der beiden oben genannten Erscheinungen und erklären außerdem leicht die allgemein bekannte Thatsache, daß unter den Tropen der Himmel mit einem tieferen gleichmäßigeren Blau gefärbt ist. Die Luft ist dort oben trockener. Saussure construirte ein Instrument, um die verschiedenen Abstufungen des Blau zu vergleichen und nannte es Cyanometer. Er bestimmte von Weiß durch Blau allmählig bis zu Schwarz übergehend 53 verschiedene Schattirungen, die er Grade nannte, und suchte nun stets durch Vergleichung den der Färbung des Himmels entsprechenden Grad zu finden. Auf diese Weise kann man das Blau der verschiedenen

Orte am Himmelsgewölbe in den verschiedenen Tages- und Jahreszeiten messen; doch sind bisjetzt wenige Bestimmungen damit gemacht worden.

§ 144. Morgen- und Abendröthe

Wenn Wasserdampf in vollkommener Gasform der Atmosphäre beigemengt ist, so ist er für die Sonnenstrahlen vollkommen durchsichtig und daher farblos; ist derselbe zu Nebelbläschen verdichtet, so wird er bei größerer Dicke vollkommen undurchsichtig, und wirft einen Schatten wie ein fester Körper; bei geringerer Dicke bleibt er durchscheinend aber farblos. Im Uebergangszustande ist der Wasserdampf dagegen durchscheinend und rauchroth, eine Erscheinung, die daher einer besonderen Stufe der Verdichtung anzugehören scheint. Es ist diese Thatsache von Forbes bei der Beobachtung des Sicherheitsventils eines Dampfwagens gemacht und zur Erklärung der bekannten Morgen- und Abendröthe angewendet worden.

Bei Sonnenuntergang verliert der Boden und die Luftschichten durch Strahlung eine größere Menge Wärme, und der in der Atmosphäre enthaltene Wasserdampf geht von der Gasform allmählig durch Verdichtung in Nebelbläschen über. Bei diesem Uebergange läßt er die rothen und gelben Sonnenstrahlen durch, wodurch die Abendröthe erzeugt wird. Die Morgenröthe kann nur dann entstehen, wenn im Luftkreis ein Ueberschuß von Dampfgehalt in dieser Uebergangsstufe enthalten ist, da die Sonne durch ihre Einwirkung ihn erst dann hervorbringen könnte, wenn sie höher am Horizont steht, und daher die Bedingungen zur Bildung einer Morgenröthe nicht mehr vorhanden sind. Daher ist diese Erscheinung auch ein sicherer Vorbote von Regen, denn es war mehr Dampf in der Atmosphäre als während der Nacht sich niederschlagen konnte. Dagegen deutet die Abendröthe auf schönes Wetter.

Von dieser Erklärung der beiden oben besprochenen Erscheinungen weicht die frühere noch von vielen Naturforschern anerkannte ab. Man sagte nämlich: Da die Lufttheilchen die blauen Strahlen des Spektrums reflectiren und die rothen und gelben durchlassen, so müssen die blauen fast ganz verschwinden, wenn der Weg, den die

Sonnenstrahlen durch die Atmosphäre machen, sehr verlängert wird. Steht die Sonne in der Nähe des Horizontes wie beim Auf- und Untergange, so ist dies der Fall, die blauen Strahlen gelangen also nicht mehr in unser Auge, sondern nur die rothen und gelben, und verursachen auf diese Weise die Morgen- und Abendröthe. Es müßte in diesem Fall aber das Blau des Himmels die complementäre Farbe zu dem Purpur der Abendröthe sein, was jedoch nicht der Fall ist. Daher dürfte die von Forbes gegebene Erklärung als die naturgemäßere betrachtet werden können.

§. 145. Dämmerung.

Der Uebergang vom Tage zur vollkommenen Dunkelheit der Nacht ist kein plötzlicher, sondern ein durch die Dämmerung vermittelter. Sobald die Sonne unter den Horizont eines Ortes tritt, erhält dieser von ihr keine directen Strahlen mehr; es werden aber die Luft und die in ihr schwebenden Wassertheilchen von der Sonne noch erleuchtet, und beide verbreiten daher noch so lange ein mehr und mehr abnehmendes Licht über den Ort, als die höchsten Luftschichten am westlichen Horizonte noch beschienen werden. Dieser Zeitraum ist in verschiedenen Gegenden sehr ungleich lang. Die Länge der Dämmerung hängt natürlich von der Zeit ab, welche die Sonne braucht, um so weit unter den Horizont zu sinken, daß die höchsten Luftschichten eines Ortes nicht mehr beschienen werden. Im Allgemeinen tritt dies ein, wenn die Sonne 17 — 18° unter dem Horizont ist; doch treten in den verschiedenen Jahreszeiten innerhalb dieser Grenzen Verschiedenheiten ein, die durch die Sonnenhöhe und den Dampfgehalt bedingt werden. Die Dauer der Dämmerung nimmt daher von dem Aequator nach den Polen hin zu, denn die Sonne braucht mehr Zeit, um 18° unter den Horizont zu kommen, wenn ihre Bahn gegen denselben sehr geneigt ist, als wenn sich dieselbe einem rechten Winkel nähert. Unter dem Aequator dauert sie nur wenige Minuten, in unseren Breiten über eine Stunde, ein Unterschied, dessen Größe mit dadurch hervorgebracht wird, daß die Luft unter den Tropen äußerst rein ist, während in höheren Breiten zarte Nebel in den höchsten Luftregionen häufig sind und eine Verlängerung der Dämmerung durch starke Lichtreflectionen bewirken.

§. 146. Sternfunkeln.

An Fixsternen beobachtet man häufig, daß sie nicht unverändert an ihrer Stelle stehen, sondern zu zittern scheinen, ihre Farbe wechseln und mit verschiedener Lichtintensität leuchten. Es tritt diese Erscheinung meist bei den Sternen am stärksten auf, die in der Nähe des Horizontes stehen, und ist nicht gleich stark in verschiedenen Gegenden der Erde und in verschiedenen Jahreszeiten. Der Grund des Sternfunkelns sind stets Unregelmäßigkeiten in der Atmosphäre, welche die astronomische Strahlenbrechung abändern. Geht ein Lichtstrahl aus einem Medium in ein anderes über, das entweder dichter oder weniger dicht als ersteres ist, so wird er abgelenkt und zwar nach Gesetzen, die aus der Lehre der Optik bekannt sind. Es wird daher das, von einem Stern zur Erdoberfläche gelangende Licht bei dem Durchgange durch die verschiedenen Schichten von ungleicher Dichte und Wärme in der Atmosphäre keinen gradlinigten Weg verfolgen können; so lange dieselbe aber im Gleichgewicht ist, wird der Stern dem Beobachter in Ruhe erscheinen. Geht in den oberen Schichten der Atmosphäre jedoch eine Veränderung vor, entweder durch Bewegung oder durch Mischung verschiedener Luftarten, so wird der Strahl auf seinem Wege durch warme und kalte oder trockene und feuchte Luftschichten abgelenkt, erscheint dem Auge also in verschiedenen Zeitmomenten als von verschiedenen Orten kommend. Es erklärt sich daher auch leicht, weßhalb bei Planeten die Erscheinung weniger oft bemerkt wird. Dieselben haben einen, bei weitem größern Durchmesser, und es ist daher eine Ortsveränderung von geringer Ausdehnung schwerer bemerkbar, während die fast als leuchtende Punkte erscheinenden Fixsterne die geringste Aenderung anzeigen. Planeten erscheinen unter denselben Umständen durch Fernröhre meist nur mit einem zitternden Rande, eine Erscheinung, die auch an der Sonne häufig beobachtet worden ist. Der dabei eintretende, und öfters beobachtete Farbenwechsel ist zuerst von Arago durch die dabei auftretende Interferenz beider Lichtstrahlen genügend erklärt worden, aus welcher auch die verschiedene Lichtintensität während des Funkelns abgeleitet wird.

§. 147. Luftspiegelung.

Unregelmäßigkeiten in der Atmosphäre bewirken ebenfalls in der terrestrischen Strahlenbrechung große Abweichungen, und verursachen Erscheinungen, die lange Zeit zu den wunderbaren gehörten. In Aegypten, wo die Bedingungen zu einer Luftspiegelung häufig gegeben sind, wurde dies Phänomen auch zuerst erklärt, und später durch Versuche vielfach nachgebildet. Wenn große Temperaturverschiedenheiten in nahe aneinander liegenden Luftschichten herrschen, ohne daß sie durch Bewegung ausgeglichen werden, so wird der durch dieselben gehende Lichtstrahl abgelenkt. Wie bekannt, geschieht diese Ablenkung nach dem Einfallsloth hin, wenn der Strahl aus einem dünneren in ein dichteres Mittel übergeht; vom Einfallsloth ab, wenn der umgekehrte Fall stattfindet. Ist also die Luft am Boden sehr heiß im Vergleich zu den wenige Fuß darüber befindlichen Luftmassen, also auch viel dünner, so wird ein entfernter Gegenstand auf zwei Wegen in das Auge des Beobachters fallen können, nämlich auf dem directen von A nach P und auf dem mehrmals gebrochenen von A und B C D E F G nach P. Das in P befindliche Auge wird den Gegenstand also einmal in A, das anderemal in der Richtung PGA, erblicken.

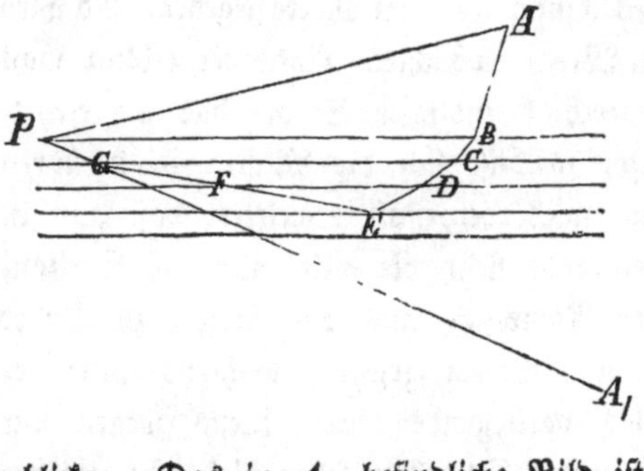

Das in A, befindliche Bild ist ein umgekehrtes, und gewöhnlich von dem darüber aufrechtstehenden durch einen Zwischenraum getrennt; der Boden bleibt nicht sichtbar und eine zitternde Bewegung beider Bilder bewirkt, daß man die ganze Erscheinung als eine Spiegelung im Wasser ansieht, bis man nahe genug ist, um die Täuschung zu erkennen. Diese Art der Luftspiegelung ist besonders in Aegypten häufig, wo auf dürren Sandebenen der Boden sehr stark erwärmt wird, und den unteren Schichten durch Strahlung seine Temperatur mittheilt; es ist diese Erscheinung oft Veranlassung zu der unangenehmen Täuschung gewesen, nach einem langen Marsche in der glühendsten Hitze einen nahe geglaubten See sich in Nichts auflösen zu sehen.

Nimmt dagegen die Temperatur in den untersten Schichten sehr rasch vom Boden nach der Höhe zu, so sind die oberen Luftmassen bedeutend leichter und dünner als die unteren, und ein Gegenstand kann wiederum auf zwei verschiedenen Wegen in das Auge des Beobachters gelangen, nämlich auf dem directen Wege von *A* nach *P*, oder auf dem vielfach gebrochenen von *A* über *B C D E F G* nach *P*. Das Auge sieht also nicht nur den Gegenstand in *A*, sondern auch sein Bild in *A*, und zwar ebenfalls umgekehrt. Die Bedingungen zu dieser Art der

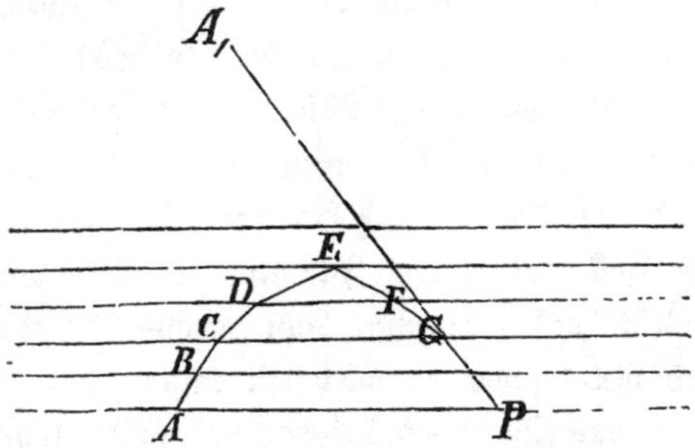

Luftspiegelung sind besonders häufig auf dem Meere gegeben. Es wird dieselbe hier auf doppeltem Wege beobachtet. Entweder erblickt man von einem am Horizonte noch befindlichen Schiffe das umgekehrte Schiff darüber in der Luft, so daß sich die Masten zu berühren scheinen, oder der Horizont wird dergestalt erweitert, daß man in Entfernungen deutlich Gegenstände sieht, die weit unter dem Horizont liegen. So hat Vince von Ramsgate aus das Schloß zu Dover eines Abends deutlich bis zum Boden gesehen, während unter gewöhnlichen Umständen eines vorliegenden Bergrückens wegen nur dessen vier Thürme sichtbar sind. Seefahrer sehen diese Erscheinung öfter, und es sind viele Thatsachen gesammelt, nach denen Schiffe bemerkt wurden, deren Mastspitzen noch unter dem Horizont waren. Sind die Theilungsflächen der ungleich erwärmten Luftschichten nicht horizontal, wie bisjetzt angenommen, sondern durch irgend welche Umstände vertical, so erscheinen die beiden Bilder eines Gegenstandes neben einander. Eine solche seitliche Luftspiegelung (Mirage latéral)

ist auf dem Genfer-See beobachtet worden, als diese ungleiche Erwärmung durch die langen Schatten des einen Ufers hervorgebracht war.

Nicht selten werden die Luftbilder durch unbedeutende Bewegungen in der Atmosphäre verzerrt und bewegt, und da häufig der Gegenstand selbst verborgen bleibt und nur sein in der Tiefe schwebendes Bild beobachtet wird, so hat diese unter dem Namen Fata morgana in Italien bekannte Erscheinung lange in die Reihe der Wunder gehört. Mit dem Fortschritt der Wissenschaft löst sich aus derselben ein Glied nach dem andern.

§. 148. Höfe um Sonne und Mond Nebensonnen und Nebenmonde.

Die Höfe um die Sonne sind seltener beobachtet worden, als die Mondhöfe, weil die Intensität des Sonnenlichtes zu groß ist, um eine unmittelbare Beobachtung vorzunehmen. Kämtz, der sich zu dergleichen Untersuchungen stets eines geschwärzten Spiegels bediente, glaubt, daß wenigstens 60 Mal im Jahre Erscheinungen dieser Art in unseren Klimaten sichtbar sind, wenn dieselben auch nicht vollständig, sondern nur stückweise auftreten. Die Höfe selbst sind verschiedener Art, sowohl ihrer Entstehung als ihrem Ansehen nach.

Die sogenannten kleineren Höfe bestehen aus farbigen Ringen, die sich um die Sonne bilden. Die Reihenfolge der Farben ist von Innen nach Außen blau, gelb und roth; unter ganz besonders günstigen Umständen wiederholt sich dieselbe auch wohl öfters. Diese Anordnung der Farbe beweist, wie aus der Optik bekannt ist, daß man es mit keiner Brechung des Lichtes, sondern nur mit einer Beugung desselben zu thun hat; wie überhaupt die ganze Erscheinung eine auffallende Aehnlichkeit mit der Glorie zeigt, welche entsteht, wenn man eine Kerzenflamme durch eine mit Semen lycopodium bestreute Glasplatte betrachtet. Da nun diese kleineren Höfe fast nur dann beobachtet werden, wenn ein leichter Wolkenschleier den Himmel verhüllt, so wird dies Phänomen zu den Interferenzerscheinungen gezählt, indem die in der Luft schwebenden Dunstbläschen die feinen Staubtheilchen der Glasplatte vertreten

Es zeigt sich häufig eine von der oben beschriebenen abweichende Erscheinung. Farbige Ringe, und zwar bei vollkommener Ausbildung zwei größere Kreise, erscheinen um die Sonne, doch in umgekehrter Reihenfolge der Farbe, so also, daß das Roth bei ihnen nach innen gekehrt ist. Der Winkel, unter welchem sie von der Sonne abstehen, beträgt bei dem kleineren 22 — 23°, bei dem größeren 46 — 47°. Diese werden häufig durch andere Kreise oder nur stückweise durch Streifen von größerer Lichtintensität aber ohne Farben durchschnitten, oder berührt. In seiner vollkommenen Ausbildung ist das ganze Phänomen nur selten beobachtet worden.

Die farbigen Ringe entstehen nach einer von Mariotte gegebenen und allgemein angenommenen Hypothese durch Brechung der Sonnenstrahlen in den Eiskrystallen. Bilden die Eisnadeln sechsseitige Säulen, so beträgt das Minimum der Ablenkung der Sonnenstrahlen 23°. Fallen dieselben so auf das Prisma, daß der rechte Winkel, den die Basis mit den Seitenflächen bildet, der brechende ist, so beträgt das Minimum der Ablenkung 46°, die beiden farbigen Ringe sind also sowohl in ihrem Abstand als in der Anordnung ihrer Farben durch die Brechung in den Eiskrystallen erklärt. Was die leuchtenden und farblosen Kreise betrifft, so erklären sich dieselben sehr gut durch einfache Reflektion der Sonnenstrahlen von den Seitenflächen der Eisnadeln, und somit erläutert diese Hypothese sämmtliche Erscheinungen der größeren Höfe. Dazu kommt noch, daß dieselben fast ausschließlich dann beobachtet sind, wenn feine Federwolken am Himmel vertheilt sind, die ja, wie §. 116. erörtert, als aus Eisnadeln bestehend angenommen werden. Da wo die hellen Streifen den Lichtring durchschneiden, ist die Luftintensität am größten, und diese Stellen sind die bekannten Nebensonnen. Meist sieht man deren nur zwei horizontal zu beiden Seiten der Sonne; öfters auch drei, ja es sind deren schon fünf gleichzeitig beobachtet worden. Nebensonnen und Höfe treten aber nicht immer vereint auf; häufig ist schon das eine ohne das andere beobachtet worden.

§. 149. Regenbogen.

Es bleibt unter den optischen Erscheinungen der Atmosphäre, mit denen die Meteorologie schließt, nur noch die bekannte Erscheinung des Regenbogens zu erörtern. Ein Regenbogen entsteht, wenn man eine regnende Wolke vor sich, die Sonne hinter sich hat; er ist eine Folge der Brechung des Lichtes in den herabfallenden Regentropfen und um die Erscheinung zu erklären, ist daher nöthig, den Weg des Lichtes in einzelnen Regentropfen näher zu verfolgen. Ohne auf die speciellen Gesetze der Optik, die hier als bekannt vorausgesetzt werden, näher einzugehen, soll die Theorie des Regenbogens nur ganz kurz berührt werden. Trifft ein Sonnenstrahl den kugelförmigen Regentropfen, so wird er nach den bekannten Gesetzen der Optik in demselben zweimal gebrochen und einmal reflektirt. Daraus geht hervor, daß die parallel auf den Tropfen fallenden Strahlen divergirend aus demselben heraustreten, und natürlich an Lichtstärke sehr verlieren. Ja es werden dem Beobachter nur die überhaupt einen merklichen Lichteindruck zu machen im Stande sein, deren Divergenz ein Minimum ist, oder was dasselbe sagt, die fast parallel heraustreten.

Konstruirt man nun den Weg der verschieden einfallenden Sonnenstrahlen im Regentropfen, so sieht man, daß z. B. bei dem Brechungsexponent für Wasser = 1,33, die nahe unter 59° einfallenden Strahlen fast parallel unter 42° 30′ wieder austreten, daher allein im Stande sind, einen Lichteffect auf das Auge des Beobachters hervorzubringen. Denkt man sich daher von der Sonne durch das Auge eine Linie gezogen, so werden alle um 42° 30′ von derselben entfernten Regentropfen einen Lichteindruck machen, d. h. der Beobachter wird in dieser Entfernung einen halben Ring sehen. Da der angenommene Brechungsexponent für Wasser = 1,33 der für das rothe Licht ist, so sieht das Auge den erwähnten Ring roth und zwar in einer Breite von 30′, da die Sonne kein leuchtender Punkt, sondern eine Scheibe von 30′ scheinbarem Durchmesser ist. Führt man dieselbe Construktion für den Brechungsexponent der violetten Strahlen = 1,34 aus, so ergiebt sich das Minimum der Divergenz bei einer Ablenkung von 40° 30′, das Auge sieht daher den violetten Ring concentrisch mit dem rothen, von derselben Breite, aber in der Entfernung von 40° 30′. Zwischen beiden Farben als den Grenzen setzen sich die übrigen prismatischen Farben nach dem Verhältniß ihrer Brechungsexponenten zu einem kreisrunden Spektrum von etwa 2° Breite zusammen, und bilden die bekannte Erscheinung des Regenbogens. Es geht aus obiger Bedingung hervor, daß ein Regenbogen nicht mehr sichtbar ist, sobald die Sonne 42° 30′ über dem Horizont steht, daß er am größten für den in der Ebene stehenden Beobachter, also als ein Halbkreis erscheint, wenn die Sonne auf oder untergeht, daß endlich mehr als ein Halbkreis sichtbar sein kann, wenn der Beobachter auf einem erhöhten Punkt steht.

Häufig beobachtet man einen zweiten größeren, aber bei weitem lichtschwächeren Bogen. Derselbe entsteht ganz auf dieselbe Weise, wie der oben erwähnte, also nicht wie so häufig irrthümlich geglaubt wird, durch Spiegelung. Die auf den Regentropfen fallenden Sonnenstrahlen werden in demselben zweimal gebrochen, und zweimal reflektirt, und es treten dadurch die Farben in umgekehrter Anordnung auf, also inwendig roth und auswendig violett. Der Radius des rothen ist 50°, der des violetten Ringes 53½°, so daß der ganze Bogen 3½° breit ist.

Man würde einen dritten, vierten u. s. w. Regenbogen betrachten können, jedesmal entstehend durch drei-, vier- u. s. w. malige Spiegelung im Tropfen, wenn das Licht nicht dadurch so geschwächt würde, daß jeder Eindruck verloren geht.

Druck von Carl Schultze in Berlin, breite Straße 30.

KARTE der ISO

nebst Angabe der Mee

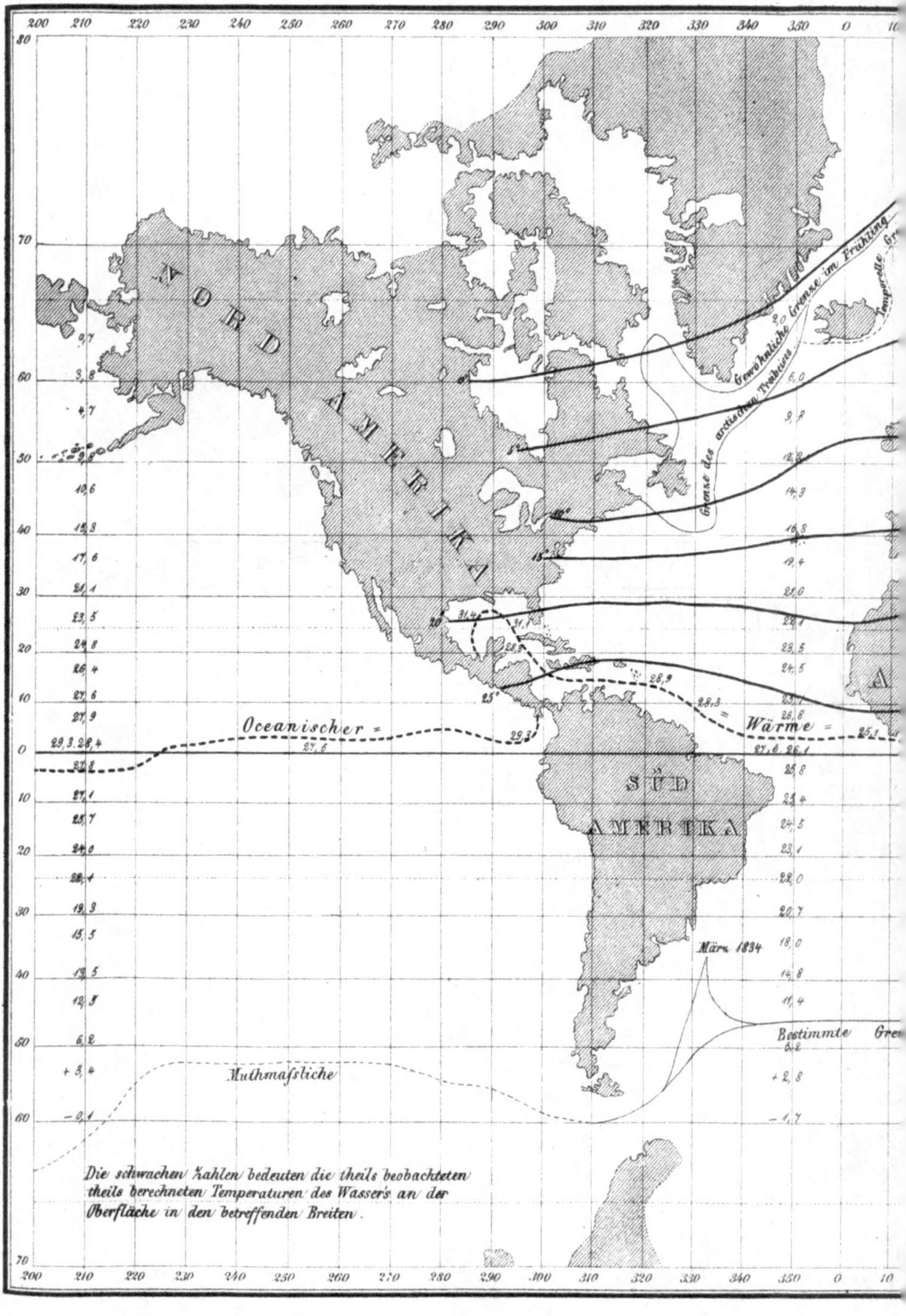

nach **KAEMTZ**,

Kaemtz und Berghaus.

Taf. 1.

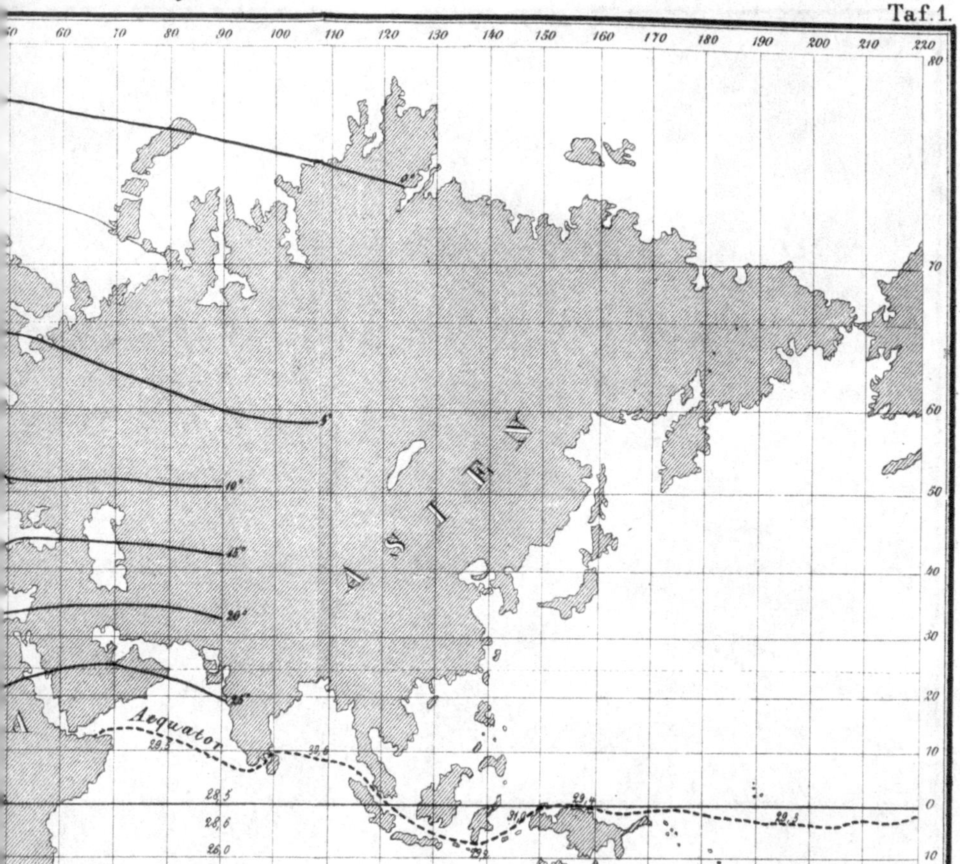

Lith. Anst. v. L. Kraatz in Berlin.

ISOGO

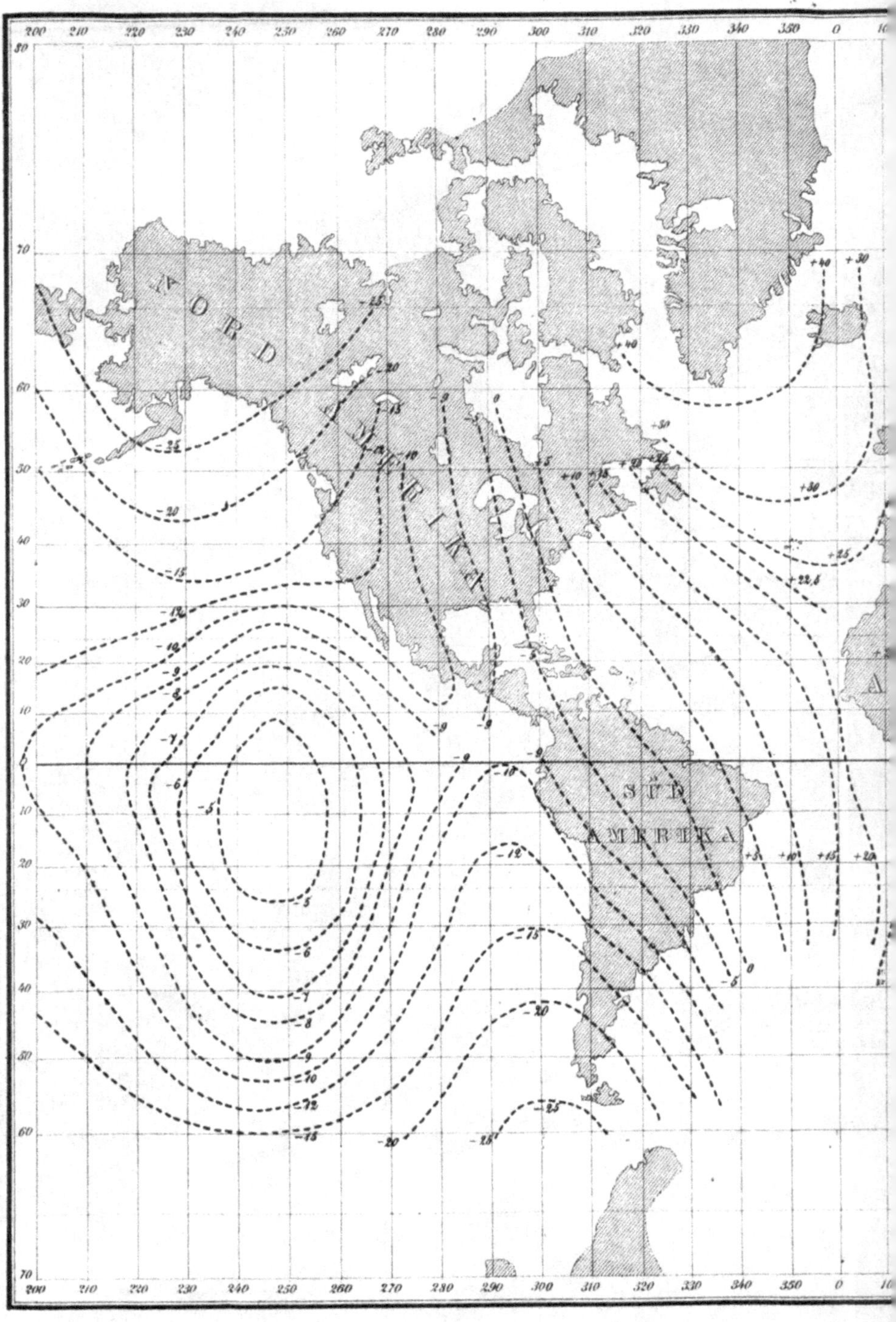

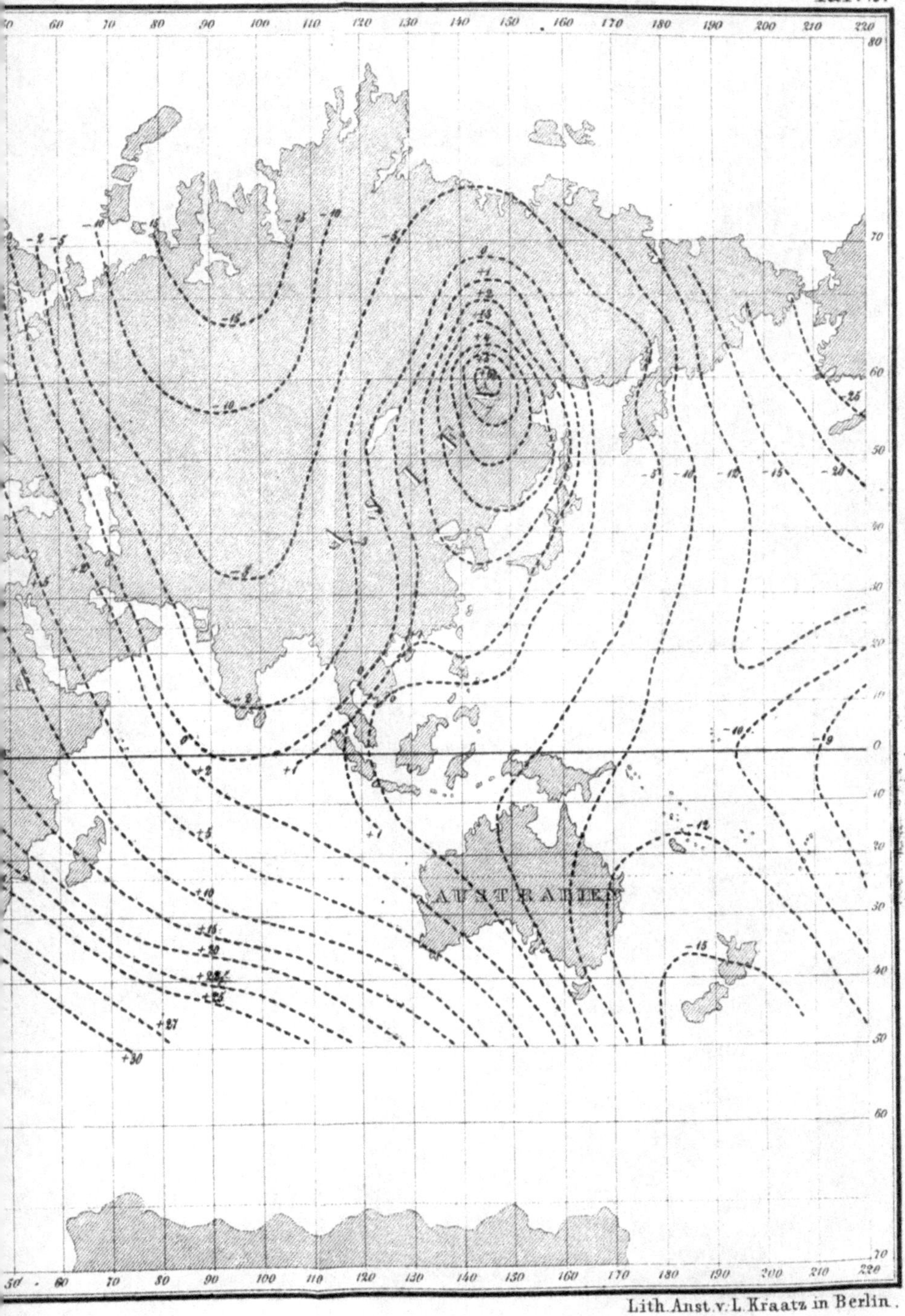

Lith. Anst. v. L. Kraatz in Berlin.

ISODY

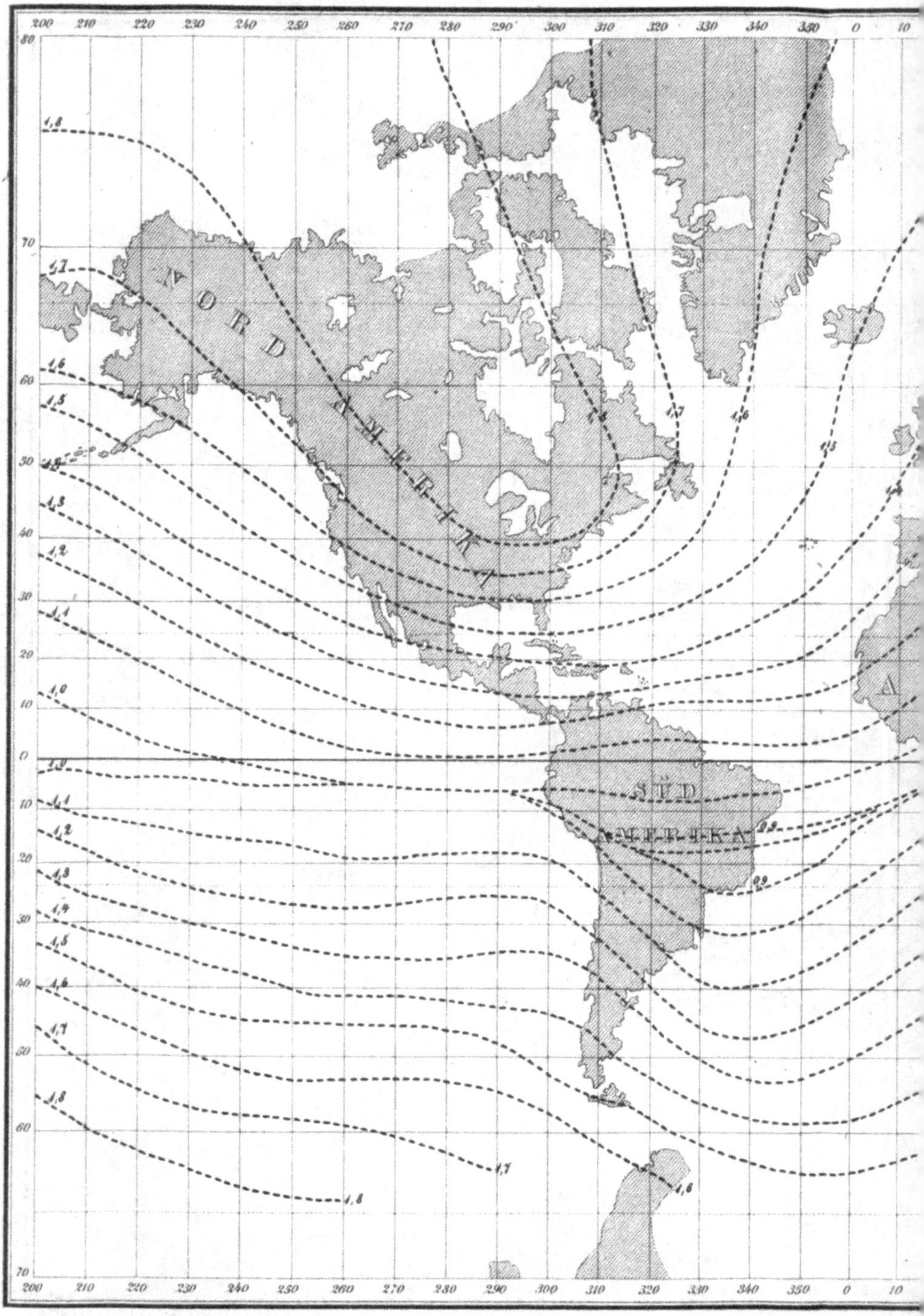
NORD AMERIKA
SÜD AMERIKA
A
200 210 220 230 240 250 260 270 280 290 300 310 320 330 340 350 0 10
80 70 60 50 40 30 20 10 0 10 20 30 40 50 60 70
1,8
1,7
1,6
1,5
1,3
1,2
1,1
1,0
1,1
1,2
1,3
1,4
1,5
1,6
1,7
1,8
1,7
1,6
1,5
1,4
0,9
0,9
1,8
1,7
1,6

1830.

Taf. 3.

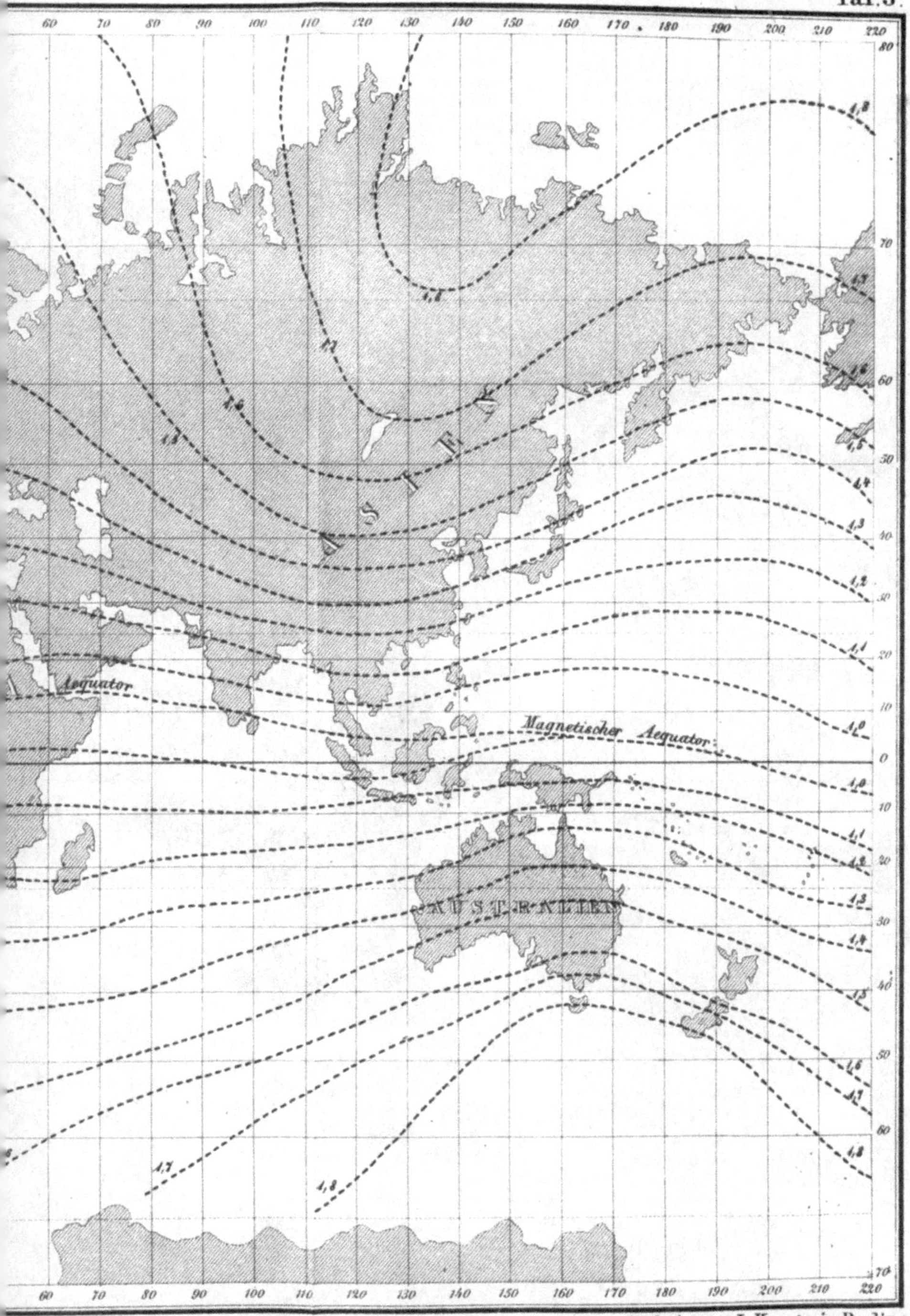

Lith. Anst. v. L. Kraatz in Berlin.

VERBREI

NORD AMERIKA
Aleuten
Sandwichs I.
R. von Mexico
R. v. Guatemala
Antillen
Azoren
Canarische I.
Cap Verdischen I.
Schütterungs Kreis des Erdbebens von
Anno 1755. (1ten Nov.)
Axe d. Stoßes
Gallopayos I.
R. v. Quito
SÜD AMERIKA
R. v. Ober Peru u. Bolivia
R. v. Chili
Mendaña Arch.
Freundschafts I.
Gesellschafts I.
Oster I.
Tristan de Cunha

VULCANE.

Taf.4.

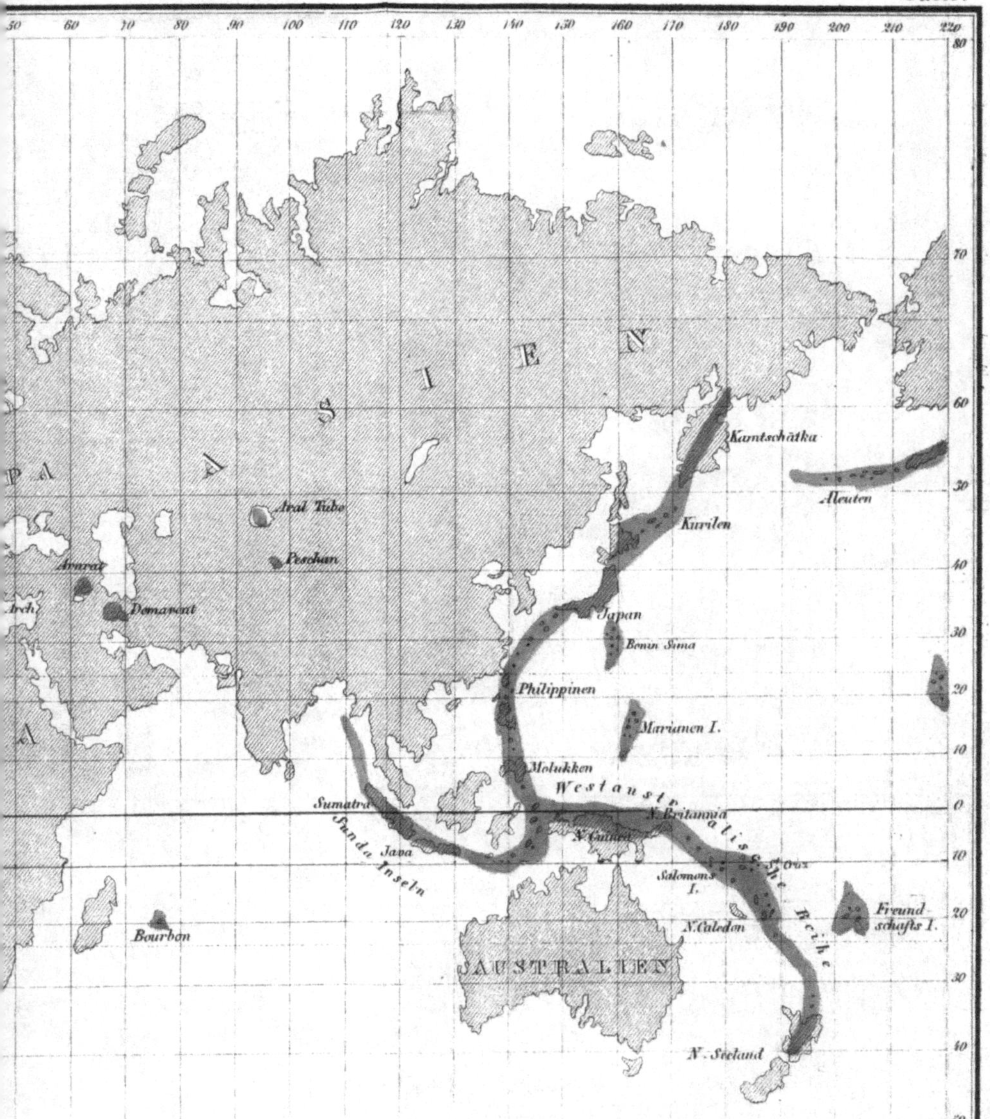

Lith Anst v. L. Kraatz in Berlin.

VERBREITUNG

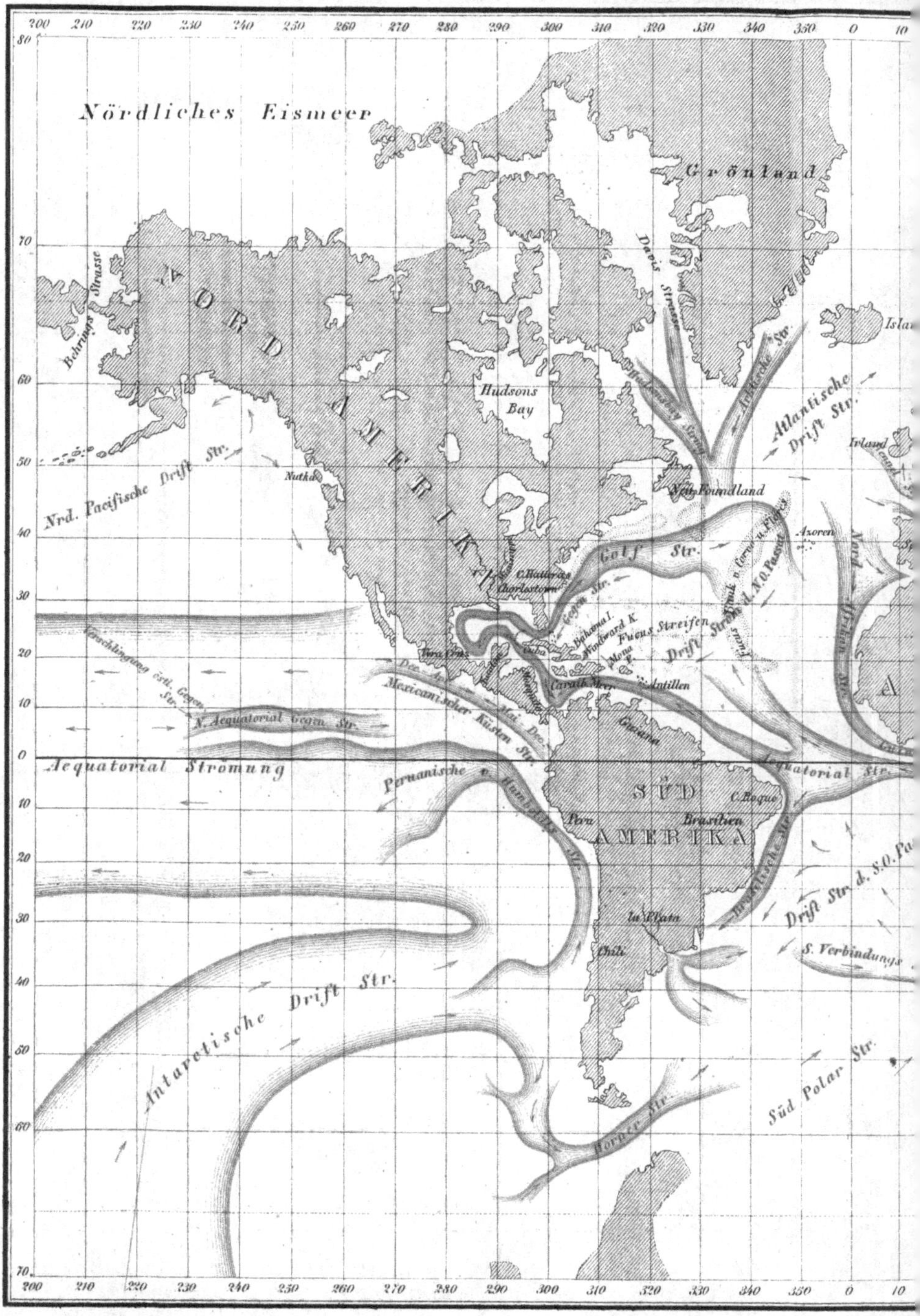

STRÖMUNGEN.

Taf. 5.

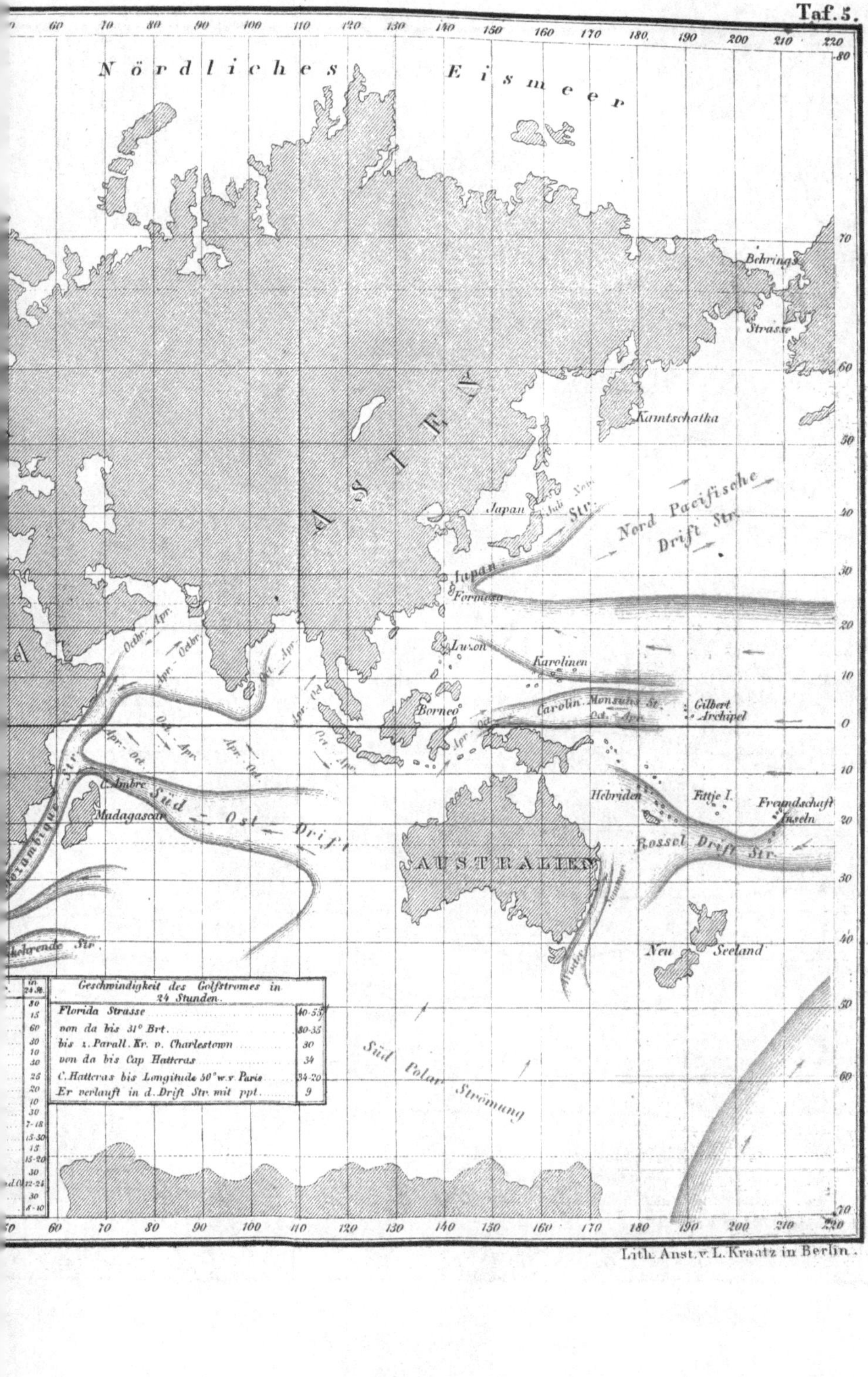

Lith. Anst. v. L. Kraatz in Berlin.

ISOT

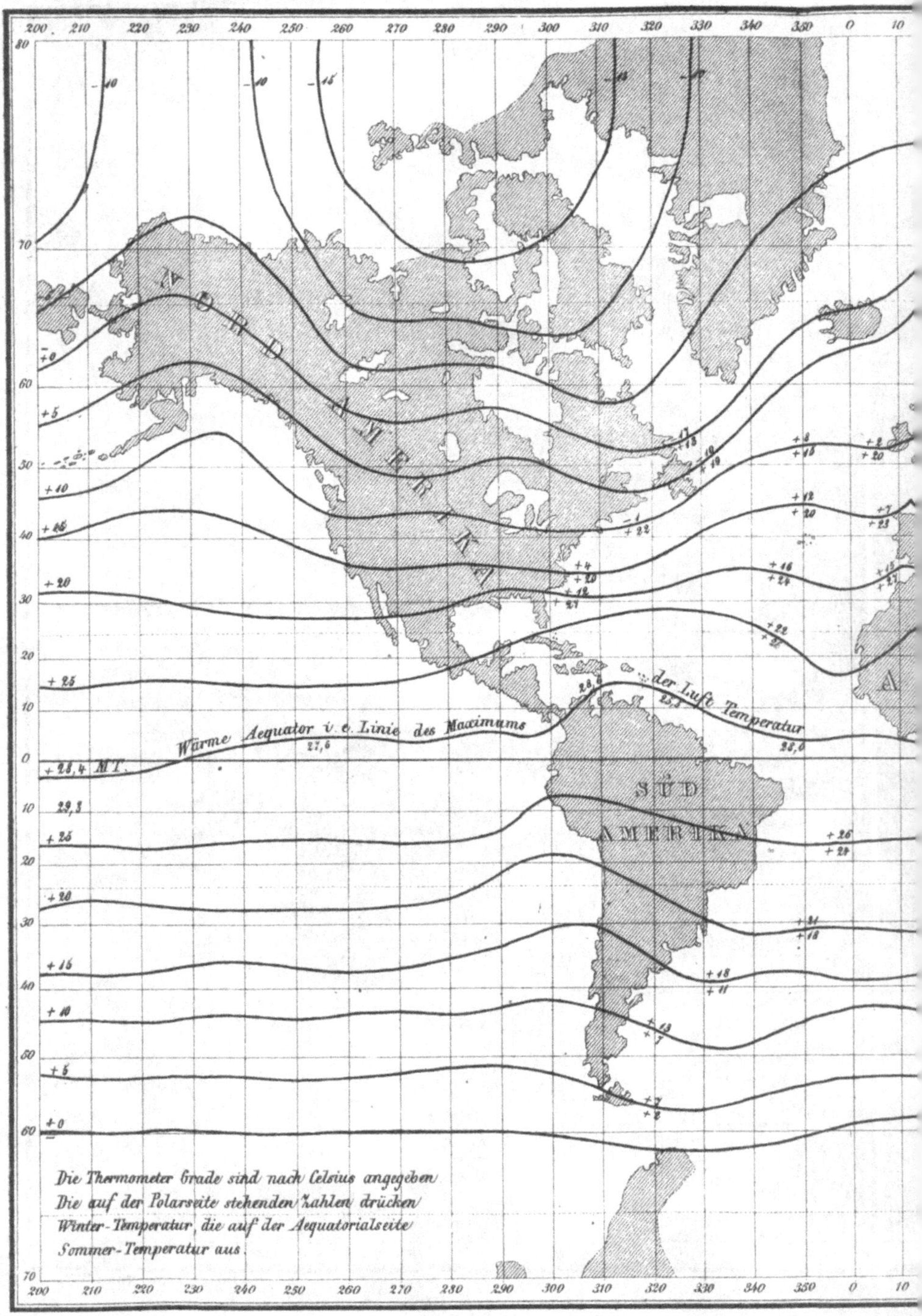
NORD AMERIKA
SÜD AMERIKA
Wärme Aequator i. e. Linie des Maximums der Luft Temperatur
Die Thermometer Grade sind nach Celsius angegeben
Die auf der Polarseite stehenden Zahlen drücken
Winter-Temperatur, die auf der Aequatorialseite
Sommer-Temperatur aus.

.VEN.

Taf. 6.

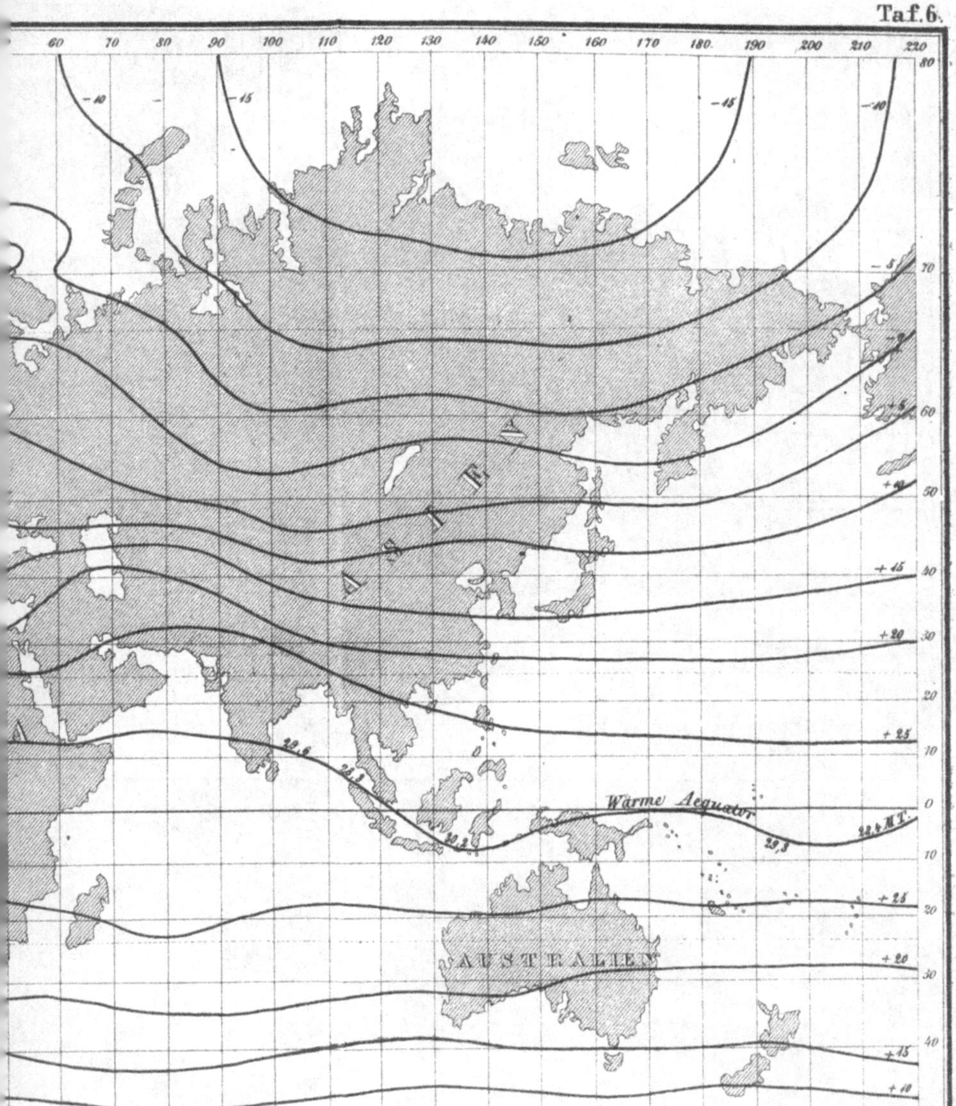

Lith. Anst. v. L. Kraatz in Berlin.

ISOTHERE

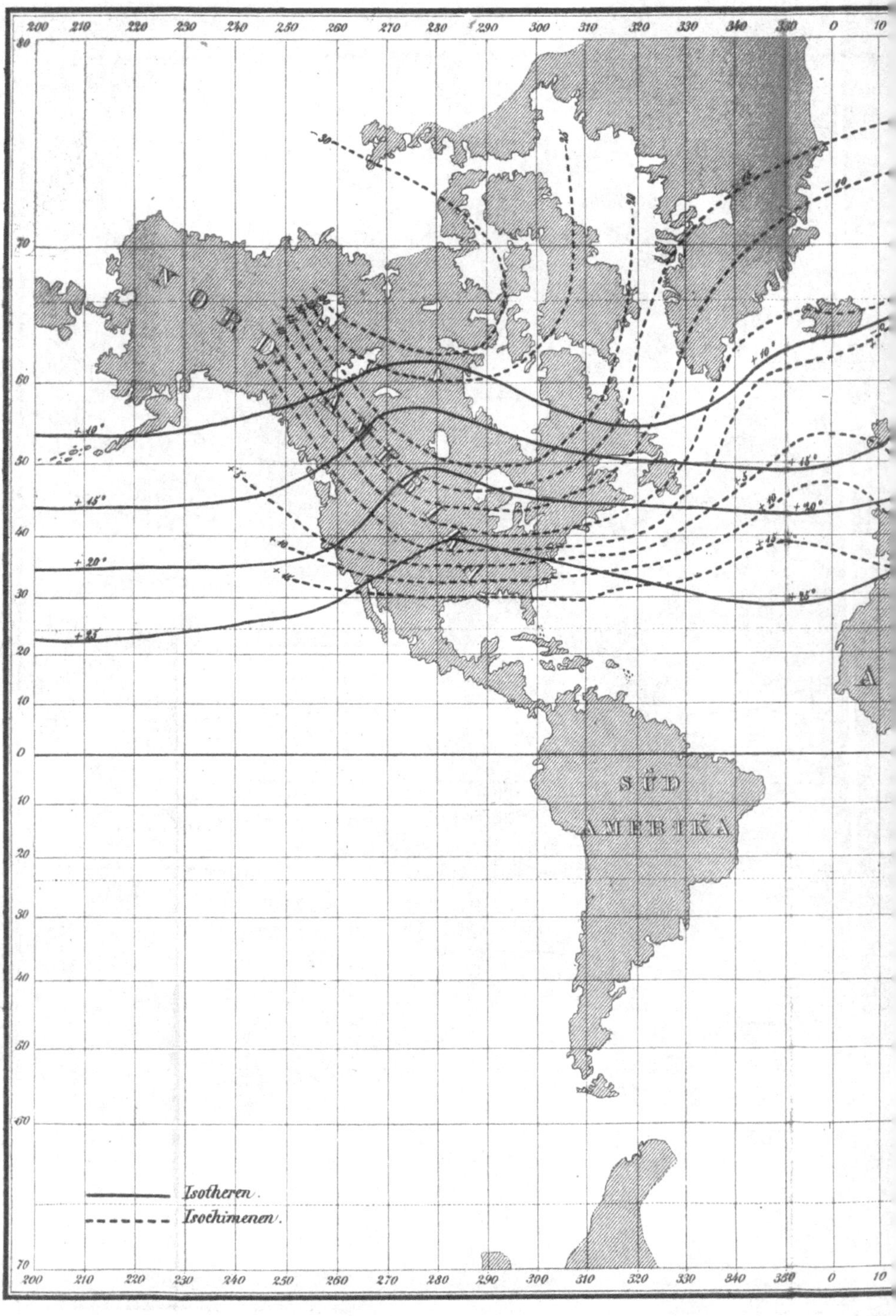

CHIMENEN.

Taf. 7.

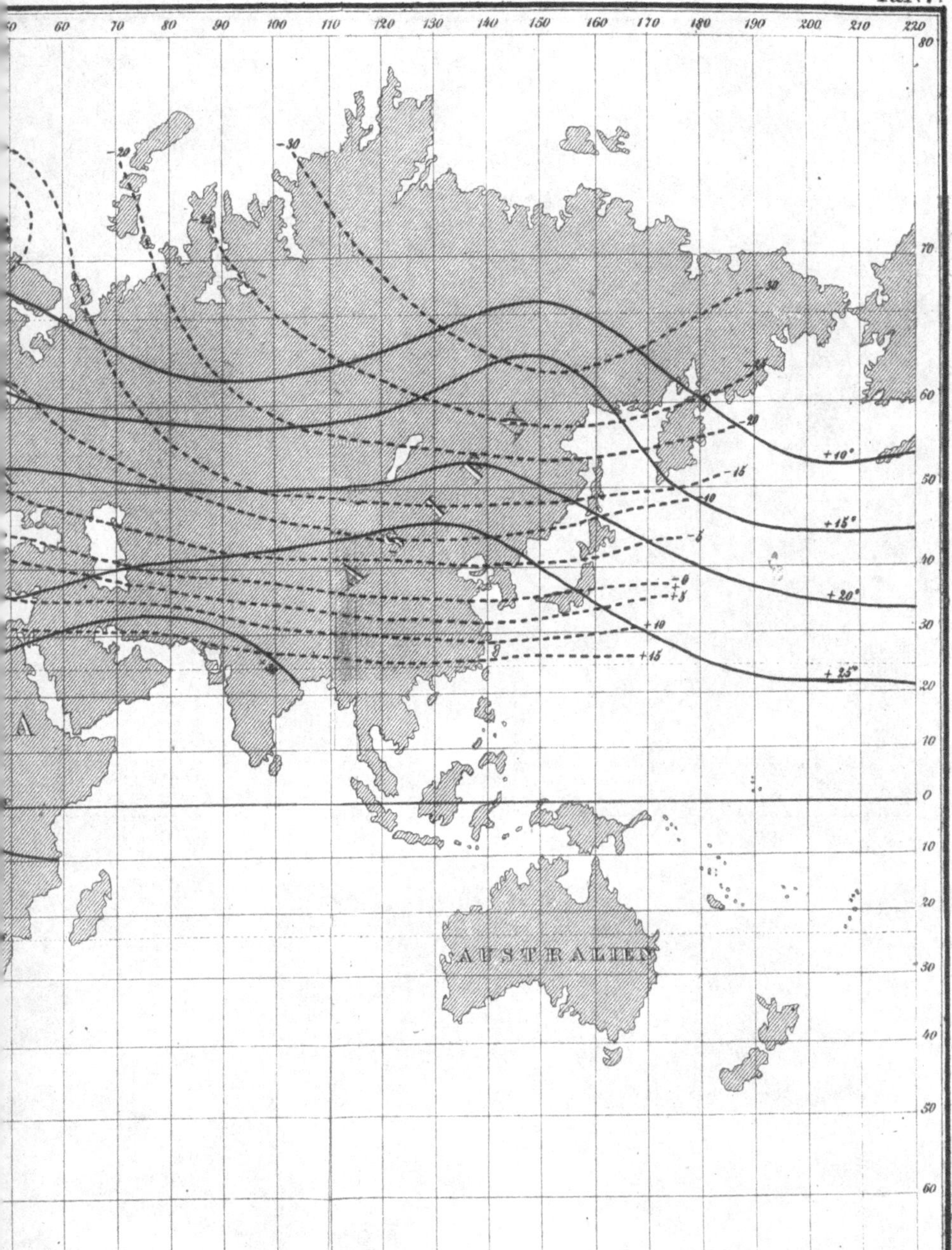

Lith. Anst. v. L. Kraatz in Berlin.

GEOGRAPHISCHE VER

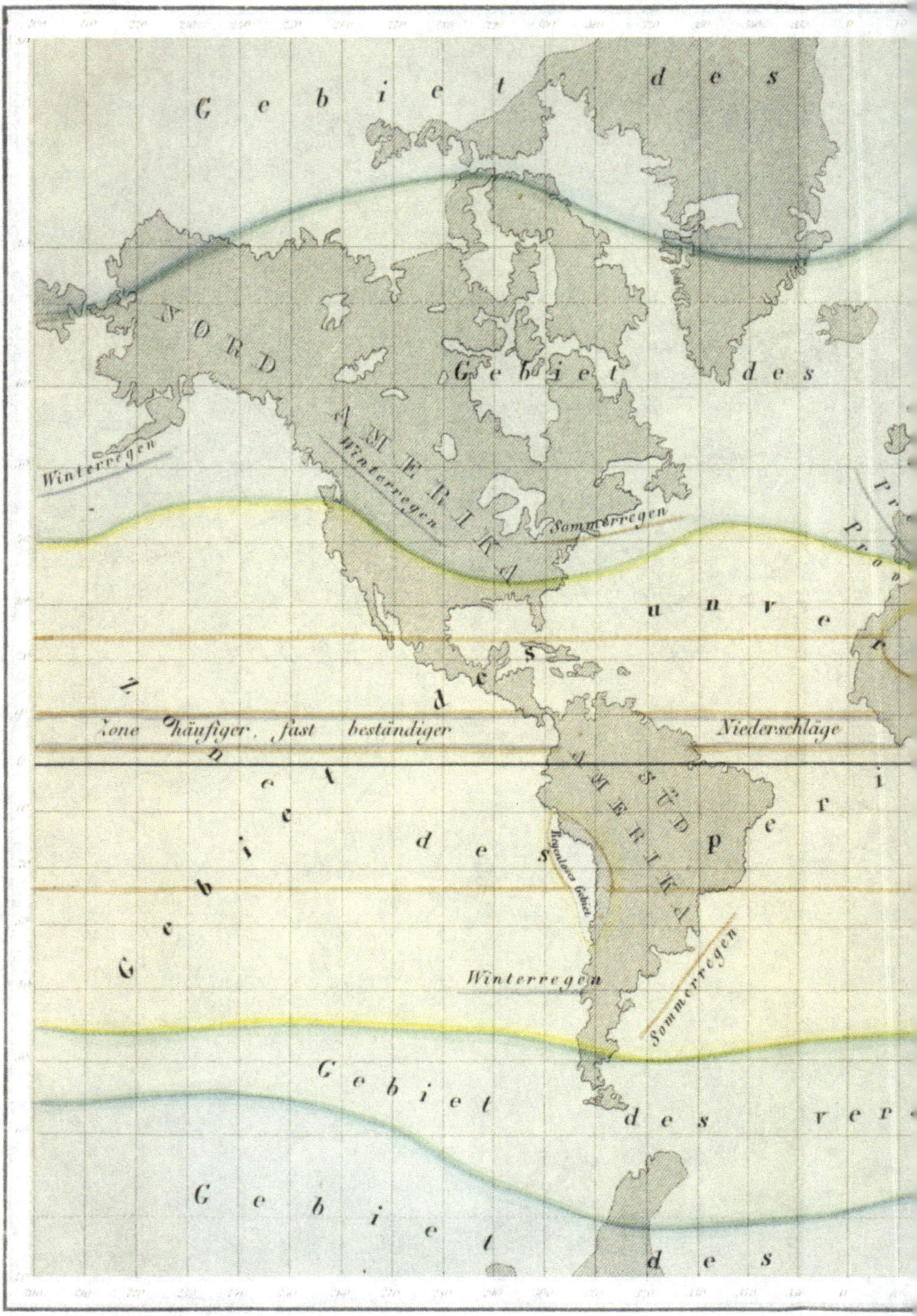

Gebiet unveränderlichen Niederschlags   Gebiet veränderlichen Niederschla

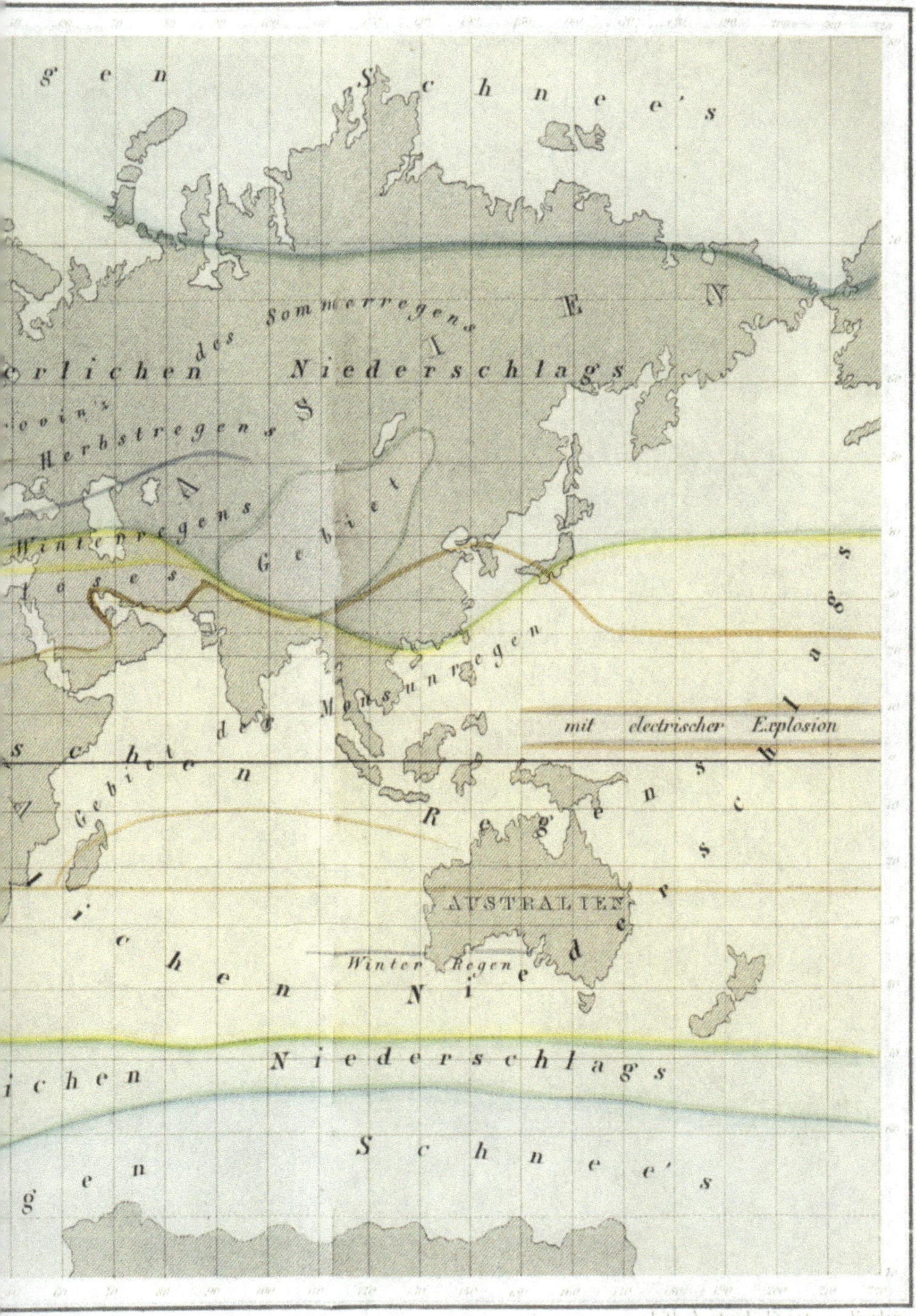

Lith. Anst. v. L. Kraatz in Berlin.

Gebiet ewigen Schnee's — Zone periodischen Regens

GEOGRAPHISCHE VE

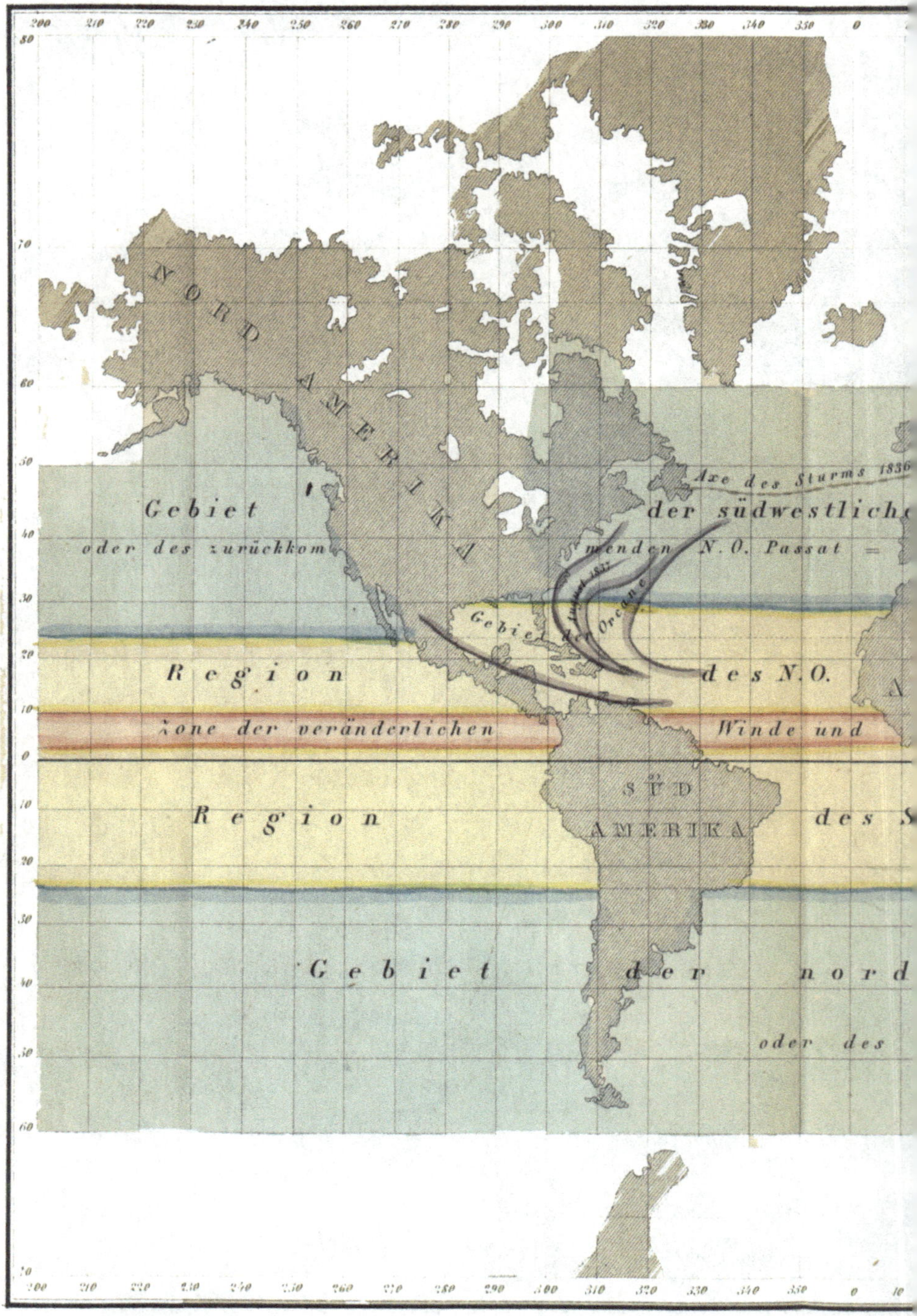

der LUFTSTRÖMUNGEN.

Taf. 9.

Lith. Anst. v. L. Kraatz in Berlin.

FSC
www.fsc.org
MIX
Papier | Fördert gute Waldnutzung
FSC® C083411

Kolibri 360 GmbH
Ferdinand-Jühlke-Straße 7
99095 Erfurt, Deutschland
produktsicherheit@kolibri360.de